建筑工程施工质量问答丛书

砌体工程施工质量问答

张昌叙　张鸿勋　赵　瑞　编著

中国建筑工业出版社

图书在版编目(CIP)数据

砌体工程施工质量问答/张昌叙等编著．—北京：中国建筑工业出版社，2004
（建筑工程施工质量问答丛书）
ISBN 7-112-06328-0

Ⅰ．砌…　Ⅱ．张…　Ⅲ．砌块结构—工程施工—工程质量—问答　Ⅳ．TU754-44

中国版本图书馆 CIP 数据核字(2004)第 007863 号

建筑工程施工质量问答丛书

砌体工程施工质量问答

张昌叙　张鸿勋　赵　瑞　编著

*

中国建筑工业出版社出版、发行(北京西郊百万庄)
新　华　书　店　经　销
北京市兴顺印刷厂印刷

*

开本：850×1168 毫米　1/32　印张：11¾　字数：314 千字
2004 年 4 月第一版　　2004 年 4 月第一次印刷
印数：1—5,000 册　　定价：**22.00** 元
ISBN 7-112-06328-0
TU·5583 (12342)

本社网址：http://www.china-abp.com.cn
网上书店：http://www.china-building.com.cn

本书是《建筑工程施工质量问题丛书》之一，是以一问一答的形式，针对砌体工程施工质量中一些基本知识和常遇到的问题，用科学和通俗的语言来解答。本书内容紧密结合《砌体工程施工质量验收规范》(GB 50203—2002)，既可作为解决砌体工程施工中质量问题的可操作性强的普及型用书，也可作为《砌体工程施工质量验收规范》(GB 50203—2002)实施的培训参考用书。

* * *

责任编辑　胡永旭　郦锁林
责任设计　崔兰萍
责任校对　张　虹

《建筑工程施工质量问答丛书》
编 写 组

主编 卫 明 吴松勤

编委 徐天平 彭尚银 侯兆欣

张昌叙 李爱新 项桦太

宋 波 张耀良 钱大治

杨南方

出版说明

为了认真贯彻实施《建设工程质量管理条例》、《工程建设标准强制性条文》、《建筑工程施工质量验收统一标准》等有关工程质量法规体系,加强建设行业管理人员和施工技术人员建筑工程质量意识和知识的普及,提高工程建设施工质量,由我社组织有关质检专家、研究人员、高级工程标准化技术专家和教授等编写《建筑工程施工质量问答丛书》。丛书共分 11 册,它们分别是:《建筑工程施工质量总论问答》、《地基与基础工程施工质量问答》、《混凝土结构工程施工质量问答》、《钢结构工程施工质量问答》、《砌体工程施工质量问答》、《建筑装饰装修工程施工质量问答》、《建筑防水工程施工质量问答》、《建筑给水排水与采暖工程施工质量问答》、《通风与空调工程施工质量问答》、《建筑电气工程施工质量问答》、《智能建筑工程施工质量问答》。

1. 本丛书是首次推出的有关建筑工程质量方面的一套普及性读物,它以一问一答的形式,针对建筑工程施工质量中一些基本知识和常遇到的问题,用科学和通俗的语言来解答。将建筑工程重要的技术法规、新的技术用通俗浅显的语言表达出来。充分体现出丛书的权威性、科学性、针对性、实用性,同时要反映我国建筑施工质量管理水平和国家有关政策、法规要求。

2. 近年来,我国先后对建筑材料、建筑结构设计、建筑工程施工质量验收等标准规范进行了全面修订并实施,丛书内容紧密结合相应规范,符合新规范要求,既可作为解决建筑工程施工中质量问题的可操作性强的普及型用书,也可作为建筑工程施工质量验收规范实施的培训参考用书。

3. 丛书应反映建设部重点推广的新技术、新工艺、新材料的质量标准、施工质量验收要求，尽量使其与施工质量管理的质量监督、质量保证和质量评价相呼应。

丛书主要以建筑分部工程划分，重点介绍地基与基础工程、混凝土结构工程、钢结构工程、砌体工程、建筑装饰装修工程、建筑防水工程、建筑给水排水与采暖工程、通风与空调工程、建筑电气工程（含电梯工程）各分部工程施工中的质量问题，主要内容包括：工程质量管理基础知识、项目具体划分、各分项工程施工原材料质量要求、施工质量控制要点、质量控制措施要求、检验批质量检验的抽样方案要求、涉及建筑工程安全和主要使用功能的见证取样及抽样检测要求、工程质量控制资料要求、施工质量验收要求，同时介绍经常出现的质量问题和正确的处理方法。

丛书以问答的形式，先提出问题，再用科学道理和通俗的语言来解答，使基层工程技术人员和质量管理人员，既知道应该如何控制施工质量，又懂得为什么要控制质量、如何确保工程质量的道理。丛书可供建筑工程施工技术人员、质量管理人员、质检站质量监督人员及建设监理人员参考使用。

前言

砌体结构历史悠久，从古至今已经历了一个漫长的发展过程。早在远古时代，人类就利用天然石建造栖身之所；约在八千年前，人类就会使用晒干的泥土砖了；在五千年前，人类已会采用经凿琢的自然石建造房屋、城堡、陵墓及神庙；而烧制砖在建筑中的采用已有了三千年的历史。

水泥的出现，为砌块的生产和应用创造了条件。最早的砌块于 1882 年问世，至今，已有百余年历史。

众所周知，砌体结构具有诸多优点，例如：①主要材料易于就地取材，价格便宜；②具有良好的耐火性、耐久性，美观、古朴、舒适；③施工比较简便，工程施工费用低廉；④随着轻质、高强的砖、砌块和高强、高性能砌筑砂浆的出现，以及配筋砌体的普遍采用，高层砌体建筑不断涌现，现代砌体结构体系已成为世界上倍受重视的一种建筑结构体系，发展前景十分看好。国外学者的理论研究和工程实践表明，采用无筋砌体可以建造 25～30 层高的房屋，若根据经济的墙厚，则可建 15～20 层以下的住宅和办公楼；采用配筋砌体在地震区可建造 13～20 层的高层房屋。我国近年来已成功建造了两幢 18 层高的配筋小砌块建筑，并已交付使用。

建筑工程是一项系统工程，涉及规划、勘察、设计、产品生产和施工、竣工等各项活动。由于建筑生产的特殊性和复杂性，建筑产品使用的长期性和固定性，建筑工程质量对社会生产和人民生活影响极为巨大。如果建筑工程质量粗劣，不仅有可能造成重大的经济财产损失，而且严重危及人民群众的生命安全。因此，建筑活动必须坚持"百年大计、质量第一"的方针。近些年来，随着我国建筑活动从计划型向市场型的转变，建筑市场竞争日趋激烈。这一方面为促使建筑企业提高工程质量创造了条件；另一方面也存在个别建筑企业片面追求经济利益，忽视工程质量，造成建筑工程质量低劣的问题，更为严重的是，一些建筑物在建设中或使用中发生倒塌，给人民生命财产造成了严重损失，在社会上引起了强烈反响。

砌体工程的施工许多是在手工操作下完成的，其质量自然受到人为因素的影响，而且有的还十分明显。因此，为了确保砌体建筑的施工质量，应该严格认真执行有关技术标准、规范，同时加强科学管理和人员培训工作。鉴于国家标准《砌体工程施工质量验收规范》(GB 50203—2002)已予颁布，并于2002年4月1日起实施，为配合该规范的更好理解和执行，我们编写了“建筑工程施工质量问答丛书”之一的《砌体工程施工质量问答》分册，希望通过本书有关问题的解答，对读者能起到提高质量意识和重视科学管理，精心施工，杜绝砌体工程施工中的质量通病和重大质量安全事故的发生。

我们深信，只要经过建筑界各方同仁的共同努力，已经为人类文明做出巨大贡献的古老而传统的砌体结构，必将与时俱进，随着科学技术的不断进步，现代砌体结构体系的发展将会更加辉煌！

由于作者水平所限，书中所提出问题的解答及有关措施难免存在错误和不足，恳请读者热情帮助和批评指正。

本书在编写过程中得到了王东军、于西德、井光明，张炜等同志的积极支持和合作，在此一并表示衷心感谢。

目　录

1 综合性问题

1.1 什么是建筑工程?

建筑工程是指为新建、扩建或改建房屋建筑物和附属构筑物设施所进行的规划、勘察、设计和施工、竣工等各项技术工作和完成的工程实体。其中,新建工程是指进行新的工程项目建设;扩建工程是在原有工程设施的基础上,不改变原有设施的使用方向而对原有工程项目进行增加、扩大;改建工程是指为了改变原有设施的使用方向或使用效果,而对原有工程设施进行的改造。

1.2 为什么建筑活动应当确保建筑工程质量和安全?为什么要坚持质量、安全和效益相统一的原则?

建筑活动首先应当保证质量。建筑产品生产要素复杂,施工环节众多,一经建成就不能更换,不便修复,而其又是特大的耐用产品,使用周期长,对国民经济各个行业和人民生活都关系重大,建筑产品质量如何,直接关系和影响到国民经济的发展和人民生活的安定。因此,在建筑活动中,必须坚持"百年大计,质量第一"的方针。

建筑活动必须注意保证安全。由于建筑工程的特殊性,在生产和施工中存在一定的危险性和不安全因素,一旦发生工程安全事故,不但造成巨大的财产损失,而且会造成严重的人员伤亡。因此,坚持安全生产,是对建筑活动的根本要求。

建筑活动的质量、安全和效益是相互统一、不可分离的。建筑活动是一项复杂的生产活动,建筑产品体积庞大,结构复杂,如果质量没有保证,本身就留下了危害安全的隐患,工程在建设中或建成后，都有可能发生事故，造成财产损失和人员伤亡。近年来，有些地方发生建筑物倒塌，大多都是严重的工程质量原因造成的。同样，在建筑活动中，如果施工作业人员的安全没有保障，就不可能做到“精心组织、精心施工”，工程质量就无法保证。而如果质量和安全出了问题，也就不可能有良好的效益。因此，应当坚持质量、安全和效益相统一的原则，必须注意避免只强调效益而忽视质量和安全，或者单纯强调质量和安全而忽视效益的倾向。目前，个别企业在建筑活动中片面追求本企业经济利益，致使工程出现质量问题或安全事故。问题严重的，既可能造成巨大财产损失和人员丧亡，甚至影响了国民经济的发展，同时也会损害消费者的合法权益，败坏自身的信誉，损害自身的利益。因此在建筑活动中坚持质量、安全和效益相统一的原则，既是国家的需要，社会的需要，也是建筑企业自身生存的需要。

1.3 什么是砌体结构？砌体结构怎样分类？

通常，房屋建筑结构一般由三部分构件组成：基础；墙和柱；屋盖和楼盖。

砌体结构是指由块体（砖、石、砌块和其他块材）和砂浆砌筑而成的房屋建筑结构和附属构筑物设施。

砌体结构的分类，可根据砌体所用块材种类、砌体结构构件、配置钢筋情况进行。

（1）根据砌体所用块材类别分类：

① 土坯砌体。土坯砌体是用晾干的土坯砌筑而成。它主要用于农房建筑和一些临时建筑。

② 砖砌体。凡用烧结普通砖、烧结多孔砖、蒸压灰砂砖、粉煤灰砖、烧结空心砖等和砂浆砌筑而成的砌体结构称为砖砌体。

③ 砌块砌体。砌块按使用材料不同，分为混凝土空心砌块、加气混凝土砌块和硅酸盐砌块等；根据砌块尺寸大小不同又分为小型砌块、中型砌块和大型砌块。其中，普通混凝土小型空心砌块、轻骨料混凝土小型空心砌块、加气混凝土砌块在砌体结构中应用较多。

④ 石砌体。石砌体按照石材加工情况分为毛石砌体、毛料石砌体、粗料石砌体和细料石砌体。

(2) 根据结构构件类别分类：

① 基础砌体；

② 墙砌体；

③ 柱砌体；

④ 过梁；

⑤ 筒拱；

⑥ 双曲壳。

(3) 根据砌体内配置钢筋情况分类：

① 配筋砌体。包括网状配筋砌体柱、水平配筋砌体墙、砖砌体和钢筋混凝土面层或钢筋砂浆面层组合砌体墙(柱)、砖砌体和钢筋混凝土构造柱组合墙、配筋砌块砌体剪力墙等。

② 非配筋砌体。

③ 约束砌体。约束砌体是在砌体中设置水平和竖向钢筋混凝土条带，其约束方格尺寸在长度方向和高度方向均不应大于5m，竖向约束构件尺寸最小为150mm×150mm，梁配筋不少于2.5cm^2，砌体配筋很少，按体积配筋率计不大于0.07%。

国际标准《配筋砌体结构设计规范》(ISO 9652—3)中根据钢筋在砌体结构中的设置方式、位置及其作用的不同，配筋砌体划分为全配筋砌体和约束配筋砌体。前者是均匀配筋的砌体，如美国广泛应用的配筋混凝土砌块砌体；后者主要在砌体周边集中配筋或设置梁和柱等现浇构件，对砌体形成约束，以提高砌体的抗变形能力，如我国广泛用于地震区多层房屋的构造柱——圈梁结构体系。

1.4 什么是砌体工程？砌体工程怎样分类？

在建筑工程中，针对砌体结构进行的有关各项技术工作和工程实体就称为砌体工程。

根据我国现行国家标准《建筑工程施工质量验收统一标准》

(GB 50300—2001)，砌体工程属子分部工程，分为砖砌体、混凝土小型空心砌块砌体、石砌体、填充墙砌体和配筋砌体等分项工程。

1.5 砌体工程施工的基本内容有哪些？

砌体工程施工的基本内容包括：

(1) 熟悉施工图纸，进行施工图纸交底。

(2) 制定施工方案。

(3) 备料及原材料检验。

(4) 施工机具准备。

(5) 混凝土及砌筑砂浆试配。

(6) 确定建筑物标高及轴线位置。

(7) 拌制砌筑砂浆(混凝土)并留置试块。

(8) 砌筑砌体或配筋砌体施工。

(9) 各分项工程检验批检测验收。

(10) 子分部工程验收。

(11) 对施工质量问题进行处理，并再验收。

(12) 收集整理砌体工程施工相关资料，并入单位工程施工技术资料，提交竣工验收。

1.6 影响砌体强度的主要因素有哪些？

影响砌体强度的主要因素有：

(1) 块材强度的影响

在正常砌筑条件下，各类砌体轴心抗压强度与块材强度密切相关。根据现行国家标准《砌体结构设计规范》(GB 50003—2001)规定，砌体轴心抗压强度平均值 f_m 与块材强度的 α 次方即 f_1^α 呈线性相关(其中对混凝土砌块砌体 α 值为 0.9，其他各类块材的砌体 α 值为 0.5)。由此看出，块材的强度愈大，砌体的轴心抗压强度也愈大；反之亦然。根据《砌体结构设计规范》(GB 50003—2001)还知道，块材对砌体的轴心抗拉强度、弯曲抗拉强度和抗剪强度不产生影响。

(2) 砂浆强度的影响

在砌体结构中，砂浆强度与砌体轴心抗压强度有较大的影响，例如当砂浆强度等级在 M2.5～M15 之间其强度等级相差一个等级时，烧结普通砖和烧结多孔砖砌体的抗压强度相差 10%～17%。而砂浆强度对砌体的轴心抗拉强度、弯曲抗拉强度和抗剪强度的影响，直接与砂浆强度的平方根即 $f_2^{1/2}$ 线性相关，例如当其砂浆强度在 M2.5～M15 之间每变化一个强度等级时，上述强度值均要影响 13%～29%。

(3) 砌筑砂浆种类的影响

《砌体结构设计规范》(GB 50003—2001) 规定，当砌体用水泥砂浆替代同强度的水泥混合砂浆时，对各类砌体的轴心抗压强度设计值应降低 10%；对砌体的轴心抗拉强度、弯曲抗拉强度和抗剪强度设计值均降低 20%。

《砌体工程施工质量验收规范》(GB 50203—2002) 规定，对微沫剂替代石灰膏制作的砂浆，砌体抗压强度将降低 10%。

(4) 块材浇水湿润程度的影响

砌筑砌体前，应对块材浇水湿润，这对保证砌体强度是重要的施工环节。试验表明，采用含水率 5%～10%和水饱和的烧结普通砖砌筑的砌体，抗压强度比含水率为零的砖砌筑的砌体分别提高 20%和 30%左右。而砌体的抗剪强度随着砖的含水率增加而提高，含水饱和的砖约为含水率为零的砖的 2 倍。

(5) 砂浆拌合后到砌筑时的时间的影响

砂浆强度随时间的延长而降低，试验结果表明，砂浆拌合后 4～6h，强度下降 20%～30%；10h 降低 40%～50%；24h 降低 70%左右。当气温在 30℃以上时，砂浆强度降低的幅度更大。砂浆强度的降低，直接对砌体的轴心抗压强度、轴心抗拉强度、弯曲抗拉强度和抗剪强度都将产生不利的影响。

(6) 铺浆后到砌筑块材时的时间间隔的影响

试验结果表明，随着时间的延长，砌体的抗剪强度将有明显降低：气温为 15℃时，铺浆后立即砌砖（烧结普通粘土砖）与间隔

3min 后砌砖，二者抗剪强度相差 30%左右；气温为 29℃时相差 60%左右。据此试验结果分析，铺浆后到砌筑块材时的时间间隔还将直接影响砌体的轴心抗拉强度和弯曲抗拉强度。

(7) 水平灰缝砂浆饱满度的影响。

试验结果表明，当砌体中水平灰缝饱满度为 73%时，砌体实测的轴心抗压强度将达到砌体结构设计规范规定的数值。分析得出，当水平灰缝饱满度为 70%、80%、85%、90%、95%和 100%时，砌体的实测强度将分别为设计规范理论值的 96.5%、109.6%、116.9%、124.4%、132.1%和 140.0%。同时可以认为，随着水平灰缝饱满度的增减，砌体的轴心抗拉强度、弯曲抗拉强度和抗剪强度也会随之增减。

(8) 竖向灰缝砂浆饱满度的影响

试验结果表明，竖向灰缝砂浆饱满度对砌体的抗压强度影响不大，而对砌体抗剪强度影响最大幅度可达 15%左右。

(9) 砌体水平灰缝厚度的影响

试验结果表明，砌体的轴心抗压强度将随着砂浆水平灰缝厚度的增加而降低。当砌体水平灰缝厚度为 15mm 时，烧结普通黏土砖砌体和烧结多孔黏土砖砌体的抗压强度分别比水平灰缝厚度为 10mm 的两类砌体的抗压强度低 12.5%和 20%。

(10) 砌筑方法的影响

通过试验得到，砌筑多孔砖砌体时，当采用“三一”砌砖法，由于对砖块的挤揉，使砂浆进入砖的孔洞形成销键，可使砌体的抗剪强度提高近 1 倍。

砌筑中，块材之间的相互搭砌形式不同会对砌体强度带来影响。例如对砖砌体，当五顺一丁砌法时，其砌体抗压强度较一顺一丁砌法时降低一般不超过 3%。当搭缝层更稀时，砌体的强度可能会降低很多。

(11) 瓦工砌筑水平的影响

由试验得知，瓦工技术水平高低对砌体强度的影响十分明显，在其他砌筑条件完全相同的情况下，可使砌体的抗压强度和抗剪强度相差1倍左右。

1.7 什么是砌体施工质量控制等级？

砌体施工质量控制等级是指按质量控制和质量保证若干要素对施工技术水平所作的分级。

在采用以概率理论为基础的极限状态设计方法中，材料强度设计值系由材料强度标准值除以材料性能分项系数 γ_f 确定。在确定该系数时，应充分考虑材料性能和生产（施工）条件的不同，而非定值。在国际标准中，对施工质量的控制，按质量监督人员、砂浆强度试验及搅拌方法、砌筑工人技术熟练程度等情况分为三个等级，设计时根据不同控制类别选取相应的强度设计值。这种考虑和处理方法是十分科学的，值得借鉴。在《砌体工程施工及验收规范》(GB 50203—98)中已引入了砌体工程施工质量控制等级的概念，并在《砌体结构设计规范》(GB 50003—2001)中，得到了引用。在2002年颁布实施的《砌体工程施工质量验收规范》(GB 50203—2002)中，砌体施工质量控制等级划分如表1-1所示。

砌体施工质量控制等级划分表 **表1-1**

项　目	等　级		
	A	B	C
现场质量管理	制度健全，并严格执行；非施工方质量监督人员经常到现场，或现场设有常驻代表；施工方有在岗专业技术管理人员，人员齐全，并持证上岗	制度基本健全，并能执行；非施工方质量监督人员间断地到现场进行质量控制；施工方有在岗专业技术管理人员，并持证上岗	有制度；非施工方质量监督人员很少到现场进行质量控制；施工方有专业技术管理人员
砂浆、混凝土强度	试块按规定制作，强度满足验收规定，离散性小	试块按规定制作，强度满足验收规定，离散性较小	试块强度满足验收规定，离散性大

续表

项　目	等　级		
	A	B	C
砂浆拌合方式	机械拌合；配合比计量严格控制	机械拌合；配合比计量控制一般	机械或人工拌合；配合比计量控制较差
砌筑工人	中级工以上，其中高级工不少于20%	高、中级工不少于70%	初级工以上

关于施工现场质量管理的主要内容如下：

(1) 现场质量管理制度。

(2) 质量责任制。

(3) 主要专业工种操作上岗证书。

(4) 分包方资质与对分包单位的管理制度。

(5) 施工图审查。

(6) 施工组织设计、施工方案及审批。

(7) 施工技术标准。

(8) 工程质量检验制度。

(9) 搅拌站及计量设置。

(10) 现场材料、设备存放与管理。

可以看出，影响砌体强度的10个主要因素将由于施工质量控制状况的不同，对其影响程度产生不同的作用。因此，可以说施工质量控制等级是对砌体实际强度起到综合作用的因素。对此，《砌体结构设计规范》(GB 50003—2001)明确规定：当施工质量控制等级为C级时，砌体的各项强度设计值均应乘以0.89的调整系数。

1.8　怎样判定混凝土和砂浆强度离散性的大小？

混凝土和砂浆的施工质量，可分为“优良”、“一般”和“差”三个等级，混凝土施工质量水平主要根据强度标准差和强度等于或大于混凝土强度等级值的百分率来确定；砂浆的施工质量水平依据强度标准差来确定。根据统计得到的强度标准差和强度等于或大于强度等级值的百分率划分如表1-2、表1-3。

混凝土质量水平 　　　　**表1-2**

评定指标（质量水平／强度等级）	生产单位	优　良		一　般		差	
		<C20	≥C20	<C20	≥C20	<C20	≥C20
强度标准差(MPa)	预拌混凝土厂	≤3.0	≤3.5	≤4.0	≤5.0	>4.0	>5.0
	集中搅拌混凝土的施工现场	≤3.5	≤4.0	≤4.5	≤5.5	>4.5	>5.5
强度等于或大于混凝土强度等级值的百分率(%)	预拌混凝土厂、集中搅拌混凝土的施工现场	≥95		>85		≤85	

砌筑砂浆质量水平 　　　　**表1-3**

强度标准差(MPa)／质量水平＼强度等级	M2.5	M5	M7.5	M10	M15	M20
优　良	0.50	1.00	1.50	2.00	3.00	4.00
一　般	0.62	1.25	1.88	2.50	3.75	5.00
差	0.75	1.50	2.25	3.00	4.50	6.00

一般说来，混凝土和砂浆的施工质量水平为优良的可以判为离散性小；施工质量水平为一般的可以判为离散性较小；而施工质量水平为差的可判为离散性大。

1.9　砌体施工质量控制等级对砌体结构设计和砌体工程施工将产生怎样的影响？

在砌体结构设计方面，《砌体结构设计规范》(GB 50003—2001)规定的各类砌体的强度设计值(包括砌体的抗压强度、轴心抗拉强度、弯曲抗拉强度和抗剪强度设计值)是针对施工质量控制等级为B级时的数值;当施工质量控制等级为C级时,其砌体强度设计值应分别乘以调整系数0.89,即相当于施工质量控制等级B级和C级条件下,确定砌体强度设计时的材料分项系数分别为1.6和1.8(砌体强度设计值等于砌体强度标准值除以材料分项系数);对施工质量控制等级为A级时,其砌体强度设计值暂不考虑提高。

在砌体施工方面,施工单位砌体施工质量等级应符合设计要求。当设计无特殊说明时,应视为B级施工质量控制等级。当要求施工质量控制等级为B级或A级而实际施工中为C级时,应考虑各砌体强度设计值降低11%的不利影响,重新调整砌筑用块材或砌筑砂浆的强度等级。承建工程的施工单位的砌体施工质量控制等级的评定,可由建设、设计、工程监理等单位根据施工组织方案和以往的情况确定。在子分部工程验收时,还应对砌体施工质量控制等级进行核查。凡经核查达不到设计对施工质量控制等级要求的,应对影响结构性能的砌体强度进行抽检,以评定其是否满足规范的要求。

1.10 为什么建筑施工要编制施工组织设计?编制原则是什么?

建筑施工是一个非常复杂的过程。为使工程建设有条不紊的实施,确保质量好、速度快、成本低,施工前必须编制好施工组织设计,作为指导施工活动的重要技术经济文件。

施工组织设计全国目前尚无统一的规范,编制的方法和深度也各异,但其编制原则大体是一致的。这些原则是:

(1) 认真贯彻执行国家关于基本建设的各项方针和政策,遵守基本建设程序。

(2) 积极采用新技术、新工艺、新材料。

(3) 统筹全局,集中力量,保证重点。组织好协作,分期分批配套地组织施工,尽快发挥投资效益。

(4) 做好整体施工布置和分部施工方案,合理安排顺序,组织平行流水，立体交叉作业，充分利用空间和时间，发挥作业面的使用效益。

(5) 坚持百年大计，质量第一。确保安全施工，贯彻执行各项规章制度。

(6) 贯彻勤俭节约方针，采取革新、改造、挖潜措施，减少投资，降低成本。

(7) 做好人力、物力的综合平衡调度，做好冬、雨期施工安排，力争全年均衡施工。

(8) 合理紧凑地安排好施工现场平面布局，尽量压缩施工场地。

1.11 什么是工程建设标准强制性条文？如何实施？

2000 年，根据国务院《建设工程质量管理条例》和建设部建标[2000]31 号文的要求，由建设部会同有关部门共同编制了《工程建设标准强制性条文》。该强制性条文包括城乡规划、城市建设、房屋建筑、工业建筑、水利工程、电力工程、信息工程、公路工程、铁道工程、石油和化工建设工程、矿山工程、人防工程、广播电影电视工程和民航机场等部分。强制性条文是在我国工程建设标准中，对直接涉及人民生命财产安全、人身健康、环境保护及其他公众利益的、必须严格执行的强制性规定，同时考虑了提高经济效益和社会效益等方面的要求。

近两年来，在我国工程建设标准制订及修订中，根据《工程建设标准强制性条文》的制订原则，也纷纷在各有关工程建设标准中，指明了强制性条文的内容。

鉴于上述情况，2000 年版《工程建设标准强制性条文》(房屋建筑部分)(以下简称《强制性条文》)根据建设部《关于印发〈2001～2002 年度工程建设国家标准制订、修订计划〉的通知》(建标[2002]85 号)的要求，由建设部委托《强制性条文》咨询委员会组织各方面专家对其进行了修订，并于 2002 年 8 月发布。

《强制性条文》是国务院《建设工程质量管理条例》的一个配套

文件，是工程建设强制性标准实施监督的依据。经修订的《强制性条文》发布后，被摘录的现行工程建设标准继续有效；在此之前的强制性条文一律以 2002 年版《强制性条文》为准，在此之后的新修订标准中的强制性条文，替代《强制性条文》中相应的内容。

为了在房屋建筑的施工过程中更好的贯彻执行强制性条文，根据建设部标准定额司的要求，并在其统一安排下，组织编写了《建筑工程施工强制性条文实施指南》一书，并于 2002 年 11 月出版。其中，第六章砌体工程部分见附录 A。

1.12 《砌体工程施工质量验收规范》(GB 50203—2002)中对合格质量规定的水平高低如何？

现行国家标准《砌体工程施工质量验收规范》(GB 50203—2002)对施工质量验收标准的水平的确定，考虑了如下几个因素：

(1) 验评分离。由于本标准的修订要贯彻“十六字方针”，即“验评分离、强化验收、完善手段、过程控制”，因此，只规定合格一个质量等级。

(2) 要体现促进管理水平的提高。新验收标准水平确定是在全国管理先进水平上，而不是像以往规范、标准的水平确定在全国平均先进水平上。

(3) 主控项目的验收应严于一般项目的验收。

根据以上三个方面的考虑，可以看出，新验收标准的水平，虽只设一个合格等级，但其标准是提高了，不是降低了，而且提高的幅度还比较大。例如，在主控项目检验和验收时规定，“其主控项目应全部符合本规范的规定”；在一般项目检验批验收时规定，“应有 80%及以上的抽检处符合本规范的规定，或偏差值在允许偏差范围以内”，均严于原《建筑安全工程质量检验评定统一标准》(GBJ 300—88)的规定。

1.13 为什么要对施工过程中的质量进行控制？怎样进行？

建筑工程最终要获得的特殊产品——工程实体(房屋建筑物

和附属构筑物)不仅体量大,而且所用的材料多,施工周期长,在当前情况下,很多施工环节都是手工操作,变异性较大,质量不稳定的因素较多。建筑产品更具有单一性,重复性很差,在工程实践中,我们很少见到完全相同质量的建筑产品。加上建筑施工工艺全国各地也存在差异,因此,建筑产品质量的控制和评价难于一般工业产品。

现行施工技术规范体系改革以后,为了和国际接轨,不再对工程质量评定"优良"或"合格",统一只按验收合格与否或称通过与否来进行评价。因此,将原施工及验收规范和检验评定标准进行了合并,择其验收部分内容形成了新的强制性施工质量验收系列规范,同时,为了确保建筑产品质量,必须加强施工过程的质量控制,以期顺利通过施工质量验收。对此,各专业验收规范除规定质量标准要求外,在基本规定和一般规定等章节还规定了主要施工技术要求。这些主要施工技术要求,在验收时是无法用标准来判断的,但它们又是影响质量的重要因素,所以,必须在施工过程中进行严格的控制。

过程是指通过资源和管理,将输入转化为输出的活动。在ISO 9000—2000标准中,将过程方法列为八大管理原则之一,明确指出:将活动和相关资源作为过程进行管理,可以更高效地得到期望的结果。基于这种理念,进行施工过程的质量控制,应该在施工活动中从输入的资源(材料、劳动、工具设备等)控制入手,首先确保其符合施工要求,其中也包括施工技术要求,并通过加强对施工过程的管理,使各项要求在施工中得到贯彻实施,这样才能获得良好的、可靠的施工质量。

1.14 如何划定砌体工程施工中的检验批?

检验批的定义是:按同一生产条件或按规定的方式汇总起来供检验用的,由一定数量样本组成的检验体。对建筑工程施工而言,分项工程可由一个或若干检验批组成,检验批可根据材料种类、施工特点、施工程序、专业系统及类别或按楼层、施工段、变形缝等进行划分。在砌体工程施工中，可按下述原则进行检验批的划分：

(1) 考虑楼层、施工段、变形缝，按每一检验批砌体量不超过250m³（基础砌体可按一个楼层计）；

(2) 对每一检验批，砌筑用块材、砌筑砂浆种类和强度等级应相同；

(3) 对每一检验批，施工单位及人员不应产生变化；

(4) 对每一检验批，应是连续施工完成。

1.15 什么是验收项目？

砌体工程施工质量的验收项目就是《砌体工程施工质量验收规范》(GB 50203—2002)中所规定的主控项目和一般项目。但是，必须注意，标准规范是一个整体，应该全面理解和执行其全部内容。不能片面地只抓主控项目和一般项目的施工质量，而忽视标准规范中的基本规定；各章第1节一般规定，砌筑砂浆、冬期施工、子分部工程验收各条规定和其他国家现行各有关标准的配套使用问题。这些规定在施工中，也是要遵守的。

1.16 什么是主控项目？

主控项目就是对直接涉及安全、卫生、环境保护和公众利益起决定性作用的强制性检验项目。

主控项目包括的内容主要有：

(1) 重要材料、构件及配件、成品及半成品、设备性能及附件的材质、技术性能等。检查出厂证明及试验数据，如水泥、钢材、砖、砌块、外加剂等的质量，检查出厂证明，其技术数据、项目是否符合有关技术标准规定。

(2) 结构的强度、刚度和稳定性等检验数据、工程性能的检测。如混凝土、砂浆的强度；砖、砌块、石材的强度；砂浆饱满度检测；砌体的轴线位置和垂直度；墙体转角处及纵横墙交接处、临时间断处的砌筑要求等。

1.17 主控项目的验收标准是什么？

考虑到主控项目对工程质量的重要性，《砌体工程施工质量验收规范》(GB 50203—2002)规定，“主控项目应全部符合本规范的规定”。即条文中有明确质量要求的，验收时应该满足其要求；条文中有允许偏差的项目，验收时不应有超出其允许偏差范围的检测点存在。

1.18 什么是一般项目？

一般项目就是除主控项目以外的检查验收项目。这些项目虽不像主控项目那么重要，但对工程安全、使用功能及建筑美观都是有较大影响的。

一般项目包括的内容主要有：

(1) 砌体一般尺寸允许偏差。例如基础顶面和楼面标高；表面平整度；门窗洞口高、宽；外墙上下窗口偏移；水平灰缝平直度；清水墙游丁走缝；砌体厚度等。

(2) 对不能确定偏差值而又允许出现一定缺陷的项目，则用缺陷数量予以规定。例如，砌体的组砌方法；水平灰缝厚度；配筋砌体中钢筋搭接长度及保护层厚度的规定等。

1.19 一般项目的验收标准是什么？

《砌体工程施工质量验收规范》(GB 50203—2002)规定，砌体工程检验批验收时，“一般项目应有 80%及以上的抽检处应符合本规范的规定，或偏差值在允许偏差范围以内”。这里所讲 80%及以上的要求是针对一般项目中砌体尺寸允许偏差项和其他各条规定。这一验收标准尺度的考虑，较原《建筑安装工程质量检验评定统一标准》(GBJ 300—88)中合格质量标准应有 70%及以上的实测值在允许偏差范围内的规定严，比优良质量标准 90%的规定宽，这是比较合适的，体现了对一般项目既从严要求又不苛求的原则。

1.20 检测工作的目的与任务是什么?

为了保证工程质量和评价工程质量,必须加强对施工全过程的质量控制,提高和改进工程质量的管理水平和检测手段。现代的质量管理,是在传统的质量管理和用数理统计方法进行质量管理的基础上,用系统工程的观点,用现代的科学方法,对一切同工程质量有关的因素进行系统管理,力求建立一个有效地和确保提高工程质量的质量保证体系,这是实行全过程工程质量管理的基础工作。实行质量管理的重要方面是加强施工过程的检测,取得代表质量特征的有关数据,科学评价工程质量。这是检测工作的主要目的。

为取得代表工程质量特征的数据,必须具备健全的检测机构,加强检测力量,改进检测方法和检测手段。采用标准的检测方法,通过规范的试验程序,来检测同一个项目,增强检测结果的可比性,较为客观地反映工程质量水平。为此,就必须认真执行国家(行业、地方)有关工程质量的标准、规范、规程,加强工程质量的管理,建立、健全工程检测制度,学习贯彻有关检测方法标准,规范试验方法和试验数据的取值方法,全面、客观、准确地反映工程质量所达到的真实水平,以便正确地评价工程质量,从而提高工程质量管理水平,促进工程质量的提高。这是检测工作的主要任务。

1.21 什么是质量检测单位?

我国《建筑工程质量管理条例》第三十一条规定:施工人员对涉及结构安全的试块、试件以及有关材料,应在建设单位或者工程监理单位监督下现场取样,并送具有相应资质等级的质量检测单位进行检测。

质量检测单位分类如下:

(1) 国家建筑工程质量检测中心;

(2) 省、自治区、直辖市建筑工程质量检测中心;

(3) 市及地区建筑工程质量检测中心;

(4) 建筑施工、市政工程、混凝土预制构件、预拌混凝土等生产企业为工程质量检测提供数据的试验室;

(5) 其他质量检测机构。

质量检测单位必须经国务院建设行政主管部门及省、自治区、直辖市建设行政主管部门对其资格进行认定。

质量检测单位对外承担检验任务,都必须经过相应计量部门的认可,通过计量认证。计量认证是我国通过计量立法,对凡是为社会出具公证数据的检验机构(实验室)进行强制考核的一种手段,也可以说计量认证是具有中国特色的政府对实验室的强制认可。

凡为社会提供公证数据的质量检验机构必须获得省级以上人民政府计量行政部门的计量认证证书。

值得一提的是,还有一类质量检测机构是产品质量监督检验机构。20 世纪 80 年代中期,作为政府产品质量监督管理部门的原国家标准局,对监督产(商)品质量,实施了产(商)品质量抽检制度,1986 年依照国务院批准实施的《产品质量检验测试中心管理试行办法》,在全国范围内开始设立各类国家产品质量监督检验中心,同时国务院各部门、各省(自治区、直辖市)、各地市县区也相继设立了涉及国民经济各个领域的各类产品质量监督检验机构,对生产和流通领域内的产(商)品进行质量监督检验。为了有效地对这些检验机构的工作范围、工作能力、工作质量进行监控和界定,规范检验市场程序,应对这类检验机构进行规划、审查。

为实施对依照《标准化法》设立和授权的产品质量检验机构的审查认可(验收)工作,原国家技术监督局质量监督司于 1990 年发布了《国家产品质量监督检验中心审查认可细则》、《产品质量监督检验所验收细则》、《产品质量监督检验站审查认可细则》(三个细则也参照采用 ISO/IEC 导则 25—1982),由此开始了对国家、省、地、县各级产品质量监督检验机构的审查认可(验收)工作。该项工作是政府质量管理部门对依法设置或授权承担产品质量检验任务的质检机构设立条件、界定任务范围、检验能力考核、最终授权

(验收)的强制性管理手段。

凡通过审查认可(验收)的产品质量检验机构必须获得省级以上人民政府产品质量监督管理部门审查认可(验收)的授权证书。

1.22 什么是见证取样送样检测制度?

取样是按有关技术标准、规范的规定,从检验(测)对象中抽取试验样品的过程;送检是指取样后将试样从现场移交给有检测资格的单位承检的过程。取样和送检是工程质量检测的首要环节,其真实性和代表性直接影响检测数据的公正性。在当前市场经济影响下,不少检测单位热衷于为其他单位提供委托试验服务;另一方面部分建筑施工企业的现场取样缺少必要的监督管理机制,滋生了由于试样取样的不规范,以及少数单位弄虚作假而出现样品合格但工程实体质量不合格的不良现象,使检测手段失去对工程质量的控制作用。因此,对工程质量检测应加强管理。

为保证试件能代表母体的质量状况和取样的真实,制止出具只对试件(来样)负责的检测报告,保证建设工程质量检测工作的科学性、公正性和准确性,以确保建设工程质量,根据建设部建建[2000]211号《关于印发〈房屋建筑工程和市政基础设施工程实行见证取样和送检的规定〉的通知》的要求,在建设工程中实行见证取样和送检制度,即在建设单位或监理单位人员见证下,由施工单位有关人员在现场取样,送至试验室进行试验。

(1) 试块、试件和材料必须实施见证取样和送检的范围:

① 用于承重结构的混凝土试块;

② 用于承重墙体的砌筑砂浆试块;

③ 用于承重结构的钢筋和连接接头试件;

④ 用于承重墙的砖和混凝土小型砌块;

⑤ 用于拌制混凝土和砌筑砂浆的水泥;

⑥ 用于承重结构的混凝土中使用的掺加剂;

⑦ 地下、屋面、厕浴间使用的防水材料;

⑧ 国家规定必须实行见证取样和送检的其他试块、试件和

材料。

(2) 见证取样送检的程序如下：

① 建设单位或工程监理单位将见证人员书面通知施工单位、检测单位和负责该项工程的质量监督机构，见证人员应是具备施工试验知识的专业技术人员。

② 施工企业取样人员在现场进行原材料取样和试块制作时，见证人员必须在旁见证。

③ 取样后，由取样人员和见证人员共同对试样作出标识、封志。见证人员应对试样进行监护。

④ 送检单位填写委托单，见证人员和送检人员签字后连同试样送有资质的检测单位检测。

⑤ 检测单位检查委托单及试样上的标识、标志，确认无误后方可进行检测。

⑥ 检测单位应在检验报告单备注栏中注明见证单位和见证人员姓名，发生试样不合格情况，应立即通知送检单位。

1.23 什么是水准点？

为了统一全国高程测量和满足全国各种测量的需要，国家在各地埋设了很多国家的高程标志，称为水准点(简记为 BM)，作为各地进行水准测量时引测的依据。水准点的高程是由专业测量单位测定的。

1.24 怎样测定建筑物或构筑物的标高？

通常，在建筑工程施工中建筑物或构筑物的标高应引自水准点确定，或参照相邻建筑物或构筑物(已确定了标高)确定。

水准测量的基本工作就是测算两点间的高差。当所测距离较远，安置一次仪器不能完成全部测量时，可以划分为若干段，每段安置一次水准仪，经连续测量测放其高差，见图 1-1。测量中可以用下面公式进行计算校核：

后视总和－前视总和＝各段高差总和＝终点高程－始点高程

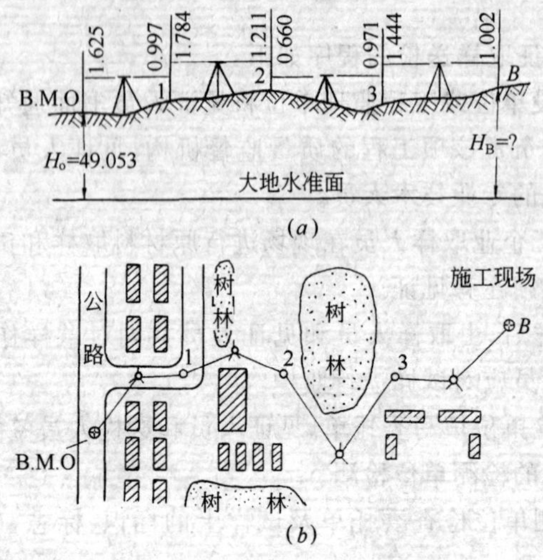

图 1-1　引测水准点示意图

(a) 剖面图;(b)平面图

对房屋高差(抄平)测量,由于第一点的标高已知,如选的点为室内±0.000 标高点,要确定另一点标高时,只需加上应提高或降低的数值,即可确定第二点的标高位置。

由于水准测量的连续性很强,只要一个环节出现问题,就容易出现错误或误差。为了防止错误和减少误差,以保证测量的正确性,必须注意以下事项:

(1) 观测

① 仪器应安置在所测两点的等距离处(即前、后视线要等长),以消除因水准管轴不平行视准轴所产生的误差。

② 仪器要安稳。要选择在土质比较坚实的地方安置仪器。三脚架要踩牢,尽量减少在仪器附近走动,以免因风吹和振动使仪器下沉。

③ 气泡要居中。读数前要定平水准管,读数后要检查水准管气泡是否仍保持居中,以保证视线在读数过程中的水平。在强阳光下测量时,要打伞遮住仪器,避免气泡不稳定。

④ 读数要准确。读数时要仔细对光消除视差，避免视线晃动造成读数不准。要认清水准的刻划特点，防止读错。

⑤ 迁站要慎重。未读转点前视读数，不得移动仪器，以防测量中间脱节，造成全部返工。

(2) 扶尺

① 使用前要检查水准尺刻划是否准确，塔尺衔接是否严密，如果发现误差过大应更换。在使用过程中要经常清除尺底泥土和防止塔尺二、三节下滑。

② 转点要牢靠。转点要选在坚实有突起的地方，尺垫要踩牢。观测未读后视读数前不得碰动。中间停测时，选稳固易找的固定点作为转点，并应做好标志。

③ 扶尺要铅直，扶尺人员要站正，双手扶尺，保证把尺铅垂立正。特别要防止水准尺前后倾斜(观测人员不易发现)。扶尺的手不要遮掩尺面，以免妨碍读数。

④ 起、终点要用同一根尺。

(3) 记录

① 记录要原始。记录要当场及时填写清楚，不要先草记后再誊写，以免抄错。记错或算错的数字，不得擦去重写或涂改描写。应在错字上画一斜线，将正确数字写在错数上方。

② 记录要复诵。观测数字填入记录表格后，要及时向观测人员回读所记数字作为校核，防止听错或记错。

③ 记录要清楚。不能遗漏，不能颠倒。

④ 计算要及时。记录过程中的简单计算(如加、减、取平均值等)，应在现场及时做好，并做好校核。

1.25 怎样对建筑物定位与基槽放线?

建筑物定位与其槽放线有两种方法。

(1) 设置龙门板

龙门板的设置方法见图 1-2。

龙门板的设置步骤如下：

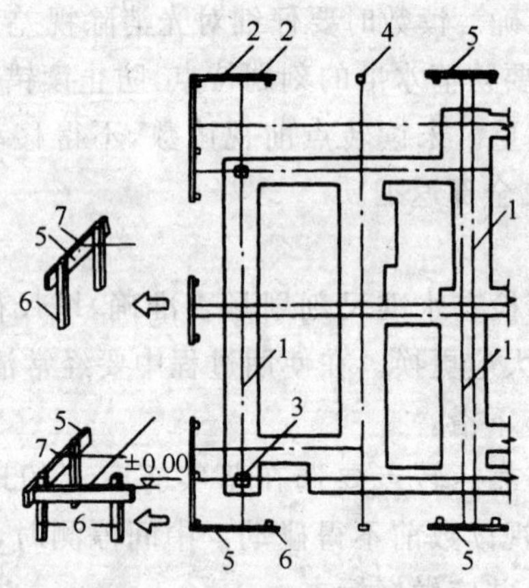

图 1-2 龙门板设置示意图

1—轴线；2—基槽宽线；3—角桩；

4—外引桩；5—龙门板；6—龙门桩；7—中心钉

① 在建筑物四角与隔墙两端基槽外边约 1.0～1.5m 处钉设龙门桩。

② 在每个龙门桩上测设高程线即 ± 0.000 标高线或比 ±0.000高或低一定数值线。

③ 沿龙门桩上的高程线钉设龙门板。

④ 用经纬仪将墙、柱中心线投到龙门板顶面上，并钉好中心钉。

⑤ 用钢尺沿龙门板顶面检查中心钉的间距是否正确，作为测设校核。然后以中心钉为准，将墙宽、基槽宽标在龙门板上。

⑥ 根据基槽上口宽度拉上小线撒出基础白灰线。

(2) 设置轴线桩

由于龙门板所用工、料较多，对施工尤其是机械挖槽不方便，而且容易碰坏，因此现在有许多工程采用设置轴线桩（引桩）的方法，见图 1-3。

轴线桩的设置步骤如下：

① 根据已经测设好的主轴线，设测各轴线交点中心桩，并钉

好中心钉。

② 在测设中心桩的同时，在槽边外 2～4m 处（易保存不受施工干扰处）测设轴线桩，并钉好中心钉（也可测设在原有建筑物上用红漆表示）。

③ 根据中心桩拉上小线，量出基槽口宽度，撒出基槽的灰线。

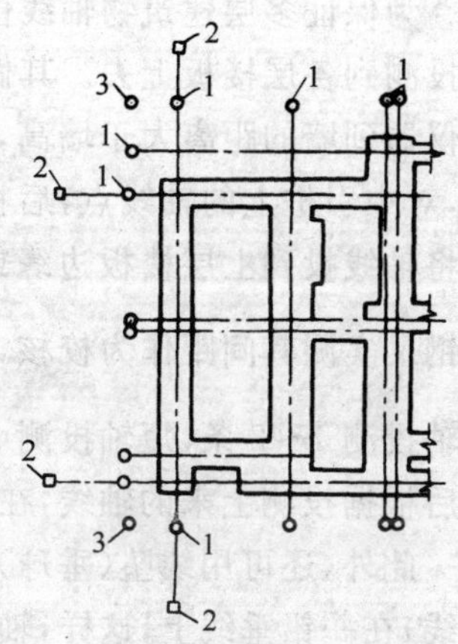

图 1-3　轴线桩设置示意图

1—中心桩；2—控制桩；3—角桩

1.26　怎样设置皮数杆？

皮数杆是瓦工砌墙的主要依据之一。皮数杆用 5cm×7cm 木方做成，它表示砌体的层数（包括灰缝厚度）和建筑物各种洞口、构件、梁板、加筋等的高度，是竖向尺寸的标志。

(1) 皮数杆的画法

首先，从进场的各堆砖（砌块）中抽取 10 块砖（砌块）样，量出它的总厚度，取其平均值，作为画砖（砌块）层厚度的依据，再加灰缝厚度，就可画出砖（砌块）灰层的皮数。然后，再标注±0.000 线及各种洞口、构件、梁板、加筋等的高度位置。

(2) 皮数杆的设置步骤

① 在地面上打一木桩，如在混凝土楼面上则安置三角架，用水准仪测设出±0.000 标高位置。

② 把皮数杆上的±0.000 线与木桩或三角架上的±0.000 线对齐、钉牢。采用里脚手架施工时，皮数杆应立在墙外边；反之立在墙里边。

③ 皮数杆钉牢后，用水准仪进行检验。

1.27　多层建筑物施工中如何进行轴线投测和标高传递？

(1) 轴线投测

为保证多层建筑物轴线位置正确，墙身垂直，可用经纬仪把轴线投测到各层楼板上去。其做法是：将经纬仪安置在轴线引桩上，使仪器到墙的距离大于墙高，防止投点时仰角过大。严格调平度盘，对中引桩上的轴线点，后视墙底部的轴线标点，用正倒镜取中法将轴线投到上层楼板边缘或柱顶上。当各轴线投到楼板之后，用钢尺实测其间距作为校核，其相对误差不得大于$\frac{1}{2000}$。每层楼长轴投测1～2条，短轴投测2～3条，其投点容许偏差为±5mm。然后根据投测上来的轴线，在楼板上分间弹线。

此外，还可用线坠（垂球）检验纠正墙角（或轴线），使墙角（或轴线）在一铅垂线上，这样，轴线的位置就逐层传递上去。

（2）标高传递

为保证楼板、门窗口、层高等工程的标高符合设计要求，须将标高由底层向上传递。常使用的方法有以下三种：

① 利用皮数杆传递高程。皮数杆自±0.000起，门窗口、过梁、圈梁及楼板等构件的标高已标明，一层楼砌好，逐层往上传递即可。

② 利用钢尺直接丈量。对于标高精度要求较高的工程，第一种办法不适用，这时可用钢尺沿墙角自±0.000起向上精密丈量，把标高传递上去。

③ 吊钢尺法。即在楼梯间或电梯井吊上钢尺，用水准仪读数，把底层标高传到上层。

1.28 砌筑基础的施工要点是什么？

（1）砖基础依其大放脚收皮不同，分为等高式和间隔式。等高式大放脚为二皮一收，每边各收进6cm；间隔式大放脚是二皮一收与一皮一收相间隔，每边各收进6cm，这种构造方法在保证刚性角的前提下可以减少用砖量。大放脚部分一般采用一顺一丁砌法，竖缝至少错开1/4砖长，十字及丁字接头处要隔皮砌通。大放脚的最下一皮及每个台阶的上面一皮应以丁砌和二皮一收为主。当采用非标准砖(标准砖外形尺寸为 240mm×115mm×53mm)的其他块材砌筑时,参照上述砌法施工。

(2) 不同深度基础砌筑时,应先砌深后砌浅处;在基础高低相接处应相互搭砌,当设计无要求时,不同深度基础相互搭接长度不应小于基础扩大部分的高度,见图 1-4。

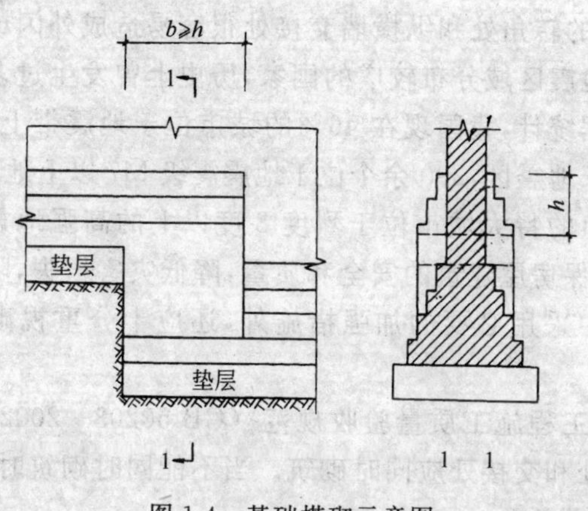

图 1-4 基础搭砌示意图

(3) 基础的接槎应留成斜槎,不应留直槎,接槎高度不宜超过 1.2m。

(4) 在接近原有房屋基础的附近砌筑新基础时,应注意检查原有基础,如有薄弱部分,应会同设计部门研究处理;砌筑新基础时宜分段连续进行,在上一段新基础砌完并填土后,才能开挖第二段基础的基槽;如新砌基础深于邻近房屋的基础,则应根据土质、新旧基础的距离和高差等情况,采取适当措施以免损伤原有基础。

(5) 基础中的洞口、管道等,应于砌筑时正确留出或预埋。通过基础的管道上部,应预留沉降空隙。

(6) 灰缝要饱满,每次收砌退台时,应用稀砂浆灌缝,使竖缝密实。

(7) 砌完基础后,应在两侧同时填土,分层夯实。当基础两侧填土的高度不等或仅能在基础的一侧填土时,填土的时间、施工方法和施工顺序应保证基础不致破坏或变形。

1.29 砌体的转角处和交接处应如何砌筑?

由于砌体的转角处和纵横墙交接处受力比较复杂,刚度比较大,应力比较集中,因而是最容易遭受破坏的部位。地震震害调查表明,房屋的转角处和纵横墙交接处很容易造成外闪或倒塌。我国是一个地震区域分布较广的国家,历史上曾发生过多起毁灭性的地震。据统计,我国现在46%的城市位于地震带上,有2/3的大城市处于地震区,200余个位于地震震级M7以上地区,20个百万以上人口的特大城市位于烈度8度以上的高强地震区。鉴于此,为了确保房屋建筑的安全和质量,降低灾害损失,除了在砌体结构设计中采用必要的加强措施外,还应十分重视砌体的砌筑质量。

《砌体工程施工质量验收规范》(GB 50203—2002)规定:"砌体的转角处和交接处应同时砌筑。当不能同时砌筑时,应按规定留槎、接槎。"

为说明同时砌筑和留槎、接槎(斜槎和直槎)的砌筑形式对砌体受力的影响,现引用下面的试验结果予以说明。

陕西省建筑科学研究设计院曾专门进行过砖砌体临时间断处留槎形式的试验研究。试件采用工字形墙片,其翼缘部分视为纵墙,腹板部分视为横墙。留槎形式分为四种方案:同时砌筑(即不留槎);斜槎(即踏步槎);直槎(采用凸槎,也称之为阳槎);直槎加拉结筋。墙片试件共24个,试件所用材料为MU10普通烧结粘土砖、M5水泥石灰砂浆,试件由一名技术水平中等偏上的瓦工砌筑。砌筑时,砖的含水率控制在10%~15%;砂浆稠度70~80mm;对同时砌筑方案的墙片一次砌完,其他需留槎的试件均分两次进行,其间隔时间为3~4d。

墙片试件砌完后,在室内自然养护28d以上,养护期间平均气温22℃左右。

试验采用两台小吨位千斤顶同步加荷。试验结果如下:

(1) 同时砌筑试件在纵横墙交界处呈直槎破坏形态，其他三类试件破坏面均在接槎处。

(2) 直槎加拉结筋试件，由于拉结钢筋的作用，其破坏有一个短暂过程，而其他未设置拉结筋的试件，均系突然性破坏。

(3) 拉结筋在加荷初期应力很小，如荷至 80%破坏荷载时应力仅达 10～15MPa，临破坏时应力才突然加大，但一般也只达 40～60MPa。在试验过程中钢筋未发生滑移现象。

(4) 纵横墙同时砌筑的试件整体受力最好；留置斜槎的试件次之，强度降低 7%左右；留置直槎并设拉结筋和留置直槎不设拉结筋的试件强度分别降低 15%和 28%。

上述结果为试验室得到的结果，由于施工现场的质量控制往往不如室内，因此对现场施工而言，几种接槎方案的整体差异还要更大一些。

通过上述模拟试验说明，在施工中砌体的转角处和交接处应优先采用同时砌筑，当不能同时砌筑时，应根据不同砌体工程的有关规定留槎和接槎。

1.30 留置墙上的临时施工洞口应注意什么问题？

由于现场施工的需要，在砌筑的墙上会留置临时施工洞口，这些洞口最后再进行补砌。分析认为，先砌筑的墙体和后补砌的洞口处的墙体存在砌筑时间上的差，这就必然导致墙体收缩变形的差异，加之接槎质量的不利影响，洞口补砌的墙体与先砌墙体之间的连接整体性会削弱。因此，临时施工洞口的留置应注意以下一些问题：

(1) 在墙上留置临时施工洞口，其侧边离交接处墙面不应小于 500mm，洞口净宽度不应超过 1m。

(2) 抗震设防烈度为 9 度的地区建筑物的临时施工洞口位置，应会同设计单位确定。

(3) 对混凝土小型空心砌块砌体工程，由于《砌体工程施工质量验收规范》(GB 50203—2002)不允许在施工过程中留置直槎，因此这类墙砌体的临时施工洞口的留置，应设置钢筋混凝土过梁并采用另设钢筋混凝土构造柱或芯柱等措施。

(4) 做好临时施工洞口的补砌。补砌时，必须将接槎处块材表面清理干净，浇水湿润，并填实砂浆，保持灰缝平直。

1.31 基础砌体和墙砌体的轴线和标高怎样校正和处理？

施工中为保证砌体轴线位置和标高的准确，在砌筑完基础或每一楼层后，应校核砌体的轴线和标高。其中，校核砌体轴线位置采用轴线投测方法；校核砌体标高采用标高传递的方法。

砌体轴线位置和标高的施工误差视校核结果分别作如下处理。

对砌体轴线位置偏移超过规范允许偏差的砌体应返工重砌；对其偏移量在规范允许偏差范围内的砌体，上一层砌体轴线位置应在基础面或楼面上纠正到准确位置。

对砌体标高误差的处理方法为：

(1) 当基础顶面和楼面标高施工误差在规范允许偏差范围内时，标高偏差宜通过调整上部灰缝厚度逐步校正。

(2) 当基础顶面标高偏低且超过规范规定的允许偏差时，视其高度垫以 M10 水泥砂浆或 C20 细石混凝土找平。

(3) 当楼面标高偏低且超过规范规定的允许偏差时，可通过调整钢筋混凝土圈梁高度或垫以 M10 水泥砂浆或 C20 细石混凝土找平。

(4) 当基础顶面和楼面标高高于规范规定的允许偏差时，应拆砖校正。

1.32 在砌体中的什么部位不应设置脚手眼？

砌体施工中脚手眼的设置至关重要，如果留置错误，可能会导致结构承载力大大降低而引起事故。因此，《砌体工程施工质量验收规范》(GB 50203—2002) 规定，不得在下列墙体或部位设置脚手眼：

(1) 120mm 厚墙、料石清水墙和独立柱；

(2) 过梁上与过梁成 60°角的三角形范围及过梁净跨度 1/2 的高度范围内；

(3) 宽度小于 1m 的窗间墙；

(4) 砌体门窗洞口两侧 200mm(石砌体为 300mm)和转角处 450mm(石砌体为 600mm)范围内；

(5) 梁或梁垫下及其左右 500mm 范围内；

(6) 设计不允许设置脚手眼的部位。

1.33 脚手眼的补砌应该注意什么问题?

脚手眼的补砌质量不仅直接会影响砌体结构的整体性和受力性能,而且还会影响建筑物的使用功能,例如墙面渗漏、冷桥结露(北方寒冷地区)等。因此,墙体中脚手眼的补砌应予重视,绝不要马虎从事,以确保其补砌质量。补砌时,应注意以下问题:

(1) 拆除松动的砖块。脚手眼留置时,其洞口侧面及上皮砖往往灰缝不饱满,脚手架搭设中和使用中又会碰撞墙体,致使脚手眼周围的砖块容易产生松动。对这部分已经松动的砖块,应予拆除。

(2) 清除砖块表面残留砂浆,并湿润脚手眼周围砖块,其湿润程度应与规范规定的砌墙砖相当,并注意在铺砂浆时不得有积水。

(3) 用与墙体相同的砖块和砌筑砂浆补砌洞眼,严禁使用干砖或小碎块砖填塞洞眼。灰缝应塞实。

1.34 在砌体中穿管、留洞、开槽等应如何考虑和施工?

以往,在砌体房屋施工中为了安装水、暖、电线管,在已砌好的砌体上随意开槽打洞是一种较普遍的现象。有的施工单位为了省费用,由民工用榔头砸、凿子打,造成洞口和槽口附近的砖块破碎、疏松;有的在墙上开水平槽,把 240mm 厚墙凿去了一半……。这些都造成了安全隐患。对此,设计和施工应予以规范。

经修订的现行国家规范《砌体结构设计规范》(GB 50003—2001)在第 6 章构造要求中有如下条文规定。在砌体中留槽洞口及埋设管道时，应符合下列规定：

(1) 不应在截面长边小于 500mm 的承重墙体及独立柱内埋设管线；

(2) 墙体中应避免沿墙长方向穿行暗线或预留、开凿水平沟槽，无法避免时应采取必要的加强措施或按削弱后的截面验算墙体的承载力。

《砌体工程施工质量验收规范》(GB 50203—2002)也有规定，即"设计要求的洞口、管道、沟槽应于砌筑时正确留出或预埋，未经设计同意，不得打凿墙体和在墙体上开凿水平构槽。宽度超过 300mm 的洞口上部，应设置过梁。"

1.35 为什么设置在潮湿环境或有化学侵蚀性介质的环境中的砌体灰缝内的钢筋应采取防腐措施？

房屋建筑是一种特殊的产品，它的使用周期比较长，现行国家标准《建筑结构可靠度设计统一标准》(GB 50068—2001)对结构的使用年限及在规定的使用年限内的功能要求有如下的规定：

(1) 关于结构的设计使用年限分类，见表 1-4。

设计使用年限分类　　表 1-4

类　别	设计使用年限(年)	示　例
1	5	临时性结构
2	25	易于替换的结构构件
3	50	普通房屋和构筑物
4	100	纪念性建筑和特别重要的建筑结构

(2) 结构在规定的设计使用年限内应满足下列功能要求：

① 在正常施工和使用时，能承受可能出现的各种作用；

② 在正常使用时，具有良好的工作性能；

③ 在正常维护下，具有足够的耐久性能；

④ 在设计规定的偶然事件发生时及发生后，仍能保持必要的整体稳定性。

国际标准《配筋砌体结构设计规范》(ISO 9652—3)(本国际标准由我国主编，英、美、德等国参编)中，对砌体中所配置的钢筋的保护给出了非常明确的环境条件，针对不同的环境条件规定了相应的钢筋保护要求，见表1-5。

钢筋耐久性选择 **表1-5**

环境分类		钢筋位于砂浆中	钢筋位于注芯混凝土中
1	正常居住及办公建筑内部干燥环境，包括外填充空腔墙的内叶墙	碳钢①	碳钢
2	处于洗衣店或外露的潮湿环境（不论冻结与否），包括处在无侵蚀性土和水中的构件	重镀锌或具有等效保护的碳钢	碳钢；当用砂浆填充孔洞时，应采用重镀锌或具有等效保护的碳钢
3	处在冻结或化冰盐的潮湿环境中的构件（不论在内部还是在外部）	不锈钢或等效的保护	重镀锌或具有等效保护的碳钢
4	直接与海水接触或处于海岸地区的饱和的海水空气中的构件（不论冻结与否）	不锈钢或等效的保护	不锈钢或等效的保护
5	处于有化学侵蚀的气体、液体或固体环境，包括有侵蚀性土壤中的构件	不锈钢或等效的保护	不锈钢或等效的保护

① 对空腔墙外墙的内叶墙，应采用重镀锌或具有等效保护的碳钢。

综上所述，鉴于现行国家标准《建筑结构可靠度设计统一标准》(GB 50068—2001)对结构的使用年限及在规定的使用年限内的功能要求，同时也参考国际标准《配筋砌体结构设计规范》(ISO 9652—3)的有关规定，在现行国家标准《砌体结构施工质量验收规范》(GB 50203—2002)中对设置在砌体灰缝内的钢筋的防护提出了这样的要求："设置在潮湿环境或有化学侵蚀性介质的环境中的砌体灰缝内的钢筋应采取防腐措施。”这一条规定，在具体执行时应注意以下几点：

① 钢筋包括所有设置在砌体灰缝内的钢筋，例如临时间断处的拉结钢筋；钢筋混凝土构造柱处的拉结钢筋；配筋砌体中灰缝内配置的钢筋等。

② 应对钢筋采取防腐措施的环境条件是“潮湿环境或有化学侵蚀性介质的环境”。

③ 钢筋防腐处理的耐久性选择暂未做区分，即对需要进行钢筋防腐处理的环境未再做更细的分类。这一规定还比较粗糙，不十分科学，也是从我国目前的现状来考虑的：一是砌体结构设计规范尚未有明确规定的相应条文；二是处在潮湿环境或有化学侵蚀性介质环境的砌体建筑不很多；三是限于工程造价的控制；四是适用的钢筋防腐材料或替代的产品太少。

④ 钢筋防腐处理的措施在施工中可根据具体情况选择，即在这些钢筋表面涂刷了防腐材料，并满足钢筋与砂浆间的粘结锚固就算符合规范规定的要求。

1.36 钢筋的防腐措施有哪些？

灰缝内钢筋的防腐措施，除了对一般钢结构涂刷的防锈漆外，下面介绍几种较好的材料：

(1) 用于混凝土和砂浆中的钢筋新型无机阻锈涂料。

该种钢筋阻锈涂料是近年来的研究成果，由中国建筑科学研究院等单位研制成功，并进行了工程应用，取得良好效果。

① 材料的基本性能，见表 1-6。

材料基本性能 **表 1-6**

指 标 名 称	技术性能指标值或要求	试验结果
耐盐雾介质：5%NaCl	100h 涂层无点蚀、裂纹、起泡等现象	合 格
耐碱性介质：饱和 $Ca(OH)_2$	浸泡 500h 无起泡、起皱、脱落、生锈等现象	合 格
耐水性介质：蒸馏水	浸泡 1000h 无起泡、起皱、脱落、生锈等现象	合 格
耐热老化：80℃	500h 涂层无起泡、发粘、变软、变脆等现象	合 格

② 钢筋和混凝土的粘结强度，见表 1-7。

钢筋和混凝土粘结强度 **表 1-7**

混凝土强度等级	实测混凝土强度（N/mm^2）	钢筋表面条件	粘结破坏最大荷载（kN）	粘结破坏最大滑移（mm）	粘结强度（N/mm^2）
C15	18.8	涂阻锈涂料	26.0	1.8	0.0044
		光　筋	24.0	1.9	0.0041
C30	31.8	涂阻锈涂料	28.5	2.2	0.0057
		光　筋	26.1	2.3	0.0052
C40	41.8	涂阻锈涂料	28.6	2.3	0.0058
		光　筋	26.3	2.4	0.0053

注：钢筋为 ϕ10。

③ 工程应用情况

该钢筋阻锈涂料除了在几个工程对混凝土中的钢筋表面进行了涂刷应用之外，还在贵阳市四个钢板粘结加固工程中予以应用，在钢板外表面涂刷该涂料后再抹砂浆。涂刷可采用先涂或后涂的施工方法，但要注意不要漏刷。该涂料价格比较低廉，每公斤价7元。

(2) DJF 系列钢筋防锈剂。

该钢筋防锈剂是中国科学院金属腐蚀与防护研究所、中国建筑东北设计院、沈阳建工学院等单位的研究成果，它是一种性能可靠、价格低廉、涂覆方便的钢筋防锈材料，可以替代镀锌工艺，具有广阔的推广应用前景，其特点是：

① 防腐性能好。

② 粘结性能好。涂刷该涂料后的钢筋，与混凝土、砂浆之间的粘结力基本不会受到不良影响。

③ 耐冲击性能达到建筑施工要求。

④ 韧性好。ϕ8 钢筋经涂刷该涂料后，弯折 90°后再拉直，反复 5 次防锈涂层不脱落。

⑤ 施工性能好，涂刷方便。涂料采用固化剂、基料与熔剂分

开存贮，在密封条件下可长期存放，不变质。

⑥ 与钢筋镀锌相比，不仅成本显著下降，而且不会带来环境污染，具有显著的社会效益。

(3) 环氧树脂涂层钢筋

该种技术系由国外引进，并编制了行业标准《环氧树脂涂层钢筋》(JC 3042—1997)，生产厂家是广东省汕尾市海丰县宏利钢材涂层有限公司。

该技术要点是：将钢筋除锈、清洗、打毛，加热后用电离子喷射法把环氧树脂粉末涂敷在钢筋表面，然后固化、冷却，涂层厚度0.18～0.30mm。涂层粘结牢固、有韧性（钢筋弯折180°涂层不开裂、不脱落），可延长钢筋使用寿命50年以上。

该种涂层钢筋已在北京西客站南广场、浙江宁波大桥、汕头石油天燃气码头等一些重点工程中应用，并取得成功。

(4) MCI系列渗透迁移型钢筋阻锈剂

MCI系列渗透迁移型钢筋阻锈剂是一种高性能的具有世界领先水平的有机阳极、阴极复合型锈蚀抑制剂。在新建混凝土或砂浆中添加MCI—2000，可防止钢筋锈蚀，增加结构耐久性，对既有结构浆MCI—2020或MCI—2021涂刷于结构混凝土表面，它将渗透迁移进入混凝土或砂浆，在钢筋表面形成MCI分子保护膜，防止钢筋继续锈蚀。

MCI系列产品在国外已大量应用，1997年引入我国后，也已多处使用。

1.37 尚未施工楼板或屋面的墙或柱，在施工中应注意什么问题？

建筑施工的质量、安全和效益是相互统一、不可分割的。建筑施工是一项复杂的生产活动，建筑产品体积庞大，结构复杂，如果质量没有保证，本身就留下了危害安全的隐患，在工程建设中或建成后，都有可能发生工程事故，造成财产损失和人员伤亡。同样，在建筑活动中如果施工作业人员的安全没有保障，就不可能做到“精心组织、精心施工”，工程质量也就无法保证，效益也无从谈起。

在砌体工程施工中，为确保安全生产，避免不必要的砌体倒塌和人员伤亡事故的发生，对尚未施工楼板或屋面的墙或柱，当可能遇到大风时，其允许自由高度做了如下的规定，见表1-8。如超过了表中的限值时，必须采取临时支撑等有效措施，防止墙（柱）倒塌。

墙和柱的允许自由高度(m)　　　　表 1-8

墙(柱)厚(mm)	砌体密度>1600(kg/m³)			砌体密度 1300～1600(kg/m³)		
	风载(kN/m²)			风载(kN/m²)		
	0.3(约7级风)	0.4(约8级风)	0.6(约9级风)	0.3(约7级风)	0.4(约8级风)	0.6(约9级风)
190	—	—	—	1.4	1.1	0.7
240	2.8	2.1	1.4	2.2	1.7	1.1
370	5.2	3.9	2.6	4.2	3.2	2.1
490	8.6	6.5	4.3	7.0	5.2	3.5
620	14.0	10.5	7.0	11.4	8.6	5.7

在使用上表时，应注意以下几点：

① 风载的数值是以相对地面标高 10m 的情形（即基本风压），当超过该高度之后，风载的数值应考虑风压高度变化系数的影响见表1-9。表中，地面粗糙度 A、B、C、D 分别为：

风压高度变化系数　　　　表 1-9

离地面或海平面高度(m)	地面粗糙度类别			
	A	B	C	D
5	1.17	1.00	0.74	0.62
10	1.30	1.00	0.74	0.62
15	1.52	1.14	0.74	0.62
20	1.63	1.25	0.84	0.62
30	1.80	1.42	1.00	0.62
40	1.92	1.56	1.13	0.73
50	2.03	1.67	1.25	0.84
60	2.12	1.77	1.35	0.93

——A 类指近海面和海岛、海岸、湖岸及沙漠地区；

——B 类指田野、乡村、丛林、丘陵以及房屋比较稀疏的乡镇和城市郊区；

——C 类指有密集建筑群的城市市区；

——D 类指有密集建筑群且房屋较高的城市市区。

对于地面粗糙度为 B 类的地区，如砌体施工处相对标高 10m<H≤15m 和 15m<H≤20m 时，表中的允许自由高度应分别乘以 0.9 和 0.8 的系数：如 H>20m 时，则应通过墙(柱)抗倾覆验算来确定其允许自由高度。计算中，略去墙(柱)底部砂浆与楼板(或下部墙体)间的粘结作用，只考虑墙体的自重和风荷载。施工处标高可按下式计算：

$$H=H_0+\frac{h}{2}$$

式中 H——施工处的标高(m)；

H_0——起始计算自由高度处的标高(m)；

h——墙(柱)的高度。对于设置钢筋混凝土圈梁的墙(柱)，其砌筑高度在未达圈梁位置时，h 应从地面(或楼面)算起；超过圈梁时，h 则可从最近的一道圈梁算起，但此时圈梁混凝土抗压强度应不低于 $5N/mm^2$。

② 当所砌筑的墙有横墙或其他结构与其连接，而且间距小于表列允许自由高度数值的 2 倍时，砌筑高度可不受表列允许自由高度规定的限制。

1.38 什么是斜槎？什么是直槎？施工时应注意哪些问题？

在墙的砌筑施工过程中，有时由于施工需要，对有些连续的墙体，要先后分开砌筑，而形成间断，这个间断处就是砌体的临时间断处。临时间断处的砌筑形式分为斜槎(踏步槎、退差)和直槎(马牙槎、肉里槎、阴槎、阳槎)。

由于留槎和接槎(即补砌墙体)的形式和施工质量对房屋的结构性能影响颇大，因此在施工中应注意以下问题：

(1) 在墙上留置临时施工洞口(一般采用直槎),其侧边离交接处墙面不应小于500mm,洞口净宽度不应超过1m。抗震设防烈度为9度的地区建筑物的施工洞口位置,应会同设计单位确定。

(2) 砌体的转角处和交接处应同时砌筑,严禁无可靠措施的内外墙分砌施工。即无可靠措施情况下不得先砌内墙后砌外墙,或先砌外墙后砌内墙。

(3) 砖砌体施工中,对不能同时砌筑而又必须留置的临时间断处应砌成斜槎,斜槎水平投影长度不应小于高度的2/3。混凝土小型空心砌块砌体的斜槎留置时的要求也相同。

(4) 砖砌体施工中,对非抗震设防及抗震设防烈度为6度、7度地区的临时间断处,当不能留置斜槎时,除转角处外,可留直槎,但必须做成阳槎。留直槎处应加设拉结钢筋,拉结钢筋的数量为每120mm墙厚放置1ϕ6拉结钢筋(120mm厚墙放置2ϕ6拉结钢筋),间距沿墙高不应超过500mm,埋入长度从留槎处算起每边均不小于500mm;对抗震设防烈度6度、7度的地区,不应小于1000mm,末端应有90°弯钩。

(5) 对混凝土小型空心砌块砌体、石砌体及抗震设防烈度为8度及8度以上的砖砌体,不允许留置直槎(包括加设拉结筋的直槎)。

(6) 做好接槎处的补砌。补砌时,首先应对接槎处的块材表面进行清理,铲除残留砂浆并浇水湿润块材,再进行补砌。砂浆应饱满,灰缝应平直。

1.39 什么是灰缝砂浆饱满度?如何预防灰缝砂浆不饱满?

灰缝砂浆饱满度是指砌体施工时,块材表面与砌筑砂浆之间的粘结面积占块材表面积的比例,并以百分数表示。对烧结多孔砖,在检查其水平灰缝砂浆饱满度时,应按扣除孔洞面积后的净面积考虑;对混凝土小型空心砌块,由于上下皮砌块端肋与中肋不会完全重合,因此在检查其水平灰缝砂浆饱满度时,块材表面积应扣除上下皮砌块端肋与中肋不完全重合部分面积,以实际净面积计算。

(1) 产生砌体灰缝砂浆不饱满度的原因

① 采用强度等级较低的水泥砂浆,因和易性差,砌筑时挤浆费劲,瓦工用大铲或瓦刀铺刮砂浆后,使底灰产生空穴。

② 用推尺铺灰法砌筑,有时由于铺灰过长,或气候炎热、干燥,砌筑速度跟不上,砂浆中的水分散失较快较多,使块材与砂浆间的粘结不良。

③ 砌清水墙时,为了省去刮缝工序,采取了大缩口的铺灰方法,使砌体相邻块材间的灰缝缩口深度达 20～30mm,减小了砂浆的饱满度。

④ 块材不浇水砌筑,使砂浆早期脱水较多,不容易摊铺饱满、均匀,且块材表面的粉屑起隔离作用,减弱了块材与砂浆层间的粘结。

(2) 预防砌体灰缝砂浆不饱满的措施:

① 改善砂浆的和易性。砂浆和易性是确保灰缝砂浆饱满和提高粘结强度的关键。对 M2.5 及以下的砂浆,应使用混合砂浆,如使用混合砂浆确有困难,可掺加粉煤灰或有机塑化剂。

② 拌制砂浆应加强计划性,尽量做到随拌随用,少量储存,使灰槽中经常是盛入的新拌制的砂浆。同时,对灰槽中的砂浆,使用时应经常翻拌、清底,应将灰槽内边角处的砂浆刮净,堆于一侧继续使用,或与新拌砂浆混合后使用。

③ 改进砌筑方法。不宜采用推尺铺灰法或摆砖砌筑,应推广"三一砌砖法"。

④ 严禁干砖上墙。冬期施工时,对普通砖、多孔砖和空心砖在气温高于 0℃ 条件下砌筑时,应浇水湿润。在气温低于、等于 0℃条件下砌筑时,可不浇水,但必须增大砂浆稠度。抗震设防烈度为 9 度的建筑物,普通砖、多孔砖和空心砖无法浇水湿润时,如无特殊措施,不得砌筑。

1.40 什么是伸缩缝、沉降缝、防震缝?施工中应注意什么问题?

(1) 伸缩缝

一般物质都具有热胀冷缩和湿胀干缩的物理特性，房屋建筑也不例外，由于温差和砌体干缩将引起变形，当其变形受到约束作用之后便产生应力和导致裂缝的出现。为了防止或减轻房屋在正常使用条件下由于上述作用引起墙体竖向裂缝，应在墙体中设置伸缩缝。伸缩缝就是将建筑物分割成两个或若干个独立单元，彼此能自由伸缩的竖向缝。通常采用双墙伸缩缝，只需将地面以上的结构分开，基础部分由于埋于地下，温度变化不大，可以不分开，缝宽 30～50mm。

(2) 沉降缝

由于地球引力的存在，建筑物必须要建造在地基上，而不能存在空中楼阁。由于重力作用，建筑物将使地基产生变形，此变形的大小与地基的工程地质性质和上部建筑物重量有关，特别是当建筑物相邻部分荷重差异比较大时，容易产生差异变形。此外，地基变形还与地基及基础施工质量、建筑物的使用状态(如是否使用超载、地基是否有冻胀和是否存在湿陷等)有关。

鉴于砌体结构的墙体具有脆性和砌体强度不高，其适应地基不均匀沉降的能力有限，为了防止或减轻由于地基不均匀沉降带来的墙体开裂，房屋建筑应根据不同情况考虑设置沉降缝。沉降缝是将建筑物自屋顶到基础分为若干个长宽比较小、整体刚度好、自成沉降体系的单元，使其各单元具有调整过大不均匀沉降能力的竖向缝。通常采用双墙做法。

(3) 防震缝

当建筑物遭受地震荷载时，会产生附加于建筑结构上的动态变化内力和变形。其中，变形包括垂直方向的竖向变形；水平纵、横方向变形和平面扭转变形。为使建筑物适应这种变形，减少因地震荷载作用所带来的局部破损，应考虑对体型复杂的建筑物设置防震缝。防震缝就是根据建筑物所遭受的地震设计烈度、场地类别、房屋类型等，为使建筑物在地震时提高抗震能力，减轻其损坏程度的具有一定宽度(60～100mm 之间)的竖向缝。伸缩缝、沉降缝应符合防震缝的要求。

在砌体施工中，伸缩缝、沉降缝、防震缝中，不得夹有砂浆、块材碎渣和杂物等。

1.41 什么是控制缝？建筑物的控制缝如何设置？

前面已讲述的建筑物的伸缩缝、沉降缝、防震缝，都是为适应在各种因素影响下的变形，减少房屋损坏程度的有效措施，它们通常都是自建筑物的顶端到地面（或地面以下）设置的竖向缝。但是，从局部分析，由于这些因素的作用，在墙砌体中的个别部位还可能存在应力集中，导致墙体在正常使用条件下开裂，影响结构整体性和使用功能。对此，现行国家标准《砌体结构设计规范》（GB 50003—2001）对砌体房屋，可考虑设置竖向控制缝。竖向控制缝就是设置在墙体应力比较集中或墙的垂直灰缝相一致的部位，并允许墙身自由变形和对外力有足够抵抗能力的构造缝。针对刚度较大的房屋，可在窗台下或窗台角处墙体内设置竖向控制缝。在墙体高度或厚度突然变化处也宜设置竖向控制缝。竖向控制缝的构造和嵌缝材料应能满足墙体平面外传力和防护的要求。施工时应认真仔细按照设计及施工要求进行。

1.42 为什么基础与墙交接处应设防潮层？如何做法？

房屋建筑应有基础，为阻止地下水分沿基础向上渗透，造成墙体经常潮湿，影响使用功能（如室内粉刷层剥落）和结构的耐久性（外墙受潮后，经盐碱和冻融作用，年久后墙表面表皮逐层酥松剥落），所以应在基础和墙交接处设置防潮层。基础防潮层作法大致有三种：(1)抹 20mm 厚 1∶2.5 水泥砂浆（掺适量防水剂）；(2) M10 水泥砂浆砌二砖三缝；(3)60mm 厚 C15～C20 混凝土圈梁。

在施工过程中，防潮层往往会开裂或抹压不实，造成基础防潮层失效。为保证其施工质量，可采取如下措施。

(1) 防潮层应作为独立的隐蔽工程项目，在整个建筑物基础工程完工后进行操作，施工时应尽量不留或少留施工缝。

(2) 防潮层下面三层砖要求满铺满挤，横、竖向灰缝砂浆都要饱满，240mm 厚墙防潮层下的顶皮砖，应采用满丁砌法。

(3) 防潮层施工宜安排在基础房心土回填后进行，以防填土时对防潮层的破坏。

(4) 对水泥砂浆(掺适量防水剂)防潮层，施工要求为：

① 清除基面上的泥土，砂浆等杂物，将被碰动的砖块重新砌筑，充分浇水湿润，见表面略见风干，即可进行防潮层施工。

②两边贴尺抹防潮层水泥砂浆，保证砂浆层厚度，不允许用防潮层的厚度来调整基础标高的偏差。

③ 砂浆表面用木抹子揉平，待开始起干时，即可进行抹压(2～3 遍)。抹压时，可在表面撒少许干水泥或刷一遍水泥净浆，以进一步堵塞砂浆毛细管通路。防潮层施工应尽量不留施工缝，一次做齐，如必须留置，则应留在门口位置。

④ 防潮层砂浆抹完后，第二天即可浇水养护。可在防潮层上铺 20～30mm 厚砂子，上面盖一层砖，每日浇水一次，以保持良好的潮湿养护环境。至少养护 3d 后，才能在上面砌筑墙体。

(5) 混凝土圈梁的防潮层施工，应注意混凝土石子级配和砂石含泥量，圈梁面层应加强抹压，也可采取撒水泥压光处理，养护方法同水泥砂浆防潮层。

(6) 防潮层砂浆和混凝土中禁止掺盐，在无保温条件下不应进行冬期施工。

1.43 安装预制过梁有哪些要求?

安装预制过梁时，其型号、标高及位置应准确，坐灰饱满。砂浆强度在设计无明确情况下，应采用 1∶2.5 水泥砂浆，如坐浆厚度超过 20mm 时，要用豆石混凝土铺垫。过梁安装时两端支承点的长度应一致。

1.44 在安放预制钢筋混凝土板时，对板在墙上的支承长度有什么规定?

预制钢筋混凝土板的支承长度，在墙砌体上不宜小于

100mm；在钢筋混凝土圈梁上不宜小于 80mm；当利用板端伸出钢筋拉结和混凝土灌缝时，其支承长度可为 40mm，但板端缝宽不小于 80mm，灌缝混凝土不宜低于 C20。

1.45 在安放预制钢筋混凝土楼板时，楼板侧边是否可以压墙？为什么？

目前在房屋建筑中使用的钢筋混凝土楼（屋面）板，系按照两端支承的简支构件进行设计的。因此，在其使用中也应符合设计要求，以确保结构安全。

在施工中，有时由于房屋的尺寸和钢筋混凝土楼板宽度方向的组合不相协调，会产生预制钢筋混凝土楼板压墙的现象。这将形成楼板的支承状态发生改变，成为三边支承的构件，会导致板因横向配筋不足或无横向配筋而破坏。所以，在安放预制钢筋混凝土楼板时，楼板侧边不能压墙放置。

1.46 在安放预制钢筋混凝土楼板时，为什么应在砌体顶面坐浆？对坐浆的要求是什么？

在安放预制钢筋混凝土楼板时，应在砌体顶面坐浆，这是因为：

(1) 是房屋结构整体性的需要。在地震荷载下，房屋结构会遭受横向地震力的作用，为使房屋结构具有一定（符合设计要求）承载能力，不至于提前破坏，引起不必要的生命和财产损失，在安放预制钢筋混凝土楼板时，应在砌体顶面坐浆，以增加板与墙体间的粘结强度和整体性。

(2) 是使预制板和墙体支承和受力位置明确的需要。砌体结构的静力计算时，对本层房屋的竖向荷载，应考虑对墙、柱的实际偏心影响。即预制板和墙体的支承和受力位置是按照两者接触面全部良好接触的状态而确定的。如果它们之间不坐浆，不仅墙、柱的实际偏心有可能增加，而且预制板也会因支点不明确或局部受力降低其安全性。

(3) 是保证预制板安放平稳的需要。预制板不坐浆放置于墙上，由于没有砂浆起垫实作用，预制板可能会产生微小晃动，房屋建成投入使用后，因板的微小晃动而破坏了板缝的密实，随之带来板缝的出现和渗漏水，影响美观和使用。

安放预制钢筋混凝土楼板时的坐浆要求，同预制过梁安装。

1.47 建筑物墙体裂缝产生的原因是什么？各类裂缝的特征是什么？

砌体结构中的裂缝比较普遍，产生裂缝的原因也比较复杂。有的裂缝是产生于单一原因，而有一些裂缝则是由多种因素综合作用而产生的。一般说来，砌体中裂缝产生的原因大致有如下几种：地基不均匀沉降及不均匀冻胀；温度变形；收缩变形；砌体强度不足等。

各类砌体裂缝的特征如下：

(1) 地基不均匀沉降引起的裂缝

地基发生了不均匀沉降后，下沉较大部位和下沉较小部位之间，将出现相对位移，使砌体中出现附加拉力和剪力。当这种附加拉力和剪力超过了砌体能承担的作用后，便产生砌体裂缝。此类裂缝一般都与地面成 45°的倾角，斜缝倒向凹陷一侧，如图 1-5 所示。

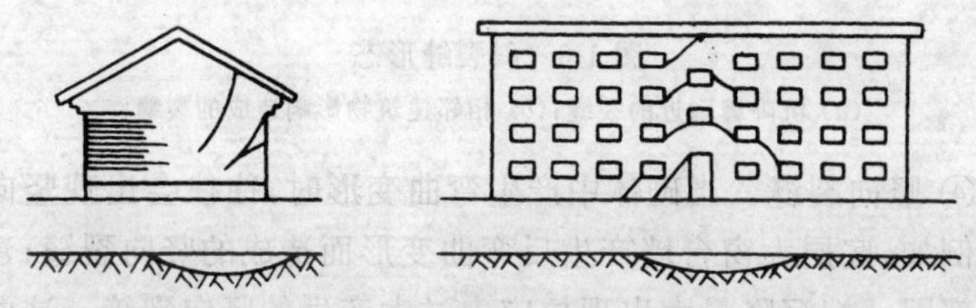

图 1-5 地基局部凹陷引起的裂缝形态

有时，由于设计考虑不周，把建筑物建造在软硬截然不同的两个地段上，由于两部分地基沉降的差异很大，往往在软硬交接处的建筑物砌体上发生垂直裂缝，裂缝上宽下窄，最宽处可达几毫米至几十毫米。

地基不均匀沉降引起上部砌体开裂的裂缝有如下几种特征：

① 正八字裂缝。建筑物中部的下沉值较两端大时，建筑物形成正向弯曲而造成正八字缝。

② 倒八字缝。建筑物中部的下沉值较两端小时，建筑物形成反向弯曲而造成倒八字缝。

以上两种斜裂缝大多数通过窗口两对角，以紧靠窗口处裂缝较宽，向两边和上下逐步缩小；其走向往往是由沉降小的一边向沉降大的一边逐渐向上发展。这两种斜裂缝大部分出现在纵墙上，分布在墙身相对挠曲较大的断面处，在建筑物下部裂缝较多，上部裂缝较少。

③ 斜裂缝。当建筑物地基相对大的沉降处于一侧时，则在建筑物墙身上出现斜裂缝，见图 1-6。

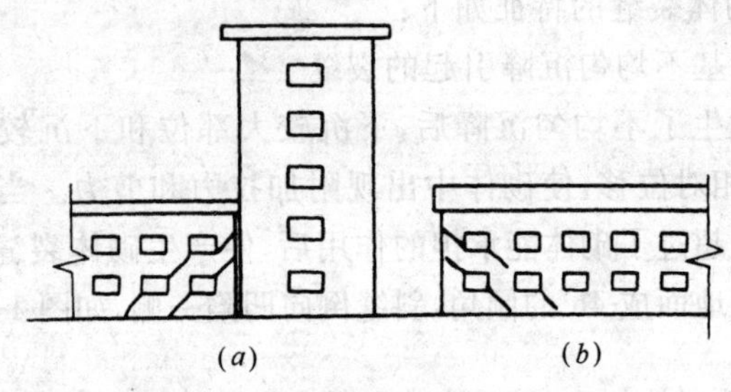

图 1-6 斜裂缝形态

(a) 沉降缝附近的裂缝；(b) 相邻建筑物影响造成的裂缝

④ 竖向裂缝。当砌体中产生弯曲变形时，往往会出现竖向裂缝。例如，底层大窗台墙产生反弯曲变形而造成的竖向裂缝；建筑物顶部因一端沉降量大出现拉应力过大产生的竖向裂缝。这两种裂缝的形态都是上宽下窄，向下逐渐减少。

⑤ 水平缝裂。水平裂缝有两种。一是窗间墙上的水平裂缝：一般都是在每个窗间墙的上、下两对角处成对出现，沉降大的一边裂缝在下，沉降小的一边裂缝在上。裂缝靠窗口处较大，向窗间墙中间逐渐减小。在地基不均匀变形，或沉降部分的上部被顶住后

(沉降缝处理不当时常有这种现象),窗间墙上受到较大的水平剪力,而形成这种裂缝。另一种水平裂缝发生在地基局部塌陷时,这种裂缝较少见。

(2) 地基不均匀冻胀引起的裂缝

冻胀性土在温度降到0℃以下,由于毛细管作用,下部未冻结水不断上升,在冻结层中形成冰晶,使土的体积膨胀,向上隆起。隆起高度视冻结层厚度及地下水补给情况而异,一般可达几毫米至几十毫米,甚至有超过100mm的。据有关资料介绍,冻胀力最大可达2000kN/m^2以上。建造在冻胀性土地区的建筑物,如果基础埋设深度在冻胀线以上,当地基遭冻后,建筑物的自重往往无法抗拒冻胀隆起的法向力,致使建筑物的局部或全部被顶了起来,如果建筑物被顶起的程度不一,就会发生类似地基不均匀沉降所产生的裂缝。

地基冻胀对基础的影响除了法向冻胀力以外,还有侧向冻胀力和冻剪力。

人为冻结也会造成地基不均匀冻胀而引起房屋墙体裂缝。例如冷库修建中,如果地面保温层效果差,就会在冷库投入使用后产生地基不均匀冻胀,进而形成墙体裂缝。

(3) 温差影响引起的裂缝

热胀冷缩,是物质的一个物理特性,各种建筑材料及其所形成的构件也不例外。砌体和与之相联系的构件,因温差和材料线膨胀系数差异的影响而出现不均匀的伸缩会导致砌体裂缝。常见的特征裂缝有:

① 斜裂缝。其形态有三种:即正八字形、倒八字形和X字形,其中以正八字形最多见。裂缝一般出现在顶层墙身两端的1～2个开间内,有时可能发展至房屋长度的1/3左右。这种裂缝多产生在内外纵墙上,横墙上有时也会产生,裂缝一般呈对称形。房屋两端有窗口时,则裂缝通常过窗口的两对角,缝的数量不一,有时每端仅一条,有时则数条成组出现,有时仅一端有。斜裂缝一般仅顶层有,严重时也可能发展至以下几层。

在寒冷地区，还可见到一层窗台墙的收缩裂缝和外纵墙墙角部位的门窗洞口对角的斜裂缝。这种裂缝出现的条件有以下三个：一是地处寒冷地区；二是纵墙较长，又未设温度缝；三是无取暖设备，或虽有取暖设备，但未能投入使用。

② 水平裂缝。水平裂缝有四种，一是屋顶下的水平裂缝；二是外纵墙窗口处的水平裂缝；三是单层厂房与生活间连接处的水平裂缝；四是女儿墙根部水平裂缝，其中以第一种最多见。

屋顶下水平裂缝的特征是：位于平屋顶下或圈梁下2～3皮砖或砌块的灰缝中，裂缝一般沿外墙顶部分布，两端较为严重，有时形成水平包角缝。

外纵墙窗台处水平裂缝在高大空旷的房屋中较多见。

单层厂房与生活间连接处的水平裂缝，其产生的原因是生活间屋盖的温度变形导致附加应力。

女儿墙根部水平裂缝的产生，原因是屋盖过大的温度变形使女儿墙受到向外或向内的水平力作用的结果。

③ 竖向裂缝。竖向裂缝包括贯通房屋全高的竖向裂缝；房屋檐口下和窗台墙上的竖向裂缝；现浇钢筋混凝土梁端处墙面竖向裂缝。

上述几类裂缝产生的原因分别是：

① 贯通房屋全高的竖向裂缝是由于房屋过长，又未设置伸缩缝，温度变化时在墙内产生附加拉应力。

② 房屋檐口下和窗台墙上的竖向裂缝大多出现在北方寒冷地区，墙体较长而又未设伸缩缝，无采暖条件或施工越冬的建筑物上。裂缝的原因是房屋地面部分变形和地下部分变形不一致，温差越大，墙体中的附加拉力也越大，因而在断面较弱，应力较集中处出现裂缝。

③ 设置在洞口处的现浇钢筋混凝土梁端处墙面竖向裂缝（有时呈45°左右的斜裂缝），是由于钢筋混凝土与墙体的温度线膨胀性能差异很大，温度变形不同，加之混凝土的干缩作用的结果。

(4) 墙体材料不均匀伸缩引起的裂缝

湿胀干缩也是物质的一种特性，在房屋施工中，一些砌墙用的块材，特别是非烧制而成的块材，其干燥收缩较大。例如，普通混凝土小型空心砌块，混凝土的干燥收缩值一般为 0.5mm/m；粉煤灰砖干燥收缩值优等品应不大于 0.6mm/m，一等品应不大于 0.75mm/m，合格品应不大于 0.8mm/m；粉煤灰砌块干燥收缩值一等品应小于 0.75mm/m，合格品应小于 0.90mm/m；蒸压加气混凝土砌块干燥收缩值不大于 0.50mm/m（标准法），或不大于 0.80mm/m（快速法）。这些块材的干燥收缩值均大大高于烧结普通砖的干燥收缩值（不大于 0.10mm/m）。除了砌墙用的块材有干燥收缩之外，由于砌体是在半湿作业条件下建造的（块材砌筑前浇水湿润、砌筑砂浆的水份及露天施工偶遇下雨等），随着砌体内水份的逐步减少即砌体的逐步干燥，砌体会产生收缩变形。当这些收缩变形受到约束之后，便会产生收缩应力和形成收缩裂缝。

此外，在砌体结构中，还会存在现浇钢筋混凝土梁、板及钢筋混凝土圈梁等，混凝土的收缩与砌体的收缩不协调时，也会在砌体中形成干缩裂缝。

（5）因承载能力不足而产生的裂缝。

常见的因砌体承载能力不足而造成的砌体裂缝，见表 1-10。

砌体承载能力不足的裂缝形态特征　　表 1-10

序号	荷载情况	常见构件	裂缝形态
1	中心受压及小偏心受压	基础高厚比较大的柱、窗间墙	竖向裂缝
2	局部受压	承载大梁的柱、窗间墙	端部竖向及斜向裂缝
3	轴心受拉或偏心受拉	水池、筒仓等	受拉截面处裂缝
4	竖向受剪	砖挑檐等	斜裂缝
5	大偏心受压	柱、墙	受压区竖向裂缝或受拉区受拉裂缝
6	受弯	砖砌平拱	受拉区裂缝
7	弯矩与剪力共同作用	砖过梁	端部斜裂缝形成拱形裂缝

(6) 其他情况下砌体中的裂缝

除上述几类砌体裂缝外，尚有可能由于材料质量和砌筑质量差引起砌体开裂，建筑设计构造不当也会出现裂缝。

1.48 怎样控制建筑物墙体的裂缝？

砌体结构墙体的裂缝，其危害程度不一，对承载力不足而产生的裂缝，它将影响结构的安全；其他一些裂缝，可能会降低建筑功能（裂缝导致渗漏和装饰层破坏，有的还给人以不安全感并影响观瞻），缩短建筑物使用年限。但是，砌体结构墙体的裂缝又是极其普遍的，对此，应采取多种措施，力争消除或尽量控制裂缝的出现。这些措施主要有加强构造措施和在施工中注重质量管理，提高砌体工程的质量。此外，在使用中也应注意加强维护。

(1) 控制裂缝的构造措施

① 在墙体中合理设置伸缩缝。伸缩缝的间距可按表1-11采用。

砌体房屋伸缩缝的最大间距(m)　　**表1-11**

屋盖或楼层类别		间距
整体式或装配整体式钢筋混凝土结构	有保温层或隔热层的屋盖、楼盖	50
	无保温层或隔热层的屋盖	40
装配式无檩体系钢筋混凝土结构	有保温层或隔热层的屋盖、楼盖	60
	无保温层或隔热层的屋盖	50
整体式有檩体系钢筋混凝土结构	有保温层或隔热层的屋盖	75
	无保温层或隔热层的屋盖	60
瓦材屋盖、木屋盖或轻钢屋盖		100

注：1. 对烧结普通砖、多孔砖、配筋砌块砌体房屋取表中数值；对石砌体、蒸压灰砂砖、蒸压粉煤灰砖和混凝土砌块房屋取表中数值乘以0.8的系数。当有实践经验并采取有效措施时，可不遵守本表规定；
2. 在钢筋混凝土屋面上挂瓦的屋盖应按钢筋混凝土屋盖采用；
3. 按本表设置的墙体伸缩缝，一般不能同时防止由于钢筋混凝土屋盖的温度变形和砌体干缩变形引起的墙体局部裂缝；
4. 层高大于5m的烧结普通砖、多孔砖、配筋砌块砌体结构单层房屋，其伸缩缝间距可按表中数值乘以1.3；
5. 温差较大且变化频繁地区和严寒地区不采暖的房屋及构筑物墙体的伸缩缝的最大间距，应按表中数值予以适当减小；
6. 墙体的伸缩缝应与结构的其他变形缝相重合，在进行立面处理时，必须保证缝隙的伸缩作用。

② 房屋顶层的构造措施。

在房屋顶层采取以下构造措施是为了防止或减轻房屋顶层墙体的裂缝。

a. 在屋面设置有效的保温、隔热层；

b. 屋面保温(隔热)层或屋面刚性面层及砂浆找平层应设置分隔缝，分隔缝间距不宜大于 6m，并与女儿墙隔开，其缝宽不小于 30mm；

c. 采用装配式有檩体系钢筋混凝土屋盖和瓦材屋盖；

d. 在钢筋混凝土屋面板与墙体圈梁的接触面处设置水平滑动层；

e. 顶层钢筋混凝土屋面板下设置钢筋混凝土圈梁，并沿内外墙拉通，房屋两端圈梁下的墙体内宜适当设置水平钢筋；

f. 顶层挑梁末端下墙体灰缝内设置 3 道焊接钢筋网片或 2ϕ6 钢筋，伸入挑梁末端两边墙体不小于 1m；

g. 顶层墙体的门窗洞口处，在过梁上的水平灰缝内设置 2～3 道焊接钢筋网片或 2ϕ6 钢筋，并伸入过梁两端墙内不小于 600mm；

h. 顶层及女儿墙砂浆强度等级不低于 M5；

i. 女儿墙设置构造柱，其间距不宜大于 4m；

j. 房屋顶层端部墙体内适当增设构造柱。

③ 房屋底层的构造措施。

a. 增大基础圈梁的刚度；

b. 在底层窗台下墙体内设置 3 道焊接网片或 2ϕ6 钢筋，并伸入两边窗间墙内不小于 600mm。

④ 墙体转角处和纵横墙交接处宜增设拉结钢筋，宜沿竖向每隔 400～500mm 设置，其数量为每 120mm 墙厚不少于 1ϕ6 或焊接钢筋网片，埋入长度从墙的转角处或交接处算起，每边不小于 600mm。

对灰砂砖、粉煤灰砖、混凝土砌块或其他非烧结砖，宜在各层门、窗过梁上方的水平灰缝内及窗台下第一和第二道水平灰缝内设置焊接钢筋网片或2ϕ6拉接筋，焊接钢筋网片或拉接筋应伸入两边窗间墙内不小于600mm。

⑤ 当灰砂砖、粉煤灰砖、混凝土砌块或其他非烧结砖实体墙长大于5m时，宜在每层墙高度中设置2～3道焊接钢筋网片或3ϕ6通长水平钢筋，竖向间距宜为500mm。

⑥ 混凝土砌块房屋顶层两端和底层第一、第二开间门窗洞处的构造措施。

a. 在门窗洞口两侧不少于一个孔洞口设置不小于1ϕ12钢筋，钢筋在楼层圈梁或基础锚固，并采用不低于C20混凝土灌实；

b. 在门窗洞口两侧墙体的水平灰缝中，设置长度不小于900mm、竖向间距为400mm的2ϕ4焊接钢筋网片；

c. 在顶层和底层设置通长钢筋混凝土窗台梁，梁高宜为砌块高，纵筋不少于4ϕ10，箍筋ϕ6@200，C20混凝土。

⑦ 当房屋刚度较大时，可在窗台下或窗台角处墙体内设置竖向控制缝。

⑧ 灰砂砖、粉煤灰砖砌体宜采用粘结性能好的砌筑砂浆，混凝土砌块砌体宜采用砌块专用砂浆。

(2) 控制裂缝的施工措施

① 加强基坑验槽和钎探工作。基坑开挖后，认真组织验槽，观察坑壁坑底土质和地质资料描述是否基本一致，并进行普遍钎探，发现软弱部位，认真进行加固处理后，方可进行基础施工，防止地基受荷后出现过大的不均匀沉陷。

② 提高砌体施工质量，防止由于材料质量和砌筑质量差引起砌体开裂。

③ 对非烧结砖和砌块砌体施工时的产品龄期加以限定，以有效控制砌体收缩裂缝产生。

由于非烧结砖(蒸压灰砂砖、蒸压粉煤灰砖等)和砌块(混凝土小型空心砌块、轻骨料混凝土小型空心砌块、蒸压加气混凝土砌块等)的生产工艺所决定，它们的收缩值较烧结砖的收缩值大得多，这就容易导致这类砌体收缩裂缝的出现和裂缝趋向严重。对此，应对非烧结砖和砌块砌体施工时的产品龄期有一个规定，使其上墙后的收缩值减少，产品龄期的规定为应超过 28d。

④ 承重墙体严禁使用断裂的混凝土小型空心砌块。

使用断裂（系指每一块小砌块裂纹的投影尺寸累计大于 30mm）小砌块，不仅对砌体的抗压强度将产生不利影响，而且还很容易在断裂处裂缝延长、扩大。因此，应在砌筑时从严把关。

⑤ 蒸压加气混凝土砌块砌体和轻骨料混凝土小型空心砌块砌体不应与其他块材混砌，以防止或控制砌体干缩裂缝的产生。

⑥ 合理安排屋面施工时间。

由于屋面结构层施工完毕至作好保温层，中间有一段时间间隔，因此屋面施工应尽量避开高温季节，以减少房屋顶层墙体温度裂缝的出现。屋面挑檐可采取分块预制或留置伸缩缝，以减少混凝土收缩对墙体的影响。

1.49 《砌体工程施工质量验收规范》(GB 50203—2002)与原规范有何主要区别？

新规范与原规范《砌体工程施工及验收规范》(GB 50203—96)相比，主要有以下 8 点区别：

(1) 新规范坚持了“验评分离、强化验收、完善手段、过程控制”的指导思想，将原《砌体工程施工及验收规范》和原《建筑工程质量检验评定标准》有关内容合并，吸收和补充了相关内容，删除了有关施工工艺、评优内容，构成新的《砌体工程施工质量验收规范》，以统一砌体工程施工质量的验收方法、质量标准和程序。

(2) 新规范将涉及结构安全、使用功能、环境保护和公众利益的有关条款直接明确为强制性条文。这些强制性条文与从原规范中摘录进入 2000 年版《工程建设标准强制性条文》(房屋建筑部分)的强制性条文相比，在数量和内容上作了大量调整。

(3) 新规范将原验评标准的保证项目、基本项目和允许偏差项目调整分为主控项目和一般项目。将原验评标准中的允许偏差项目根据对结构安全和工程质量的影响程度，分别纳入主控项目和一般项目的允许偏差项目。

（4）新规范取消了评优等级，使验收评定标准单一、清晰而明确，便于验收标准的掌握。新规范尽管没有规定优良等级，但验收标准不是降低了而是提高了。新规范更加注重过程控制，增加和明确了施工现场质量管理检查的内容；明确了验收内容、项目划分、验收程序和组织及验收人员资格条件；明确了有关安全及功能的检验和抽检检测要求；提出了检验验收的要求；对主控项目应全部符合本规范规定，一般项目应有 80％及以上的抽检处符合本规范规定，或偏差值在允许偏差范围以内。

（5）新规范对各分项工程可划分为多个检验批，并以各检验批工程质量验收为该分项工程质量验收的依据，这对工程施工质量的控制和及时处理工程质量问题产生积极的效果。

（6）新规范统一规定了砌体工程检验批质量验收记录表的格式，表中明确了验收的主体、人员资格、内容和标准，可操作性强。

（7）新规范的条文编写十分注重可操作性，条文内容明确，定量不含糊，便于实施。

（8）新规范增加了对有裂缝砌体验收的规定，较好地解决了以往砌体工程施工质量验收中的一个难题，其规定符合砌体结构的质量特性和客观实际。

2 原材料及产品

2.1 砌体中常用的块材有哪些种类?

砌体中常用的块材有烧结普通砖、烧结多孔砖、烧结空心砖和空心砌块、蒸压灰砂砖、粉煤灰砖、混凝土小型空心砌块、轻骨料混凝土小型空心砌块、石料等。

2.2 什么是烧结普通砖?其技术要求有何规定?

烧结普通砖是以黏土、煤矸石、页岩或粉煤灰为主要原料,经过焙烧而成的实心或孔洞率不大于规定值,外形尺寸为:长240mm、宽115mm、高53mm的普通砖。分为烧结黏土砖、烧结煤矸石砖、烧结页岩砖、烧结粉煤灰砖等。

烧结普通砖根据抗压强度分为MU30、MU25、MU20、MU15、MU10五个强度等级。

强度和抗风化性能合格的砖,根据尺寸偏差、外观质量、泛霜和石灰爆裂等分为优等品(A)、一等品(B)、合格品(C)三个质量等级,其技术性能如下:

(1) 砖的强度等级

砖的强度等级见表2-1。

砖的强度等级　表2-1

强度等级	抗压强度平均值 $\bar{f} \geqslant$	变异系数 $\delta \leqslant 0.21$	变异系数 $\delta > 0.21$
		强度标准值(MPa) $f_k \geqslant$	单块最小抗压强度值(MPa) $f_{min} \geqslant$
MU30	30.0	22.0	25.0
MU25	25.0	18.0	22.0

续表

强度等级	抗压强度平均值 $\overline{f}\geqslant$	变异系数 $\delta\leqslant0.21$	变异系数 $\delta>0.21$
		强度标准值(MPa) $f_k\geqslant$	单块最小抗压强度值(MPa) $f_{min}\geqslant$
MU20	20.0	14.0	16.0
MU15	15.0	10.0	12.0
MU10	10.0	6.5	7.5

(2) 尺寸偏差

尺寸允许偏差应符合表 2-2 规定。

尺寸允许偏差 (mm) **表 2-2**

公称尺寸	优等品		一等品		合格品	
	样本平均偏差	样本极差≤	样本平均偏差	样本极差≤	样本平均偏差	样本极差≤
240	±2.0	8	±2.5	8	±3.0	8
115	±1.5	6	±2.0	6	±2.5	7
53	±1.5	4	±1.6	5	±2.0	6

(3) 外观质量

砖的外观质量应符合表 2-3 规定。外观质量检查时，每批砖抽 20 块样砖，其中不合格品数 $d_1\leqslant7$ 时，外观质量合格；$d_1\geqslant11$ 时，外观质量不合格；$7<d_1<11$ 时，再抽样砖 50 块检查，得到不合格数 d_2，如$(d_1+d_2)\leqslant18$，外观质量合格；$(d_1+d_2)\geqslant19$ 时，外观质量不合格。

外观质量 (mm) **表 2-3**

项目	优等品	一等品	合格品
两条面高度差 (不大于)	2	3	5
弯曲 (不大于)	2	3	5
杂质凸出高度 (不大于)	2	3	5
缺棱掉角的三个破坏尺寸 不得同时大于 (不大于)	15	20	30
裂纹长度 a 大面上宽度方向及其延伸至条面的长度	70	70	110

续表

项目	优等品	一等品	合格品
b 大面上长度方向及其延伸至顶面的长度或条顶面上水平裂纹的长度	100	100	150
完整面(不得少于)	一条面和一顶面	一条面和一顶面	—
颜色	基本一致	—	—

注：1. 为装饰而施加的色差、凹凸纹、拉毛、压花等不算作缺陷。

2. 凡有下列缺陷之一者，不得称为完整面：

a 缺损在条面或顶面上造成的破坏面尺寸同时大于 10mm×10mm；

b 条面或顶面上裂纹宽度大于 1mm，其长度超过 30mm；

c 压陷、粘底、焦花在条面或顶面上的凹陷或突出超过 2mm，区域尺寸同时大于 10mm×10mm。

(4) 抗风化性能

风化区的划分见表 2-4。

风 化 区 划 分　　表 2-4

严重风化区		非严重风化区	
1 黑龙江省	11 河北省	1 山东省	11 福建省
2 吉林省	12 北京市	2 河南省	12 台湾省
3 辽宁省	13 天津市	3 安徽省	13 广东省
4 内蒙古自治区		4 江苏省	14 广西壮族自治区
5 新疆维吾尔自治区		5 湖北省	15 海南省
6 宁夏回族自治区		6 江西省	16 云南省
7 甘肃省		7 浙江省	17 西藏自治区
8 青海省		8 四川省	18 上海市
9 陕西省		9 贵州省	19 重庆市
10 山西省		10 湖南省	

严重风化区中的 1、2、3、4、5 地区的砖必须进行冻融试验，其他地区的砖的抗风化性能符合表 2-5 规定时，可不做冻融试验。

冻融试验后，每块砖样不允许出现裂纹、分层、掉皮、缺棱、掉角等冻坏现象；质量损失不得大于 2%。

(5) 泛霜

优等品：无泛霜。

抗　风　化　性　能　　表 2-5

项目 / 砖种类	严重风化区				非严重风化区			
	5h 沸煮吸水率，%≤		饱和系数≤		5h 沸煮吸水率，%≤		饱和系数≤	
	平均值	单块最大值	平均值	单块最大值	平均值	单块最大值	平均值	单块最大值
粘土砖	21	23	0.85	0.87	23	25	0.88	0.90
粉煤灰砖	23	25			30	32		
页岩砖	16	18	0.74	0.77	18	20	0.78	0.80
煤矸石砖	19	21			21	23		

注：粉煤灰掺入量(体积比)小于 30%时，抗风化性能指标按黏土砖规定。

一等品：不允许出现中等泛霜。

合格品：不允许出现严重泛霜。

(6) 石灰爆裂

优等品：不允许出现最大破坏尺寸大于 2mm 的爆裂区域。

一等品：

① 最大破坏尺寸大于 2mm，且小于等于 10mm 的爆裂区域，每组砖样不得多于 15 处；

② 不允许出现最大破坏尺寸大于 10mm 的爆裂区域。

合格品：

① 最大破坏尺寸大于 2mm 且小于等于 15mm 的爆裂区域，每组砖样不得多于 15 处。其中大于 10 的不得多于 7 处；

② 不允许出现最大破坏尺寸大于 15mm 的爆裂区域。

(7) 欠火砖、酥砖、螺旋纹砖

产品中不允许有欠火砖、酥砖、螺旋纹砖。

2.3　什么是烧结多孔砖？其技术要求有何规定？

烧结多孔砖是以黏土、页岩、煤矸石为主要原料，经焙烧而成的、孔洞率不小于 15%，主要用于承重部位的多孔砖。砖的外形为直角六面体，其规格尺寸为：

M 型：190mm×190mm×90mm。

P 型：240mm×115mm×90mm。

孔洞：圆孔直径≤22mm；非圆孔直径≤15mm；手抓孔（30～40）mm×（75～85）mm。

烧结多孔砖根据抗压强度、抗折荷重分为 MU30、MU25、MU20、MU15、MU10 五个强度等级。

烧结多孔砖根据尺寸偏差、外观质量、强度等级和物理性能分为优等品(A)、一等品(B)、合格品(C)三个等级，其技术要求如下：

(1) 砖的强度

强度应符合表 2-6 的规定。

砖的强度指标　　表 2-6

强度等级	抗压强度(MPa)		抗折荷重(kN)	
	平均值(不小于)	单块最小值(不小于)	平均值(不小于)	单块最小值(不小于)
MU30	30.0	22.0	13.5	9.0
MU25	25.0	18.0	11.5	7.5
MU20	20.0	14.0	9.5	6.0
MU15	15.0	10.0	7.5	4.5
MU10	10.0	6.0	5.5	3.0

(2) 尺寸偏差

尺寸允许偏差应符合表 2-7 规定。

尺寸允许偏差(mm)　　表 2-7

尺寸	允许偏差		
	优等品	一等品	合格品
240、190	±4	±5	±7
150	±3	±4	±5
90	±3	±4	±4

(3) 外观质量

外观质量应符合表 2-8 规定。

(4) 物理性能

外 观 质 量 (mm) 表 2-8

项 目	优等品	一等品	合格品
1. 颜色(一条面和一顶面)	基本一致	—	—
2. 完整面 (不得少于)	一条面和一顶面	一条面和一顶面	—
3. 缺棱掉角的三个破坏尺寸 不得同时大于	15	20	30
4. 裂纹长度 (不大于)			
(1) 大面上深入孔壁 15mm 以上宽度方向及其延伸到条面的长度	60	80	100
(2) 大面上深入孔壁 15mm 以上长度方向及其延伸到顶面的长度	60	100	120
(3) 条、顶面上的水平裂纹	80	100	120
5. 杂质在砖面上造成的凸出高度 不大于	3	4	5
6. 欠火砖和酥砖	不允许	不允许	不允许

注：凡有下列缺陷之一者，不能称为完整面：

(1) 缺损在条面或顶面上造成的破坏面尺寸同时大于 20mm×30mm。

(2) 条面或顶面上裂纹宽度大于 1mm，其长度超过 70mm。

(3) 压陷、焦花、粘底在条面或顶面上的凹陷或凸出超过 2mm，区域尺寸同时大于 20mm×30mm。

砖的物理性能应符合表 2-9 的规定。

物 理 性 能 指 标 表 2-9

项 目	鉴 别 指 标
冻 融	1 干质量损失不大于 2% 2 冻裂长度不大于外观质量中裂纹长度对合格品的规定
泛 霜	1 优等品：不允许出现轻微泛霜 2 一等品：不允许出现中等泛霜 3 合格品：不允许出现严重泛霜
石灰爆裂	试验后的每块砖样应符合外观质量中裂纹长度的规定，同时每组砖样必须符合下列要求： 1 优等品 (1) 最大直径为 2～5mm 的爆裂区域不超过两处的砖样不得多于 2 块，且爆裂区域不得在同一条面或顶面上出现； (2) 最大直径大于 5mm，不大于 10mm 的爆裂区域一处的砖样不得多于 1 块； (3) 在各面上不得出现最大直径大于 10mm 的爆裂区域

续表

项目	鉴别指标
石灰爆裂	2 一等品 (1) 最大直径大于5mm,不大于10mm的爆裂区域不超过两处的砖样不得多于2块,且爆裂区域不得在同一条面或顶面上出现; (2) 在各面上不得出现最大直径大于10mm的爆裂区域 3 合格品 在条面和顶面上不得出现最大直径大于10mm的爆裂区域
吸水率	1 优等品:不大于22% 2 一等品:不大于25% 3 合格品:不要求

2.4 什么是蒸压灰砂砖?其技术要求有何规定?

蒸压灰砂砖是以石灰和砂为主要原料,经坯料制备、压制成型、蒸压养护而成的实心砖。砖的外形为矩形体,砖的公称尺寸为:长度240mm,宽度115mm,高度53mm。

蒸压灰砂砖根据抗压强度和抗折强度分为MU25、MU20、MU15、MU10四个强度等级。

蒸压灰砂砖根据尺寸偏差、外观、强度及抗冻性分为优等品(A)、一等品(B)、合格品(C)。

蒸压灰砂砖的技术要求如下:

(1) 砖的力学性能(抗压强度和抗折强度)

灰砂砖的力学性能　　表2-10

强度等级	抗压强度(MPa)		抗折强度(MPa)	
	平均值(不小于)	单块值(不小于)	平均值(不小于)	单块值(不小于)
MU25	25.0	20.0	5.0	4.0
MU20	20.0	16.0	4.0	3.2
MU15	15.0	12.0	3.3	2.6
MU10	10.0	8.0	2.5	2.0

注:优等品的强度等级不得小于MU15级。

(2) 砖的外观质量

蒸压灰砂砖的尺寸偏差和外观应符合表 2-11 的规定。若尺寸偏差、外观不符合表中优等品规定的砖数不超过 10 块(总抽样 100 块砖,下同),判该批砖尺寸偏差、外观为优等品;不符合一等品规定的砖数不超过 10 块,判该批砖为一等品;不符合合格品规定的砖数不超过 10 块,判该批砖为合格品。

尺寸偏差和外观　　表 2-11

项目			指标		
			优等品	一等品	合格品
尺寸允许偏差(mm)	长　度	L	±2	±2	±3
	宽　度	B	±2		
	高　度	H	±1		
缺棱掉角	个数不多于(个)		1	1	2
	最大尺寸不得大于(mm)		10	15	20
	最小尺寸不得大于(mm)		5	10	10
对应高度差不得大于(mm)			1	2	3
裂　纹	条数,不多于(条)		1	1	2
	大面上宽度方向及其延伸到条面的长度不得大于(mm)		20	50	70
	大面上长度方向及其延伸到顶面上的长度或条、顶面水平裂纹的长度不得大于(mm)		30	70	100

(3) 砖的抗冻性,见表 2-12。

灰砂砖的抗冻性指标　　表 2-12

强度级别	冻后抗压强度,平均值不小于(MPa)	单块砖干质量损失,不大于(%)
MU25	20.0	2.0
MU20	16.0	2.0
MU15	12.0	2.0
MU10	8.0	2.0

注:优等品的强度级别不得小于 15 级。

2.5 什么是粉煤灰砖？其技术要求有何规定？

粉煤灰砖是以粉煤灰、石灰为主要原料，掺加适量石膏和骨料经坯料制备、压制成型、高压或常压蒸汽养护而成的实心砖。砖的外形为矩形体，公称尺寸为长 240mm，宽 115mm，高 53mm。砖的强度等级根据抗压强度和抗折强度分为 MU30、MU25、MU20、MU15、MU10 五级。根据砖的外观质量、强度和干燥收缩将其分为优等品(A)、一等品(B)、合格品(C)。

粉煤灰砖的技术要求如下：

(1) 砖的力学性能(抗压强度、抗折强度)

粉煤灰砖的强度指标，见表 2-13。

粉煤灰砖强度指标 表 2-13

强度级别	抗压强度(MPa)		抗折强度(MPa)	
	10块平均值不小于	单块值不小于	10块平均值不小于	单块值不小于
MU30	30.0	24.0	6.2	5.0
MU25	25.0	20.0	5.0	4.0
MU20	20.0	15.0	4.0	3.0
MU15	15.0	11.0	3.2	2.4
MU10	10.0	7.5	2.5	1.9

(2) 砖的外观质量

粉煤灰砖的尺寸偏差和外观应符合表 2-14 的规定。若外观质量不符合表中优等品的砖数不超过 10 块(总抽样 100 块砖，下同)，判该批砖外观质量为优等品；不符合一等品规定的砖数不超过 10 块，判该批砖为一等品；不符合合格品规定的砖数不超过 10 块，判该批砖为合格品。

③ 砖的抗冻性，见表 2-15。

粉煤灰砖的外观质量 表 2-14

项目	指标		
	优等品	一等品	合格品
1 尺寸允许偏差			
长	±2	±3	±4
宽	±2	±3	±4
高	±1	±3	±3
2 对应高度差 （不大于）	1	2	3
3 每一缺棱掉角最小破坏尺寸 （不大于）	10	15	20
4 完整面 （不少于）	二条面和一顶面或二顶面和一条面	一条面和一顶面	一条面和一顶面
5 裂缝长度 （不大于）			
（1）大面上宽度方向的裂纹（包括延伸到条面上的长度）	30	50	70
（2）其他裂纹	50	70	100
6 层裂	不允许		

注：在条面上或顶面上破坏面的两个尺寸同时大于 10mm 和 20mm 者为非完整面。

粉煤灰砖的抗冻性指标 表 2-15

强度级别	抗压强度，平均值不小于（MPa）	砖的干质量损失，单块值不大于（%）
MU30	24.0	2.0
MU25	20.0	2.0
MU20	16.0	2.0
MU15	12.0	2.0
MU10	8.0	2.0

注：优等品的强度级别不得小于 15 级。

2.6 什么是烧结空心砖和空心砌块？其技术要求有何规定？

烧结空心砖和空心砌块是以黏土、页岩、煤矸石为主要原料，经焙烧而成，主要用于非承重部位的砖和砌块。砖和砌块的长度、宽度、高度尺寸应符合：290、190（140）、90mm；240、180（175）、115mm。其他规格尺寸由供需双方协商确定。但壁的厚度应大于10mm，肋厚度应大于7mm。密度分为800、900、1100三个级别。每个密度级别根据孔洞及其排数、尺寸偏差、外观质量、强度等级和物理性能分为优等品(A)、一等品(B)、合格品(C)三个等级。

烧结空心砖和空心砌块的技术要求如下：

(1) 强度

强度见表2-16。

烧结空心砖和空心砌块的强度(MPa)　　表2-16

等　级	强度级别	大面抗压强度		条面抗压强度	
		平均值（不小于）	单块最小值（不小于）	平均值（不小于）	单块最小值（不小于）
优等品	5.0	5.0	3.7	3.4	2.3
一级品	3.0	3.0	2.2	2.2	1.4
合格品	2.0	2.0	1.4	1.6	0.9

(2) 尺寸允许偏差

允许偏差见表2-17。

烧结空心砖和空心砌块尺寸允许偏差　　表2-17

尺　寸	尺寸允许偏差(mm)		
	优等品	一等品	合格品
>200	±4	±5	±7
200～100	±4	±4	±5
<100	±3	±4	±4

(3) 外观质量

烧结空心砖和空心砌块的外观质量应符合表 2-18 的规定。尺寸偏差、外观质量检查抽样 100 块，每批产品尺寸偏差和产品质量若不符合表中优等品的砖和砌块数不超过 10 块，判为优等品；不符合一等品规定的砖和砌块数不超过 10 块，判为一等品；不符合合格品规定的砖和砌块数不超过 10 块，判为合格品。

烧结空心砖和空心砌块的外观质量　　表 2-18

项　目	指　标　(mm)		
	优等品	一等品	合格品
1　弯曲　(不大于)	3	4	5
2　缺棱掉角的三个破坏尺寸不得同时大于	15	30	40
3　未贯穿裂纹长度　(不大于)			
(1) 大面上宽度方向及其延伸到条面的长度	不允许	100	140
(2) 大面上长度方向或条面上水平方向的长度	不允许	120	160
4　贯穿裂纹长度　(不大于)			
(1) 大面上宽度方向及其延伸到条面的长度	不允许	60	80
(2) 大面上长度方向或条面上水平方向的长度	不允许	60	80
5　肋、壁内残缺长度　(不大于)	不允许	60	80
6　完整面　(不少于)	一条面和一大面	一条面或一大面	—
7　欠火砖和酥砖	(不允许)	不允许	不允许

注：凡有下列缺陷之一者，不能称为完整面：

① 缺损在大面、条面上造成的损坏面尺寸同时大于 20mm×30mm。

② 大面、条面上裂纹宽度大于 1mm，其长度超过 70mm。

③ 压陷、粘底、焦花在大面、条面上的凹陷或凸出超过 2mm，区域尺寸同时大于 20mm×30mm。

(4) 密度

密度见表 2-19。

烧结空心砖和砌块的密度　　表 2-19

密度级别	五块密度平均值(kg/m^3)
800	≤800
900	801～900
1100	901～1100

(5) 孔洞及结构

孔洞及结构见表 2-20。

烧结空心砖和砌块的孔洞及排数　　表 2-20

等级	孔洞排数(排)		孔洞率(%)	壁厚(mm)	肋厚(mm)
	宽度方向	高度方向			
优等品	≥5	≥2	≥35	≥10	≥7
一等品	≥3	—			
合格品	—	—			

(6) 物理性能

物理性能见表 2-21。

烧结空心砖和空心砌块的物理性能指标　　表 2-21

项目	鉴别指标
冻融	1 优等品:不允许出现裂纹、分层、掉皮、缺棱掉角等冻坏现象 2 一等品、合格品: (1) 冻裂长度不大于外观质量表 2-18 中 3、4 的合格品的规定 (2) 不允许出现分层、掉皮、缺棱掉角等冻坏现象
泛霜	1 优等品:不允许出现轻微泛霜 2 一等品:不允许出现中等泛霜 3 合格品:不允许出现严重泛霜
石灰爆裂	试验后的每块试样应符合外观质量表 2-18 中 3、4、5 的规定,同时每组试样必须符合下列要求:

续表

项 目	鉴 别 指 标
石灰爆裂	1 优等品：在同一大面或条面上出现最大直径大于 5mm 不大于 10mm 的爆裂区域不多于 1 处的试样，不得多于 1 块 2 一等品： (1) 在同一大面或条面上出现最大直径大于 5mm 不大于 10mm 的爆裂区域不多于 1 处的试样，不得多于 3 块 (2) 各面出现最大直径大于 10mm 不大于 15mm 的爆裂区域不多于 1 处的试样，不得多于 2 块 3 合格品：各面不得出现直径大于 15mm 的爆裂区域
吸水率	1 优等品：不大于 22% 2 一等品：不大于 25% 3 合格品：不要求

2.7 什么是普通混凝土小型空心砌块？其技术要求有何规定？

由普通混凝土制成，主规格尺寸为 390mm × 190mm × 190mm，空心率在 25%～50%的空心砌块叫普通混凝土小型空心砌块。

普通混凝土小型空心砌块的技术指标如下：

(1) 砌块强度

砌块强度见表 2-22。

普通混凝土小型空心砌块强度等级　　表 2-22

强度等级	砌块抗压强度 (MPa)	
	平均值不小于	单块最小值不小于
MU3.5	3.5	2.8
MU5.0	5.0	4.0
MU7.5	7.5	6.0
MU10.0	10.0	8.0
MU15.0	15.0	12.0
MU20.0	20.0	16.0

(2) 尺寸允许偏差

尺寸允许偏差见表 2-23。

普通混凝土小型空心砌块尺寸允许偏差(mm)　　表 2-23

项目名称	优等品(A)	一等品(B)	合格品(C)
长　度	±2	±3	±3
宽　度	±2	±3	±3
高　度	±2	±3	$^{+3}_{-4}$

(3) 外观质量

普通混凝土小型空心砌块的外观质量应符合表 2-24 的规定。每批应随机抽取 32 块做尺寸偏差和外观质量检验。若受检的 32 块砌块中,尺寸偏差和外观质量的不合格数不超过 7 块时,则判该批砌块符合相应等级。

普通混凝土小型空心砌块外观质量　　表 2-24

项目名称			优等品(A)	一等品(B)	合格品(C)
弯曲(mm)		(不大于)	2	2	3
缺棱掉角	个数(个)	(不多于)	0	2	2
缺棱掉角	三个方向投影尺寸的最小值(mm)	(不大于)	0	20	30
裂纹延伸的投影尺寸累计(mm)		(不大于)	0	20	30

(4) 相对含水率

相对含水率见表 2-25。

普通混凝土小型空心砌块相对含水率(%)　　表 2-25

使用地区	潮　湿	中　等	干　燥
相对含水率不大于	45	40	35

注:潮湿——系指年平均相对湿度大于 75%的地区;
中等——系指年平均相对湿度 50%～75%的地区;
干燥——系指年平均相对湿度小于 50%的地区。

(5) 抗渗性

抗渗性见表 2-26。

普通混凝土小型空心砌块抗渗性指标　　表 2-26

项目名称	指标（mm）
水面下降高度	三块中任一块不大于 10

(6) 抗冻性

抗冻性见表 2-27。

普通混凝土小型空心砌块抗冻性指标　　表 2-27

使用环境条件		抗冻等级	指标
非采暖地区		不规定	—
采暖地区	一般环境	F15	强度损失≤25% 质量损失≤5%
	干湿交替环境	F25	

注：非采暖地区指最冷月份平均气温高于－5℃的地区；
采暖地区指最冷月份平均气温低于或等于－5℃的地区。

2.8 什么是轻骨料混凝土小型空心砌块？其技术要求有何规定？

轻骨料混凝土小型空心砌块是以轻骨料（系指粗骨料或轻粗骨料与细骨料）配制的混凝土制成，主规格尺寸为 390mm×190mm×190mm 的空心砌块。轻骨料混凝土小型空心砌块所使用的轻骨料包括：粉煤灰陶粒和陶砂；黏土陶料和陶砂；页岩陶粒和陶砂；天然轻骨料；超轻陶粒和陶砂；自然煤矸石轻骨料；煤渣；膨胀珍珠岩等。

轻骨料混凝土小型空心砌块根据尺寸允许偏差和外观质量分为一等品（B）和合格品（C）两个等级。

轻骨料混凝土小型空心砌块的技术指标如下：

(1) 砌块强度

砌块强度见表 2-28。

轻骨料混凝土小型空心砌块强度等级　　表 2-28

强度等级	砌块抗压强度（MPa）		密度等级范围
	平均值	最小值	
1.5	≥1.5	1.2	≤600
2.5	≥2.5	2.0	≤800
3.5	≥3.5	2.8	≤1200
5.0	≥5.0	4.0	
7.5	≥7.5	6.0	≤1400
10.0	≥10.0	8.0	

（2）密度等级

轻骨料混凝土小型空心砌块的密度等级应符合表 2-29 要求，其规定值允许最大偏差为 100kg/m^3。

轻骨料混凝土小型空心砌块密度等级（kg/m^3）　　表 2-29

密度等级	砌块干燥表观密度的范围
500	≤500
600	510～600
700	610～700
800	710～800
900	810～900
1000	910～1000
1200	1010～1200
1400	1210～1400

（3）尺寸允许偏差

允许偏差见表 2-30。

轻骨料混凝土小型空心砌块尺寸允许偏差（mm）　　表 2-30

项目名称	一等品	合格品
长度	±2	±3
宽度	±2	±3
高度	±2	±3

注：1. 承重砌块最小外壁厚不应小于 30mm，肋厚不应小于 25mm。

2. 保温砌块最小外壁厚和肋厚不宜小于 20mm。

(4) 外观质量

外观质量见表 2-31。

轻骨料混凝土小型空心砌块外观质量　　表 2-31

项目名称		一等品	合格品
缺棱掉角：			
个数	(不多于)	0	2
3 个方向投影的最小值(mm)	(不大于)	0	30
裂缝延伸投影的累计尺寸(mm)	(不大于)	0	30

轻骨料混凝土小型空心砌块每批所抽取进行尺寸偏差和外观质量检查的 32 个砌块中，如有 7 块不合格时，可再进行复检。

(5) 吸水率不应大于 20%。

(6) 干缩率和相对含水率

吸水率和相对含水率见表 2-32。

干缩率和相对含水率　　表 2-32

干缩率(%)	相对含水率(%)		
	潮湿	中等	干燥
<0.03	45	40	35
0.03～0.045	40	35	30
>0.045～0.065	35	30	25

注：

1. 相对含水率即砌块出厂含水率与吸水率之比。

$$W=\frac{\omega_1}{\omega_2}\times 100$$

式中　W——砌块的相对含水率/%；

ω_1——砌块出厂时的含水率/%；

ω_2——砌块的吸水率/%。

2. 使用地区的湿度条件：

潮湿——系指年平均相对湿度大于 75%的地区；

中等——系指年平均相对湿度 50%～75%的地区；

干燥——系指年平均相对湿度小于 50%的地区。

(7) 抗冻性

抗冻性应符合表 2-33 要求。

抗　冻　性　　　　表 2-33

使　用　条　件	抗冻等级	重量损失(%)	强度损失(%)
非采暖地区	F15	≤5	≤25
采暖地区： 相对湿度≤60% 相对湿度>60%	F25 F35		
水位变化、干湿循环或 粉煤灰掺量≥取代水泥量 50%时	≥F50		

注：

1. 非采暖地区指最冷月份平均气温高于－5℃的地区；采暖地区系指最冷月份平均气温低于或等于－5℃的地区。
2. 抗冻性合格的砌块的外观质量也应符合 6.2 条的要求。

(8) 碳化系数和软化系数

加入粉煤灰等火山灰质掺合料的小砌块，其碳化系数不应小于 0.8；软化系数不应小于 0.75。

(9) 放射性

掺工业废渣的轻骨料混凝土小型空心砌块的放射性指标应符合 GB 6566 的规定。

2.9 什么是砌筑用石材？如何分类？技术性能如何？

从天然岩层中开采而得的毛料和加工成块状的石料统称为石材。砌筑用石材可根据形状和加工打凿质量不同分为毛石、毛料石、粗料石和细料石。

(1) 石材分类：

① 毛石

毛石是由人工采用撬凿法和爆破法开采出来的不规格石块。一般要求在一个方向有较平整的面，中部厚度不小于 150mm，每块毛石重约 20～30kg。在砌筑工程中一般用于基础、挡土墙、护坡、堤坝和墙体。

② 毛料石

毛料石是将毛石稍加修整后的石块，宽度、厚度不宜小于200mm，长度不宜大于厚度的4倍，叠砌面和接砌面表面凹入深度不大于25mm。

③ 粗料石

粗料石亦称块石，形状比毛石整齐，具有近乎规则的六个面，是经过粗加工而得的成品。其宽度、厚度均不宜小于200mm，长度不宜大于厚度的4倍，叠砌面和接砌面表面的凹入深度不大于20mm。

④ 细料石

细料石是经过选择后，再经人工打凿和琢磨而成的成品。其宽度、厚度不宜小于200mm，长度不宜大于厚度的4倍，叠砌面和接砌面表面的凹入深度不大于10mm。由于已经加工，形状方正，尺寸规格，因此，细料石可用于砌筑较高级房屋的台阶、勒脚、墙体等。

(2) 石材的技术性能：

① 石材的强度

石材的强度等级分为MU100、MU80、MU60、MU50、MU40、MU30、MU20等7个级别。强度级别的确定，可用边长为70mm的立方体试块的抗压强度表示，抗压强度取3个试件破坏强度的平均值。当试件采用非标准试件时，可根据表2-34进行强度换算。

石材试件的强度换算系数 **表 2-34**

立方体边长(mm)	200	150	100	70	50
换算系数	1.43	1.28	1.14	1.00	0.86

石材的强度与岩石种类有关，见表2-35。

② 石材的抗冻性

石材的密度与强度　　表 2-35

石材种类	密度（kg/m^3）	抗压强度（MPa）
花岗岩	2500～2700	120～250
石灰岩	1800～2600	22～140
砂岩	2400～2600	47～140

石材的抗冻性，要求经受 15、25 或 50 次冻融循环，试件无贯穿裂缝，质量损失不超过 5%，强度降低不大于 25%。

2.10 什么是蒸压加气混凝土砌块？其技术要求有何规定？

蒸压加气混凝土砌块是以水泥、矿渣或粉煤灰、砂子为原料，加入铝粉作膨胀加气剂，经过磨细、配料、浇注、切割、蒸养硬化等工序做成的一种轻质多孔建筑材料。它具有重量轻、保温性能好、隔声好、可以切割、刨削、锯钻和钉入钉子等特点。

(1) 砌块的规格

砌块的规格尺寸见表 2-36。

砌块的规格尺寸（mm）　　表 2-36

砌块公称尺寸			砌块制作尺寸		
长度 L	宽度 B	高度 H	长度 L_1	宽度 B_1	高度 H_1
600	100 125 150 200 250 300	200 250 300	$L-10$	B	$H-10$
	120 180 240				

蒸压加气混凝土砌块的技术性能如下：

(2) 砌块的强度

砌块强度见表 2-37。

蒸压加气混凝土砌块的抗压强度　　表 2-37

强度级别	立方体抗压强度(MPa)	
	平均值不小于	单块最小值不小于
A1.0	1.0	0.8
A2.0	2.0	1.6
A2.5	2.5	2.0
A3.5	3.5	2.8
A5.0	5.0	4.0
A7.5	7.5	6.0
A10.0	10.0	8.0

砌块的强度级别应符合表 2-38 的规定。

蒸压加气混凝土砌块的强度级别　　表 2-38

体积密度级别		B03	B04	B05	B06	B07	B08
强度级别	优等品(A)	A1.0	A2.0	A3.5	A5.0	A7.5	A10.0
	一等品(B)			A3.5	A5.0	A7.5	A10.0
	合格品(C)			A2.5	A3.5	A5.0	A7.5

砌块的干体积密度应符合表 2-39 的规定。

蒸压加气混凝土砌块的干体积密度(kg/m^3)　　表 2-39

体积密度级别		B03	B04	B05	B06	B07	B08
体积密度	优等品(A)≤	300	400	500	600	700	800
	一等品(B)≤	330	430	530	630	730	830
	合格品(C)≤	350	450	550	650	750	850

(3) 砌块的尺寸允许偏差和外观质量

砌块的尺寸允许偏差和外观质量应符合表 2-40 的规定。若一批受检的 80 块砌块中，尺寸偏差和外观质量不符合表中规定的砌块数量不超过 7 块时，判该批砌块符合相应等级；若不符合表中规定的砌块数量超过 7 块时，判该批砌块不符合相应等级。

蒸压加气混凝土砌块的尺寸偏差和外观　　表 2-40

<table>
<tr><th colspan="4" rowspan="2">项　　目</th><th colspan="3">指　　标</th></tr>
<tr><th>优等品(A)</th><th>一等品(B)</th><th>合格品(C)</th></tr>
<tr><td colspan="2" rowspan="3">尺寸允许偏差(mm)</td><td>长度</td><td>L_1</td><td>±3</td><td>±4</td><td>±5</td></tr>
<tr><td>宽度</td><td>B_1</td><td>±2</td><td>±3</td><td>+3
−4</td></tr>
<tr><td>高度</td><td>H_1</td><td>±2</td><td>±3</td><td>+3
−4</td></tr>
<tr><td rowspan="3">缺棱掉角</td><td colspan="3">个数不多于(个)</td><td>0</td><td>1</td><td>2</td></tr>
<tr><td colspan="3">最大尺寸不得大于(mm)</td><td>0</td><td>70</td><td>70</td></tr>
<tr><td colspan="3">最小尺寸不得大于(mm)</td><td>0</td><td>30</td><td>30</td></tr>
<tr><td colspan="4">平面弯曲不得大于(mm)</td><td>0</td><td>3</td><td>5</td></tr>
<tr><td rowspan="3">裂纹</td><td colspan="3">条数不多于(条)</td><td>0</td><td>1</td><td>2</td></tr>
<tr><td colspan="3">任一面上的裂纹长度不得大于裂纹方向尺寸的</td><td>0</td><td>1/3</td><td>1/2</td></tr>
<tr><td colspan="3">贯穿一棱二面的裂纹长度不得大于裂纹所在面的裂纹方向尺寸总和的</td><td>0</td><td>1/3</td><td>1/3</td></tr>
<tr><td colspan="4">爆裂、粘模和损失深度不得大于(mm)</td><td>10</td><td>20</td><td>30</td></tr>
<tr><td colspan="4">表面疏松、层裂</td><td colspan="3">不　允　许</td></tr>
<tr><td colspan="4">表 面 油 污</td><td colspan="3">不　允　许</td></tr>
</table>

(4) 砌块的干燥收缩、抗冻性和导热系数

砌块的干燥收缩、抗冻性和导热系数见表 2-41。

蒸压加气混凝土砌块的干燥收缩、抗冻性和导热系数　表 2-41

<table>
<tr><td colspan="3">体积密度级别</td><td>B03</td><td>B04</td><td>B05</td><td>B06</td><td>B07</td><td>B08</td></tr>
<tr><td rowspan="2">干　燥
收缩值</td><td>标准法≤</td><td rowspan="2">mm/m</td><td colspan="6">0.50</td></tr>
<tr><td>快速法≤</td><td colspan="6">0.80</td></tr>
<tr><td rowspan="2">抗冻性</td><td colspan="2">质量损失(%)≤</td><td colspan="6">5.0</td></tr>
<tr><td colspan="2">冻后强度(MPa)≥</td><td>0.8</td><td>1.6</td><td>2.0</td><td>2.8</td><td>4.0</td><td>6.0</td></tr>
<tr><td colspan="3">导热系数(干态)(W/m·K)≤</td><td>0.10</td><td>0.12</td><td>0.14</td><td>0.16</td><td>—</td><td>—</td></tr>
</table>

注：1. 规定采用标准法、快速法测定砌块干燥收缩值，若测定结果发生矛盾不能判定时，则以标准法测定的结果为准。

2. 用于墙体的砌块，允许不测导热系数。

（5）放射性

掺用工业废渣为原料时，所含放射性物质应符合 GB 6566 的规定。

2.11 水泥有哪些种类？强度等级如何划分？水泥的主要技术性能指标有哪些？

按水泥命名、定义可分为通用水泥、专用水泥、特性水泥三大类。

通用水泥有 6 个品种：硅酸盐水泥、普通硅酸盐水泥（简称普通水泥）、矿渣硅酸盐水泥（简称矿渣水泥）、火山灰质硅酸盐水泥（简称火山灰水泥）、粉煤灰硅酸盐水泥（简称粉煤灰水泥）、复合硅酸盐水泥。

专用水泥较多，如 A 级油井水泥、砌筑水泥等。

特性水泥种类也较多，如快硬硅酸盐水泥、低热矿渣硅酸盐水泥、膨胀硫铝酸盐水泥、石膏矿渣水泥、石灰火山灰水泥等。

水泥的强度等级：通常对每种水泥而言，有 3～6 个强度等级。

硅酸盐水泥：42.5、42.5R、52.5、52.5R、62.5、62.5R 六个强度等级。

普通硅酸盐水泥：32.5、32.5R、42.5、42.5R、52.5、52.5R 六个强度等级。

矿渣水泥、火山灰水泥、粉煤灰水泥：32.5、32.5R、42.5、42.5R、52.5、52.5R 六个强度等级。

复合硅酸盐水泥：32.5、32.5R、42.5、42.5R、52.5、52.5R 六个强度等级。

道路硅酸盐水泥：425、525、625 三个标号。

快硬硅酸盐水泥：325、375、425 三个标号。

水泥的主要性能指标见表 2-42。

2.12 水泥出厂、确定废品与不合格品有哪些规定？

水泥出厂前，应按有关规定、方法进行出厂检验，检验项目按主要技术性能指标进行。

常用水泥主要技术性能指标

表 2-42

品种	强度等级	抗压强度		抗折强度		凝结时间	不溶物	烧失量	氧化镁	三氧化硫	细度	安定性	碱
		3d	28d	3d	28d								
硅酸盐水泥 P. Ⅰ P. Ⅱ	42.5	17.0	42.5	3.5	6.5	初凝≥45min 终凝≤6.5h	P. Ⅰ≤0.75% P. Ⅱ≤1.5%	P. Ⅰ≤3.0% P. Ⅱ≤3.5%		≤3.5%	比表面积大于 $300m^2/kg$		用 NaO+0.658K_2O 计算值表示：≤0.60% 或供需双方商定
	42.5R	22.0	42.5	4.0	6.5								
	52.5	23.0	52.5	4.0	7.0								
	52.5R	27.0	52.5	5.0	7.0								
	62.5	28.0	62.5	5.0	8.0								
	62.5R	32.0	62.5	5.5	8.0								
普通水泥 P. O	32.5	11.0	32.5	2.5	5.5	初凝≥45min 终凝≤10h		≤5.0%	≤5.0% (6.0%)		800μm 方孔筛筛余≤10.0%	用煮沸法检验必须合格	
	32.5R	16.0	32.5	3.5	5.5								
	42.5	16.0	42.5	3.5	6.5								
	42.5R	21.0	42.5	4.0	6.5								
	52.5	22.0	52.5	4.0	7.0								
	52.5R	26.0	52.5	5.0	7.0								
矿渣硅酸盐水泥 P. S 粉煤灰硅酸盐水泥 P. F 火山灰质硅酸盐水泥 P. P	32.5	10.0	32.5	2.5	5.5					P. S≤4.0% P. P≤3.5% P. F≤3.5%			供需双方商定
	32.5R	15.0	32.5	3.5	5.5								
	42.5	15.0	42.5	3.5	6.5								
	42.5R	19.0	42.5	4.0	6.5								
	52.5	21.0	52.5	4.0	7.0								
	52.5R	23.0	52.5	4.5	7.0								
复合水泥 P. C	32.5	11.0	32.5	2.5	5.5					P. C≤3.5%			
	32.5R	16.0	32.5	3.5	5.5								
	42.5	16.0	42.5	3.5	6.5								
	42.5R	21.0	42.5	4.0	6.5								
	52.5	22.0	52.5	4.0	7.0								
	52.5R	26.0	52.5	4.5	7.0								

注：抗压强度、抗折强度单位为 MPa。

水泥出厂，在水泥袋上应清楚标明：工厂名称；生产许可证编号；品种名称、代号、强度等级；包装年、月、日和编号。散装水泥应提交与袋装水泥标志相同内容的卡片。

水泥出厂应有水泥生产厂家的出厂合格证书，内容包括：厂别、品种、出厂日期、出厂编号和必要的试验数据。其中包括相应水泥指标规定的各项技术要求及试验结果。水泥应在水泥发出日起 7d 内寄发 28d 强度以外的各项试验结果。28d 强度数值，应在水泥发出日起 32d 内补报。

水泥中凡氧化镁、三氧化硫、初凝时间、安定性中的任一项不符合相应产品标准规定时，均为废品。

水泥中凡细度、终凝时间、不溶物和烧失量中的任一项不符合相应产品标准规定或混合材料掺加量超过最高限量和强度低于商品强度等级的指标时为不合格品。水泥包装标志中水泥品种、强度等级、生产者名称和出厂编号不全也属于不合格品。

2.13 水泥进场使用前为何要进行复验？复验项目包括哪几项？

按照现行国家标准《砌体工程施工质量验收规范》(GB 50203—2002)及工程质量管理的有关规定，对砌体质量有显著影响的诸多材料之一的水泥，在进场使用前应进行复验。规范规定，当在使用中对水泥质量有怀疑或水泥出厂超过三个月(快硬硅酸盐水泥超过一个月)时，应复查试验，并按其结果使用。

关于水泥的复验项目，鉴于水泥生产厂在水泥出厂时已经提供了标准规定的有关技术要求的试验结果，因此，在砌体工程施工中通常复验项目只做安定性、胶砂强度两项必试项目。

水泥安定性不符合相应标准规定时，判水泥为废品；强度低于相应强度等级规定指标时，判水泥为不合格品。对强度低于相应标准的不合格品水泥，可降级使用，按实际试验结果使用。对废品水泥，不准用于工程上。

2.14 水泥安定性不合格的原因及危害是什么？如何判定？

造成水泥安定性不合格的主要原因是水泥中的游离氧化钙（CaO）的存在。我们共知，水泥熟料中最主要的化学成份是氧化钙，它与二氧化硅生成硅酸钙，与三氧化二铝和三氧化二铁生成铝酸盐和铁铝酸盐。要生产出高品位的优质水泥，就要有足量的碱性氧化物即氧化钙来满足酸性氧化物的需要。但在配料时比例不当或氧化钙过高，其中一部分氧化钙就不能完全化合，将以游离氧化钙的形式存在。这种在混合后经高温烧成的游离氧化钙晶体颗粒呈死烧不合状，遇水后水化速度极慢，在水泥水化的硬化过程中，待有一定强度后才开始水化，体积膨胀，导致混凝土或砂浆强度下降、开裂，甚至破坏。

工程中凡使用了安定性不合格的水泥，均会造成程度不同的质量问题：

（1）使用在砌体部位时，轻者砂浆强度达不到设计强度，重者砂浆几乎没有强度。随着墙体中水分的析出干燥，灰砂在灰缝处逐渐流出，致使墙体因失去粘结力和强度而损坏。

（2）使用在混凝土工程时，最初状况是浇筑后凝结缓慢无强度，构件表面出现不规则的裂纹；经养护 28d 的混凝土试块强度低；在拆除阳台、梁、挑檐板等的模板时，可能导致断裂倒塌。

（3）使用在外饰面工程时，轻者装饰层无强度、起皮、开裂、掉砂、起泡等，重者大面积抹灰层脱落、掉皮、大风或雨水冲刷流失，致使装饰面层、地面层短期内损坏。

水泥的安全性是否合格，应通过安定性检验判定。另外，也可简单通过手感和观感加以判别：合格水泥浇筑的混凝土外表坚硬刺手，而安定性不合格水泥浇筑的混凝土给人以松软像冻后融化的感觉；安定性合格的水泥浇注的混凝土多数呈青灰色，有光亮，而安定性不合格的水泥浇筑的混凝土多呈白色且黯淡无光；合格水泥拌制的混凝土同骨料的握裹力强、粘结牢，石子很难从混凝土中剥离出来，而安定性不合格的水泥拌制的混凝土与骨料的握裹力差、粘结面小、石子较易从混凝土中剥离出来。

从实验分析可以看出：强度等级低的水泥的安定性不合格的比例较高；从生产工艺和设备上看，普通立窑生产的水泥的安定性不合格率极高，大型旋转窑生产的水泥的安定性合格率较高。

2.15 水泥生产厂家对水泥产品是如何进行编号的？

水泥出厂编号是按照水泥厂年生产能力规定的，其规定如下：

年产 120 万 t 以上，不超过 1200t 为一编号；

年产 60 万 t～120 万 t，不超过 1000t 为一编号；

年产 30 万 t～60 万 t，不超过 600t 为一编号；

年产 10 万 t～30 万 t，不超过 400t 为一编号；

年产 10 万 t 以下，不超过 200t 为一编号。

2.16 水泥如何保管？

水泥属水硬性胶结材料，它具有与水结合而硬化的特点，它不但能在空气中硬化，而且还能在水中硬化，并继续增长强度。因此，水泥必须妥善保管，不得淋雨和受潮。

水泥的贮存时间一般不宜超过 3 个月（快硬硅酸盐水泥不宜超过 1 个月），超过上述时间的水泥，应复查试验，并按其结果使用。

对于不同品种牌号的水泥，要分别堆放，堆放高度不宜超过 10 袋，堆放位置上要避雨，下要防潮。对于散装水泥，要做好贮存到仓，并有防水、防潮措施。要做到随来随用，不宜久存。

2.17 什么叫建筑生石灰？如何进行分类和等级划分？技术性能要求是什么？

以碳酸钙为主要成分的原料，在低于烧结温度下煅烧成的建筑工程用生石灰，称为建筑生石灰。

建筑生石灰按化学成分差异分为钙质生石灰和镁质生石灰。钙质生石灰中氧化镁含量小于等于 5%；镁质生石灰中氧化镁含量大于5%。

建筑生石灰按其品质分为优等品、一等品、合格品。

建筑生石灰的技术指标应符合表2-43的要求。

技 术 指 标　　表2-43

项　　目	钙质生石灰			镁质生石灰		
	优等品	一等品	合格品	优等品	一等品	合格品
CaO+MgO含量(%不小于)	90	85	80	85	80	75
未消化残渣含量(5mm圆孔筛余),(%不大于)	5	10	15	5	10	15
CO_2(%不大于)	5	7	9	6	8	10
产浆量(L/kg不小于)	2.8	2.3	2.0	2.8	2.3	2.0

2.18 建筑生石灰的检验规则是什么?

(1) 出厂检验

建筑生石灰应进行出厂检验,其检验项目为建筑生石灰的技术指标要求的全部项目。

建筑生石灰受检批量的规定如下:

日产量200t以上,每批量不应大于200t;

日产量不足200t,每批量不大于100t;

日产量不足100t,每批量不大于日产量。

建筑生石灰检验时的取样,应从每批量的物料的不同部位选取。取样点不少于25个,每个点的取样量不少于2kg,缩分至4kg装入密封容器内。

(2) 质量判定

当产品的技术指标均达到建筑生石灰的技术指标要求中相应等级时,判定为该等级,有一项指标低于合格品要求时,判为不合格品。

(3) 复验

用户对产品质量发生异议时,可以复验物理项目,按照规则取样、送样和复验。

(4) 质量证明书

每批产品出厂时,应向用户提供质量证明书。质量证明书上应注明厂名、产品名称、等级、试验结果、批量编号、出厂日期、使用标准编号和使用说明。

2.19 建筑生石灰应怎样进行贮存和运输?

建筑生石灰应分类、分等地贮存在干燥的仓库内,并不宜长期贮存。

建筑生石灰在运输时不准与易燃、易爆和液体物品混装,并应采取防水措施。

2.20 什么叫建筑生石灰粉?如何进行分类和等级划分?技术性能要求是什么?

以建筑生石灰为原料,经研磨所制得粉状物叫建筑生石灰粉。

建筑生石灰粉按化学成分差异分为钙质生石灰粉和镁质生石灰粉。钙质生石灰粉中氧化镁含量小于等于5%;镁质生石灰粉中氧化镁含量大于5%。

建筑生石灰粉按其品质分为优等品、一等品、合格品。

建筑生石灰粉的技术指标应符合表2-44的要求。

技 术 指 标 (%) 表2-44

项目		钙质生石灰粉			镁质生石灰粉		
		优等品	一等品	合格品	优等品	一等品	合格品
$CaO+MgO$ 含量(%)不小于		85	80	75	80	75	70
CO_2 含量(%)不大于		7	9	11	8	10	12
细度	0.90mm筛的筛余(%)不大于	0.2	0.5	1.5	0.2	0.5	1.5
	0.125mm筛的筛余(%)不大于	7.0	12.0	18.0	7.0	12.0	18.0

2.21 建筑生石灰粉的检验规则是什么？

(1) 出厂检验

建筑生石灰粉应进行出厂检验，其检验项目为建筑生石灰粉的技术指标要求的全部项目。

建筑生石灰粉受检批量的规定如下：

日产量 200t 以上，每批量不大于 200t；

日产量不足 200t，每批量不大于 100t；

日产量不足 100t，每批量不大于日产量。

建筑生石灰粉检验时的取样，对散装生石灰粉，采取随机取样或使用自动取样器取样；对袋装生石灰粉，应从本批产品中随机抽取 10 袋，样品总量不少于 3kg。

(2) 质量判定

建筑生石灰粉经检验其技术指标均达到产品技术指标要求相应的等级时，判定为该等级；如有一项指标低于合格品要求时，判为不合格品。

(3) 复验

当用户对建筑生石灰粉的质量发生异议时，可复验物理指标。

(4) 质量证明书

建筑生石灰粉每批产品出厂时，应向用户提供质量证明书，并应注明厂名、商标、产品名称、等级、试验结果、批量编号、出厂日期、使用标准及使用说明。

2.22 建筑生石灰粉如何进行包装、贮存及运输？

(1) 包装

建筑生石灰粉可使用符合 GB 9774 规定的牛皮纸袋、复合纸袋或符合 SG213 规定的编织袋包装。袋上应标明：厂名、产品名称、商标、净重和批量编号。每袋净重分为 40kg 和 50kg 两种。每袋重量偏差值不大于 1kg。

(2) 贮存

建筑生石灰粉应分类、分等存放，贮存于干燥的仓库内，并不宜长期存贮。

(3) 运输

建筑生石灰粉不准与易燃、易爆及液体物品同时装运，运输时要采取防水措施。

2.23 钢筋出厂确定不合格品有哪些规定？

钢筋出厂前，应按有关规定进行出厂检验，检验项目按相应钢筋主要技术性能指标进行。

钢筋出厂合格证应由钢厂质检部门提供或供销部门转抄，内容包括：制作厂名称、炉罐号(或批号)、钢种、钢号、强度、级别、规格、重量及件数、生产日期、出厂批号、机械性能检验数据及结论、化学成分检验数据及结论。钢筋出厂合格证应有钢厂质检部门印章及标准编号。

钢筋试验报告内容包括：委托单位、工程名称、使用部位、钢材级别、钢种、钢号、外形标志、出厂合格证编号、代表数量、送样日期、原始记录编号、报告编号、试验日期、试验数据及结论(伸长率指标应注明标距，冷弯指标应注明弯心半径、弯曲角度及弯曲结果)。

钢筋在下列情况下判为不合格品：

(1) 受力钢筋无出厂合格证或试验报告，当钢筋品种、规格和设计图纸上要求的品种、规格不一致；

(2) 机械性能检验项目不齐全，或某一机械性能指标不符合有关标准规定；

(3) 使用进口钢筋和改制钢材时，焊接前未做化学成分检验和焊接试验；

(4) 对主要受力钢筋，发现有“先隐蔽、后检验”的现象，对钢筋出厂合格证和试验报告单不符合有关标准规定的基本要求。

2.24 钢筋进入施工现场如何验收?

钢筋进场验收时,首先应检查产品合格证、出厂检验报告(或抄件)。

此外,钢筋应平直、无损伤,表面不得有裂纹、油污、颗粒状或片状老锈,其表面质量应符合表2-45的规定。

钢筋表面质量　表2-45

钢筋种类	表面质量
热轧钢筋	表面不得有裂纹、结疤和折叠,如有凸块,不得超过横肋的高度,其他缺陷的高度和深度不得大于所在部位尺寸的允许偏差
热处理钢筋	表面无肉眼可见裂纹、结疤、折叠,如有凸块,不得超过横肋高度,表面不得沾有油污
冷拉钢筋	表面不得有裂纹和局部缩颈
碳素钢丝	表面不得有裂纹、小刺、机械损伤、氧化铁皮和油迹,允许有浮锈
刻痕钢丝	表面不得有裂纹、分层、铁锈、结疤,但允许有浮锈
钢绞线	不得有折断、横裂和相互交叉的钢丝,表面不得有润滑剂、油渍,允许有轻微浮锈,但不得有锈麻坑

钢筋表面质量检查用肉眼观察,逐盘(支)进行。

在上述检查合格的基础上,按批抽样复试物理力学性能,进口钢筋和焊接性能不良的钢筋还要复查分析化学成分。

2.25 钢筋进场为什么要复验?怎样进行?

现行国家规范《建筑工程施工质量验收统一标准》(GB 50300—2001)规定:"建筑工程采用的主要材料、半成品、成品、建筑构配件、器具和设备应进行现场验收。凡涉及安全、功能的有关产品,应按各专业工程质量验收规范规定进行复验。"由于钢筋的质量直接影响配筋砌体工程的质量,因此,《砌体工程施工质量验收规范》(GB 50203—2002)做出了进场复验的规定。

钢筋进场复验要注意以下几个问题:

(1) 钢筋的批量划分

每批钢筋由同一牌号、同一炉罐号(批号)、同一规格(直径)、同一交货状态的钢筋组成,每批重量不大于60t。

(2) 钢筋取样及检验项目

对热轧钢筋的取样及检验项目,见表2-46。

钢筋取样及检验项目 **表2-46**

钢筋品种	序号	检验项目	取样数量	取样方法
热轧带肋钢筋	1	化学成分	1	GB 222
	2	力学	2	任选两根钢筋切取
	3	弯曲	2	任选两根钢筋切取
	4	反向弯曲	1	
	5	尺寸	逐根	
	6	表面	逐根	
	7	重量偏差	不少于10根	长度逐根测量
热轧光圆钢筋	1	化学成分	1	GB 222
	2	拉伸	2	任选两根钢筋切取
	3	冷弯	2	任选两根钢筋切取
	4	尺寸	逐根	
	5	表面	逐根	
	6	重量偏差	按GB 13013要求	GB 13013

钢筋的取样规定,应按表2-47进行。

钢筋取样规定 **表2-47**

钢筋种类	验收批钢筋组成	每批数量	取样数量
热轧钢筋	每批应由同一牌号、同一炉罐号、同一规格、同一交货状态的钢筋组成;允许同一牌号、同一冶炼方法、同一浇注方法的不同炉罐号组成混合批,但各炉号含碳量之差不大于0.02%,含锰量之差不大于0.15%	≤60t	在任意2根钢筋上各切取1根拉力试件和1根冷弯试件

续表

钢筋种类	验收批钢筋组成	每批数量	取样数量
冷拔低碳钢丝	同一钢号、同规格、同一直径、同一交货状态	5t	甲级：每盘上任一端截去500mm后取两个试样，作拉力和180°反复弯曲试验 乙级：任取三盘，每盘各截取两个试样，作拉力和反复弯曲试验

(3) 钢筋复验主要项目

钢筋复验主要项目包括：

① 拉力试验。

钢筋的拉力试验内容包括：屈服点或屈服强度 σ_s 或 $\sigma_{0.2}$；抗拉强度 σ_b；伸长率 δ_5、δ_{10} 或 δ_{100}（测量标距为 $5d$、$10d$ 或 100mm）。

② 冷弯试验。

③ 反复弯曲试验。

④ 化学分析。

必要时应对化学元素C(碳)、S(硫)、P(磷)、Si(硅)、Mn(锰)、Ti(钛)、V(钒)的含量进行化学分析试验。

工程中常用钢筋的力学性能指标见表2-48、表2-49、表2-50、表2-51和表2-52。

钢筋混凝土用热轧带肋钢筋的力学性能　　表2-48

牌号	公称直径(mm)	σ_s(或 $\sigma_{0.2}$)(MPa)	σ_b(MPa)	δ_5(%)	弯曲试验180° 弯心直径
		不小于			
HRB 335	6～25	335	490	16	3a
	28～50				4a
HRB 400	6～25	400	570	14	3a
	28～50				4a
HRB 500	6～25	500	630	12	6a
	28～50				7a

钢筋混凝土用热轧光圆钢筋的力学性能　　　表 2-49

类别	表面形状	钢筋级别	强度等级代号	公称直径(mm)	屈服点 σ_s(MPa)	抗拉强度 σ_b(MPa)	伸长率 δ_5(%)	冷弯 d—弯心直径 a—钢筋公称直径
					不	小	于	
热轧光圆钢筋	光圆	Ⅰ	R235	8～20	235	370	25	180°$d=a$

低碳钢热轧圆盘条力学性能　　　表 2-50

牌号	强度及伸长率			冷弯试验(180°) d—弯心直径 a—试样直径
	屈服点 σ_s (MPa)	抗拉强度 σ_b (MPa)	伸长率 δ_{10} (%)	
Q235	≥235	≥410	≥23	$d=0.5a$
Q215	≥215	≥375	≥27	$d=0$

冷轧带肋钢筋力学性能　　　表 2-51

级别代号	屈服强度 $\sigma_{0.2}$ (MPa)	抗拉强度 σ_b (MPa)	伸长率(%)		冷弯(180°) D—弯心直径 d—钢筋公称直径	应力松弛 $\sigma_{con}=0.7\sigma_b$	
			δ_{10}	δ_{100}		1000h (%)	10h (%)
LL550	≥500	≥550	≥8	—	$D=3d$	—	—
LL650	≥520	≥650	—	≥4	$D=4d$	≤8	≤5
LL800	≥640	≥800	—	≥4	$D=5d$	≤8	≤5

冷拔低碳钢丝力学性能　　　表 2-52

钢丝级别	直径(mm)	抗拉强度(N/mm²)		伸长率 δ_{100} (%)	180°反复弯曲(次数)
		Ⅰ组	Ⅱ组		
甲级	5	650	600	3.0	4
	4	700	650	2.5	
乙级	3～5	550		2.0	4

注：预应力冷拔低碳钢丝经机械调直后，抗拉强度标准差应降低 50N/mm²。

(4) 合格判定原则

钢筋复验中，如有一项试验结果不符合标准规定，则应从同一批钢筋中再任取双倍数量的试件进行试验，其判断原则如下：

① 对热轧钢筋、热处理钢筋、碳素刻痕钢丝、钢绞线：如有某一项试验结果不符合标准要求，则从同一批中再任意取双倍数量的试件进行该不合格项目的复验，复验结果(包括该项试验所要求的任一指标)即使一个指标不合格，则整批不合格。

② 对冷拉钢筋：如有一项试验不合格时，应另取双倍数量试件重做各项试验，仍有一项不合格时，则为不合格。

③ 对冷拔低碳钢丝：如有一个试样不合格，应在未取过试样的钢丝盘中，另取双倍数量试样，再做各项试验，如仍有一个试样不合格，则应对该批钢丝逐盘检验，合格者方可使用。

2.26 砂如何分类?

由自然条件作用而形成的，粒径在 5mm 以下的岩石颗粒，称为天然砂。其粒径一般规定为 0.15～5mm。

按其产地不同，天然砂可分为河砂、海砂和山砂。山砂富有棱角，表面粗糙，与水泥浆粘结力较好，但含泥量和有机杂质较多；海砂颗粒表面圆滑，比较洁净，但常混有贝壳碎片，而且含盐分较多；河砂颗粒介于山砂和海砂之间，比较洁净，而且分布较广。一般工程上大部分采用河砂。

砂按其粗细程度(细度模数 μ_f)不同，可分为：

粗砂：$\mu_f=3.7\sim3.1$

中砂：$\mu_f=3.0\sim2.3$

细砂：$\mu_f=2.2\sim1.6$

特细砂：$\mu_f=1.5\sim0.7$

2.27 砂的质量标准是什么?

(1) 颗粒级配

砂按 0.630mm 筛孔的累计筛余量(以重量百分率计，下同)，分成三个级配区，(见表 2-53)，砂的颗粒级配应处于表中任何一个区以内。

砂颗粒级配区　　表 2-53

累计筛余(%)　级配区 筛孔尺寸(mm)	Ⅰ区	Ⅱ区	Ⅲ区
10.0	0	0	0
5.00	**10～0**	**10～0**	**10～0**
2.50	35～5	25～0	15～0
1.25	65～35	50～10	25～0
0.630	**85～71**	**70～41**	**40～16**
0.315	95～80	92～70	85～55
0.160	100～90	100～90	100～90

砂的实际颗粒级配与上表所列的累计筛余百分率相比，除5.00mm 和 0.630mm(表中黑体所标数值)外，允许稍有超出分界线，但其总量百分率不应大于 5%。

当砂颗粒组配不符合以上规定时，应采取相应措施，经试验证明能确保工程质量，方允许使用。

(2) 含泥量

砂的含泥量(即粒径小于 0.08mm 的尘屑、淤泥和粘土的总含量)应符合下列规定：

① 对使用于混凝土中的砂含量限值，见表 2-54。

砂中含泥量限值　　表 2-54

混凝土强度等级	≥C30	<C30
含泥量(按重量计%)	≤3.0	≤5.0

对有抗冻、抗渗或其他特殊要求的混凝土用砂，含泥量应不大于 3.0%；对 C10 和 C10 以下的混凝土用砂，应根据水泥强度等级，其含泥量可予以放宽。

② 对使用于砂浆中的砂。

水泥砂浆和强度等级不小于 M5 的水泥混合砂浆，不应超过 5％；强度等级小于 M5 的水泥混合砂浆，不应超过 10％；人工砂、山砂及特细砂，应经试配能满足砌筑砂浆技术条件要求。

(3) 泥块含量

泥块含量限值见表 2-55。

砂中泥块含量限值 **表 2-55**

混凝土强度等级	≥C30	<C30
含泥量(按重量计％)	≤1.0	≤2.0

对有抗冻、抗渗或其他特殊要求的混凝土用砂，其泥块含量应不大于 1.0％；对于 C10 和 C10 以下的混凝土用砂，应根据水泥强度等级，其泥块含量可予以放宽。

(4) 坚固性

砂的坚固性用硫酸钠溶液检验，试样经 5 次循环后其重量损失应符合表 2-56 的规定。

砂的坚固性指标 **表 2-56**

混凝土所处的环境条件	循环后的重量损失(％)
在严寒及寒冷地区室外使用并经常处于潮湿或干湿交替状态下的混凝土	≤8
其他条件下使用的混凝土	≤10

对于有抗疲劳、耐磨、抗冲击要求的混凝土用砂，或有腐蚀介质作用或经常处于水位变化区的地下结构混凝土用砂，其坚固性重量损失率应小于 8％。

(5) 有害物质含量

其限值见表 2-57。

砂中的有害物质限值 **表 2-57**

项　　目	质　量　指　标
云母含量(按重量计％)	≤2.0
轻物质含量(按重量计％)	≤1.0

续表

项　目	质　量　指　标
硫化物及硫酸盐含量（折算成 SO_3 按重量计%）	≤1.0
有机物含量（用比色法试验）	颜色不应深于标准色，如深于标准色，则应按水泥胶砂强度试验方法，进行强度对比试验，抗压强度比不应低于 0.95

对有抗冻、抗渗要求的混凝土，砂中云母含量不应大于 1.0%。

砂中如发现含有颗粒状的硫酸盐或硫化物杂质时，则要进行专门检验，确认能满足混凝土耐久性要求时，方能采用。

（6）碱活性

对重要工程混凝土使用的砂，应采用化学法和砂浆长度法进行集料的碱活性检验。

（7）海砂氯离子含量

① 对素混凝土和非配筋砌体中的砂浆，海砂中氯离子含量不予限制。

② 对钢筋混凝土和配筋砌体中的砂浆，海砂中氯离子含量不应大于 0.06%（以干砂重的百分率计，下同）。

③ 对预应力钢筋混凝土不宜用海砂。若必须使用海砂时，则应经淡水冲洗，其氯离子含量不得大于 0.02%。

2.28 砂进场后如何验收？如何堆放？

（1）验收

① 供货单位应提供产品合格证或质量检验报告。购货单位应按同产地同规格分批验收。用大型工具运输的，以 400m^3 或 600t 为一验收批；用小型工具（如马车等）运输的，以 200m^3 或 300t 为一验收批。不足上述数量者以一批论。

② 每验收批至少应进行颗粒级配、含泥量和泥块含量检验。

如为海砂，还应检验其氯离子含量。对重要工程或特殊工程应根据工程需要，增加检测项目。如对其他指标的合格性有怀疑时，应予以检验。

当质量比较稳定、进料量又较大时，可定期检验。

使用新产源的砂时，应由供货单位对砂质量进行全面检验。

③ 使用单位的质量检测报告内容应包括：委托单位；样品编号；工程名称；样品产地和名称；代表数量；检测条件；检测依据；检测项目；检测结果；结论等。

④ 砂的数量验收

对砂的数量进行验收时，可按重量或体积计算。测定重量可用汽车地量衡或船舶吃水线为依据。测定体积可按车皮或船的容积为依据。用其他小型工具运输时，可按量方确定。

(2) 现场堆放

砂在施工现场堆放过程中，应防止离析和混入杂质，并应按产地、种类和规格分别堆放。

2.29 碎石或卵石的主要技术性能是什么？

(1) 颗粒级配

碎石或卵石的颗粒级配，应符合级配范围，见表 2-58。采取连续粒级是为了改善其组织，保证混凝土的质量。

碎石或卵石的颗粒级配范围　　表 2-58

级配情况	公称粒径(mm)	累计筛余按重量计(%)											
		筛孔尺寸（圆孔筛）(mm)											
		2.5	5	10	16	20	25	31.5	40	50	63	80	100
连续粒级	5~10	95~100	80~100	0~15	0	—	—	—	—	—	—	—	—
	5~16	95~100	90~100	30~60	0~10	0	—	—	—	—	—	—	—
	5~20	95~100	90~100	40~70	—	0~10	0	—	—	—	—	—	—
	5~25	95~100	90~100	—	30~70	—	0~5	0	—	—	—	—	—
	5~31.	95~100	90~10	70~90	—	15~45	—	0~5	0	—	—	—	
	5~40	—	95~10	75~90	—	30~60	—	—	0~5	0	—	—	—

续表

级配情况	公称粒径 (mm)	累计筛余按重量计(%)											
		筛孔尺寸（圆孔筛）(mm)											
		2.5	5	10	16	20	25	31.5	40	50	63	80	100
单粒级	10～20	—	95～100	85～100	—	0～15	0	—	—	—	—	—	—
	16～31.5	—	95～100	—	85～100	—	—	0～10	0	—	—	—	—
	20～40	—	—	95～100	—	80～100	—	—	0～10	0	—	—	—
	31.5～63	—	—	—	95～100	—	—	75～100	45～75	—	0～10	0	—
	40～80	—	—	—	—	95～100	—	—	70～100	—	30～60	0～10	0

注：公称粒径的上限为该粒级的最大粒径。

(2) 针、片状颗粒含量

碎石或卵石中的针、片状颗粒含量控制，见表2-59。

针、片状颗粒含量 **表2-59**

混凝土强度等级	大于或等于C30	小于C30
针、片状颗粒含量 按重量计(%)	≤15	≤25

对等于或小于C10的混凝土，针、片状颗粒含量可放宽到40%。

(3) 含泥量及泥块含量

碎石或卵石中的含泥量及泥块含量控制，见表2-60。

含泥量、泥块含量 **表2-60**

混凝土强度等级	大于或等于C30	小于C30
含泥量按重量(%)	≤1.0	≤2.0
泥块含量按重量(%)	≤0.5	≤0.7

对有抗冻、抗渗或其他特殊要求的混凝土，其所用碎石或卵石的含泥量不应大于1.0%。如含泥基本上是非黏土质的石粉时，含泥量可由表2-60中的1.0%、2.0%分别提高到1.5%、3.0%。等于及小于C10级的混凝土用碎石或卵石，其含泥量可放宽到2.5%。

对有抗冻、抗渗或其他特殊要求的混凝土，其所用碎石或卵石的泥块含量应不大于0.5%；等于及小于C10级的混凝土用碎石或卵石，其泥块含量可放宽到1.0%。

(4) 碎石或卵石的强度

碎石或卵石的强度，可用岩石抗压强度和压碎指标两种方法表示。在选择采石场或对粗骨料强度有严格要求或对质量有争议时，宜用岩石立方体强度作检验。对经常性的生产质量控制则用压碎指标值检验较为简便。工程中对碎石或卵石的压碎指标值应符合下表规定。配制C60及其以上混凝土时，应进行岩石抗压强度检验。岩石的抗压强度与混凝土强度等级相应的抗压强度之比不应小于1.5。且火成岩强度不低于80MPa，变质岩不宜低于60MPa，水成岩不宜低于30MPa。

碎石及卵石的压碎指标值　　表 2-61

岩石品种	混凝土强度等级	压碎指标值(%)	
		碎石	卵石
水成岩	C55～C40	≤10	≤12
	≤C35	≤16	≤16
变质岩或深层火成岩	C55～C40	≤12	≤12
	≤C35	≤20	≤16
火成岩	C55～C40	≤13	≤12
	≤C35	≤30	≤16

(5) 坚固性

碎石或卵石的坚固性，用硫酸钠溶液法检验，试样经5次循环后，其重量损失符合表2-62的规定。

碎石或卵石的坚固性指标　　表 2-62

混凝土所处的环境条件	循环后重量损失(%)
在严寒及寒冷地区室外使用，并经常处于潮湿或干湿交替状态	≤8
在其他条件下	≤12

注：严寒地区系指最寒冷月份的月平均气温低于－15℃的地区；寒冷地区则指最寒冷月份里的月平均气温处在－5℃～－15℃之间的地区。

(6) 碱活性

对重要工程的混凝土所使用的碎石或卵石应进行碱活性检验，首先应采用岩相法检验碱活性骨料的品种、类型和数量，若含有活性二氧化硅时，应采用化学法和砂浆长度法进行检验；若含有活性碳酸盐骨料时，应采用岩石柱法进行检验。

判定有潜在危害时，应使用含碱量小于0.6%的水泥。

当使用钾、钠离子混凝土外加剂时，必须进行专门试验。

2.30 轻骨料的主要技术性能是什么？

凡骨料的粒径在5mm以上、堆积密度小于1000kg/m³者，称为轻粗骨料。粒径小于5mm、堆积密度小于1200kg/m²者，称为轻细骨料（又称轻砂）。其主要技术性能如下。

(1) 混凝土用轻骨料分类

轻骨料按材料来源不同可分为：

人造轻骨料：如黏土陶粒、页岩陶粒；

天然轻骨料：如浮石、火山渣等；

工业废料轻骨料：如粉煤灰陶粒、膨胀矿渣珠等。

轻骨料按其颗粒大小可分为轻细骨料和轻粗骨料，见表2-63。

轻骨料分类　　表2-63

名称	类别	定义
轻细骨料		堆积密度不大于1200kg/m³的细骨料
轻粗骨料	超轻骨料	堆积密度不大于500kg/m³的粗骨料
	普通轻骨料	堆积密度大于510kg/m³的粗骨料
	高强轻骨料	强度不小于25MPa的结构用粗骨料

(2) 颗粒级配

各种轻骨料的颗粒级配应符合表2-64的规定。

细骨料的细度模数在2.3～4.0范围内。

轻骨料颗粒级配 **表 2-64**

编号	种类	级配类别	公称粒级(mm)	各号筛的累计筛余(按质量计),%										
				筛孔尺寸 (mm)										
				40.0	31.5	20.0	16.0	10.0	5.0	2.50	1.25	0.630	0.315	0.160
1		—	0~5					0	0~10	0~35	20~60	30~80	65~90	75~100
2			5~40	0~10	—	40~60	—	50~85	90~100	95~100				
3			5~31.5	0~5	0~10	—	40~75	—	90~100	95~100				
4	细骨料 粗骨料	连续粒级	5~20	—	0~5	0~10	—	40~80	90~100	95~100				
5			5~16	—	—	0~5	0~10	20~60	85~100	95~100				
6			5~10	—	—	—	0	0~15	80~100	95~100				
7		单粒级	10~16	—	—	0	0~15	85~[illegible]	90~100					

注：公称粒级的上限，为该粒级的最大粒径。

(3) 堆积密度

轻骨料按堆积密度划分的密度等级见表 2-65。轻骨料的匀质性指标，以堆积密度的变异系数计，不应大于 0.10。

轻骨料的堆积密度 **表 2-65**

密度等级		堆积密度范围 (kg/m^3)	密度等级		堆积密度范围 (kg/m^3)
轻粗骨料	轻细骨料		轻粗骨料	轻细骨料	
200	—	110~200	800	800	710~800
300	—	210~300	900	900	810~900
400	—	310~400	1000	1000	910~1000
500	500	410~500	1100	1100	1010~1100
600	600	510~600	—	1200	1110~1200
700	700	610~700			

(4) 筒压强度与强度等级

① 超轻粗骨料筒压强度。

不同密度等级超轻粗骨料的筒压强度指标见表 2-66。

② 普通轻粗骨料筒压强度。

超轻粗骨料筒压强度 **表 2-66**

品种	密度等级	筒压强度		
		优等品	一等品	合格品
黏土陶粒 页岩陶粒 粉煤灰陶粒	200	0.3	0.2	
	300	0.7	0.5	
	400	1.3	1.0	
	500	2.0	1.5	
其他	≤500	—		

不同密度等级普通轻粗骨料的筒压强度指标见表 2-67。

普通轻粗骨料筒压强度 **表 2-67**

品种	密度等级	筒压强度(MPa)			品种	密度等级	筒压强度(MPa)		
		优等品	一等品	合格品			优等品	一等品	合格品
黏土陶粒 页岩陶粒 粉煤灰陶粒	600	3.0	2.0		浮石 火山渣 煤渣	800	—	1.5	1.2
	700	4.0	3.0			900	—	1.8	1.5
	800	5.0	4.0		自然煤矸石 膨胀矿渣珠	900	—	3.5	3.0
	900	6.0	5.0			1000	—	4.0	3.5
浮石 火山渣 煤渣	600	—	1.0	0.8		1100	—	4.5	4.0
	700	—	1.2	1.0					

③ 高强轻粗骨料的筒压强度和强度等级。

不同密度等级高强粗骨料的筒压强度和强度等级应不低于表 2-68的规定。此处所称"强度等级"是指高强轻粗骨料按标准试验方法所得的混凝土合理强度值,作为评定高强轻粗骨料质量之用。

高强轻粗骨料的筒压强度和强度等级(MPa) **表 2-68**

密度等级	筒压强度	强度等级	密度等级	筒压强度	强度等级
600	4.0	25	800	6.0	35
700	5.0	30	900	6.5	40

④ 吸水率与软化系数。

不同密度等级轻粗骨料的吸水率应不大于表 2-69 的规定。

轻粗骨料的吸水率(%)　　表 2-69

<table>
<tr><th>类　别</th><th>品　　种</th><th>密度等级</th><th>吸水率</th><th>类　别</th><th>品　　种</th><th>密度等级</th><th>吸水率</th></tr>
<tr><td rowspan="4">超轻骨料</td><td rowspan="4">黏土陶粒
页岩陶粒
粉煤灰陶粒</td><td>200</td><td>30</td><td rowspan="4">普通轻骨料</td><td>煤　　渣</td><td>600～900</td><td>10</td></tr>
<tr><td>300</td><td>25</td><td>自然煤矸石</td><td>600～900</td><td>10</td></tr>
<tr><td>400</td><td>20</td><td>膨胀矿渣珠</td><td>900～1100</td><td>15</td></tr>
<tr><td>500</td><td>15</td><td>天然轻骨料</td><td>—</td><td>不作规定</td></tr>
<tr><td rowspan="2">普通轻骨料</td><td>黏土陶粒
页岩陶粒</td><td>600～900</td><td>10</td><td rowspan="2">高强轻骨料</td><td>黏土陶粒
页岩陶粒</td><td>600～900</td><td>8</td></tr>
<tr><td>粉煤灰陶粒</td><td>600～900</td><td>22</td><td>粉煤灰陶粒</td><td>600～900</td><td>15</td></tr>
</table>

轻粗骨料的软化系数是评价该材料吸水饱和后筒压强度降低程度的一项技术性能指标。其中,人造轻粗骨料和工业废料轻粗骨料的软化系数应不小于 0.8,天然轻粗骨料的软化系数应不小于 0.7。

对轻细骨料,其吸水率和软化系数不作规定。

(5) 粒型系数

不同粒型轻粗骨料的粒型系数(即单个粗骨料颗粒的长向最大尺寸与中间截面最小尺寸比值)应符合表 2-70 的规定。

轻粗骨料的粒型系数　　表 2-70

轻骨料粒型	平均粒型系数		
	优等品	一等品	合格品
圆球型≤	1.2	1.4	1.6
普通型≤	1.4	1.6	2.0
碎石型≤	—	2.0	2.5

注：轻骨料粒型的分类及其定义见 JGJ 51。

(6) 有害物质含量

轻骨料有害物质含量见表 2-71。

轻骨料有害物质含量　表 2-71

项目	质量指标	备注
煮沸质量损失(%)	≤5	
烧失量(%)	≤5	天然轻骨料不作规定
硫化物和硫酸盐含量(按 SO_3 计,%)	≤1.0	
含泥量(%)	≤3	结构用轻骨料≤2;不允许含有黏土块
有机物含量	不深于标准色	
放射性	符合 GB 9196 规定	煤渣、自然煤矸石应符合 GB 6763 的规定

2.31 怎样进行碎石或卵石及轻骨料的验收?

(1) 碎石或卵石的验收

① 验收批划分。

大型运输工具运输的,以 $400m^3$ 或 600t 为一批;小型工具运输的,以 $200m^3$ 或 300t 为一批,不足一批的按一批计。

② 检验项目。

每一验收批至少应进行颗粒级配、含泥量、泥块含量及针片状颗粒含量检验。当质量较稳定、进料量又不大时,可定期检验。石子的验收可按重量或体积计算。对重要工程应根据工程要求增加检测项目。使用新产源的石子时,应按质量要求进行全面检验,检验项目应按质量要求的项目进行。

③ 取样。

在料堆上取样时,应均匀在料堆顶部、中部和底部的五个部位,铲除表面石子,然后在各部位抽取大致相等的石子 15 份,组成一组样品。

在皮带运输机上取样时,应从出料处用接料器定时抽取 8 份石子,组成一组样品。

从火车、汽车、船上取样时，应从不同部位和深度抽取大致相同的石子16份，组成一组样品。

每组样品的取样数量，对每单项试验，应不小于表2-72的规定。

每一项试验所需的最少取样数量(kg)　　表2-72

项　目	最大粒径(mm)							
	10	16	20	25	31.5	40	63	80
筛分析	10	15	20	20	30	40	60	80
表观密度	8	8	8	8	12	16	24	24
含水率	2	2	2	2	3	3	4	6
吸水率	8	8	16	16	16	24	24	32
堆积密度、紧密密度	40	40	40	40	80	80	120	120
含泥量	8	8	24	24	40	40	80	80
泥块含量	8	8	24	24	40	40	80	80
针、片状含量	1.2	4	8	8	20	40	—	—
硫化物、硫酸盐	1.0							

注：有机物含量、坚固性、压碎指标值及碱骨料反应检验，应按试验要求的粒级及数量取样。

④ 缩分。

将每组样品置于平板上，在自然状态下拌均匀，堆成锥体，然后沿相互垂直的两条直径把锥体分成四等份，取其对角线的两份重新拌混，堆成锥体再分四等份，直到缩分后的材料数量略多于试验所必须的量为止。

含水率、堆积密度、紧密密集检验所要试样，不经缩分，拌匀后直接进行试验。

⑤ 合格判定。

若检验合格时，按合格品予以验收；若检验不合格时，应重新取样，对不合格项目进行加倍复验，若仍有一个试样不能满足标准要求，应按不合格品处理。

(2) 轻骨料的验收

① 检验项目。

轻粗骨料出厂检验包括颗粒级配、堆积密度、粒型系数、筒压强度(高强轻粗骨料尚应检验强度等级)和吸水率。轻细集料出厂检验包括细度模数、堆积密度。

轻骨料形式检验包括颗粒级配、堆积密度、筒压强度和强度等级、吸水率、软化系数、粒型系数、有害物质含量。

② 出厂合格证及检验报告。

生产厂应保证产品质量符合标准要求,产品出厂时,生产厂应提供质量合格证书,其内容包括:产品品种名称和生产厂名;合格证编号及发放日期;检验结果及执行标准编号;批量编号及供货数量;检验部门及检验人员签章。

试验报告内容包括:材料名称、品种和产地;试验项目;数据记录;试验结果的计算及取值;结果评定及执行标准编号;试验日期和试验人员。

③ 复验。

轻骨料进入施工现场,应进行复验。复验时的批量划分、抽样方法和抽样数量按表 2-73 的规定执行。

批量划分、抽样方法和数量　　表 2-73

名　称	验收批组成	每批数量	取样方法和数量
轻骨料	按品种、种类、密度等级和质量等级分批检验和验收	每 200m^3 为一批,不足 200m^3 亦以一批计	每批产品中抽取有代表性的试样。初次抽取的试样应不少于 10 份,其总料量应多于试验用料量的 1 倍。初取试样应在下列场合抽取:生产企业进行检验时,应在通往料仓或料堆的运输机的整个宽度上,在一定的时间间隔内;对均匀堆进行取样时,试样可以从料堆锥体自上到下的不同方向任选 10 个点抽取,但要避免抽取离析的及面层的材料;以袋装料和散装料取样时,应以 10 个不同位置和高度(或料袋)中抽取

④ 合格判定。

检验(含复验)后,各项性能指标都符合标准的相应等级规定时,可判为该等级品。等级按其技术指标分为优等品(A)、一等品(B)、合格品(C)。

若有某性能指标不符合标准要求时,则应从同一批轻集料中加倍取样进行复试。复试后,仍不符合标准要求时,则该产品判为降等或不合格。

2.32 混凝土及砂浆的拌合用水的质量标准是什么?

混凝土及砂浆拌合用水按水源可分为饮用水、地表水、地下水、海水以及经适当处理或处置后的工业废水。其中,符合国家标准的生活饮用水,可拌制各种混凝土和砂浆;地下水和地表水首次使用前,应按《混凝土拌合用水标准》JGJ 63 规定进行检验;海水可用于拌制素混凝土和非配筋砌体用砌筑砂浆;钢筋混凝土、预应力混凝土及有饰面要求的混凝土不能应用海水拌制。

混凝土及砂浆拌合用水的技术要求如表 2-74。

物 质 含 量 限 值　　表 2-74

项　　目	预应力混凝土	钢筋混凝土、配筋砌体	素混凝土、非配筋砌体
pH 值	>4	>4	>4
不溶物 mg/L	<2000	<2000	<5000
可溶物 mg/L	<2000	<5000	<10000
氯化物(以 Cl^- 计)mg/L	<500①	<1200	<3500
硫酸盐(以 SO_4^{2-} 计)mg/L	<600	<2700	<2700
硫化物(以 S^{2-} 计)mg/L	<100	—	—

注:使用钢丝或经热处理的预应力混凝土氯化物含量不得超过 350mg/L。

2.33 怎样进行水样采集?

水样的采集,必须具有充分的代表性,应遵从以下原则:

（1）井水、钻孔水及自来水水样应放水冲洗管道或排除积水后采集；江河、湖泊和水库水样一般应在中心部位或经常流动的水面下 300～500mm 处采集。采集时应注意防止人为污染。

（2）采集水样用容器应预先彻底洗净，采集时用待采集水样冲洗三次后，才能采集水样。水样采集后应加盖蜡封，保持原状。

（3）采集水样应注意季节、气候、雨量的影响，并在取样记录中予以注明。

（4）水质分析用水样不得少于 5L。水样采集后应及时检验。pH 值最好在现场测定。硫化物测定用水样应专门采集，并应按检验方法的规定在现场固定。全部水质检验项目应在 7d 内完成。

（5）测定水泥凝结时间用水样不得少于 1L；测定砂浆强度用水样不得少于 2L；测定混凝土强度用水样不得少于 15L。

2.34 混凝土及砂浆拌合用水的合格判定标准是什么？

符合国家标准的生活用水、海水及混凝土工厂的洗刷水可按《混凝土拌合用水标准》JGJ 63 中的规定使用。其他来源的水均应同时进行化学分析和混凝土（砂浆）试验，并按下列规定判定其适用性：

（1）用待检验水和蒸馏水（或符合国家标准的生活饮用水）试验所得的水泥初凝时间差及终凝时间差均不得大于 30min，其初凝和终凝时间尚应符合水泥国家标准的规定。

（2）用待检验水配制的水泥砂浆或混凝土的 28d 抗压强度（若有早期抗压强度要求时需增加 7d 抗压强度）不得低于用蒸馏水（或符合国家标准的生活饮用水）拌制的对应砂浆或混凝土抗压强度的 90％。

（3）水的 pH 值、不溶物、可溶物、氯化物、硫酸盐、硫化物的含量应符合标准规定。

2.35 如何进行混凝土和砂浆拌合用水的现场处理？

混凝土及砂浆拌合用水经水质分析试验后，若各项指标均符合要求，唯水中固态悬浮物（含泥量）超过规定时，可在混凝土及砂浆搅拌机（站）附近采取预沉（自然沉淀或混凝沉淀）及过滤等措施进行处理。沉淀池、过滤池型式的选择及个数（一般不少于 2 个）应根据用水量大小和排除的泥砂量来确定。

对施工用水量不大，或因江河、溪涧突然涨水、下雨造成水中含泥量过大时，则可用下述方法进行处理：将两个事先经彻底清洗净的大铁桶（木桶）或翻斗车铁斗置于搅拌机附近，将河水或溪水取来倒入盛水容器内，撒上少许粉状水泥，并略加搅动，经 30min 左右，泥砂沉淀后，即可将澄清后的水取来使用。但应注意下班时将桶底清洗，以防淤泥过厚或水泥凝结于桶底。

2.36 用于混凝土和砂浆中的粉煤灰的质量标准是什么？如何进行检验和合格判定？

粉煤灰的质量标准和检验判定如下：

（1）质量标准

粉煤灰的技术指标见表 2-75。

粉煤灰的技术指标　　表 2-75

序号	指　　标		级　　别		
			Ⅰ	Ⅱ	Ⅲ
1	细度（0.045mm 方孔筛筛余）（%）	（不大于）	12	20	45
2	需水量比（%）	（不大于）	95	105	115
3	烧失量（%）	（不大于）	5	8	15
4	含水量（%）	（不大于）	1	1	不规定
5	三氧化硫（%）	（不大于）	3	3	3

（2）检验

① 型式检验。

用于混凝土和砂浆中的粉煤灰应进行型式检验，检验每半年做一次，技术要求应符合其质量标准。

② 出厂检验。

拌制混凝土和砂浆时掺合料的粉煤灰，应进行细度、烧失量和含水量检验。

粉煤灰出厂必须具有出厂合格证，其内容包括：厂名、批号、合格证编号、日期、粉煤灰的级别、数量和质量检验结果。

袋装粉煤灰的包装袋上应清楚标明粉煤灰生产厂名、级别、重量、批号及包装日期。

③ 复试。

粉煤灰复试的批量划分、抽样方法和数量的有关规定，见表2-76。

批量、抽样方法和数量 **表 2-76**

检验批组成	每批数量	取样方法和数量
以连续供应的相同等级	以 200t 为一批，不足 200t 者按一批； 粉煤灰的数量按干灰（含水量小于1%）的重量计算	散装灰取样：以运输工具、贮灰库或堆场中的不同部位取 15 份试样，每份试样 1～3kg，混合拌匀，按四分法，缩取出比试验所需量大一倍的试样（称为平均样） 袋装灰取样：以每批任取 10 袋，从每袋中分取试样不少于 1kg，混合拌匀，按四分法缩取平均试样 拌制混凝土和砂浆时作掺合料的粉煤灰成品，必要时，需方可对粉煤灰的质量进行随机抽样

(3) 合格判定

符合技术要求的为等级品，若其中任何一项不符合要求的，应重新加倍取样，进行复验。复验不合格的需降级处理。

低于技术要求中最低级别技术要求的粉煤灰为不合格品。

2.37 常用混凝土外加剂是如何进行分类的？

混凝土外加剂可按其在混凝土中的主要作用和按化学性质分类。

(1) 按外加剂在混凝土中的主要作用分类，见表 2-77。

按主要作用分类　　表 2-77

种类	主要作用
速凝剂、早强剂	调节混凝土、砂浆或水泥净浆凝结硬化速度
缓凝剂	
普通减水剂、引气剂	改善新拌混凝土、砂浆或水泥净浆和易性
高效能减水剂	
发泡剂、泡沫剂	调节混凝土、砂浆或水泥净浆空气含量(空隙率)
引气剂、消泡剂	
引气剂、膨胀剂	改善混凝土、砂浆或水泥净浆物理力学性能
抗冻剂、防水剂	
阻锈剂	增强混凝土中钢筋抗腐蚀性
引气剂、着色剂	能为混凝土、砂浆或水泥净浆提供特殊性能
脱模剂	

(2) 按外加剂化学性质分类，见表 2-78。

按化学性质分类　　表 2-78

分类	主要作用
无机物	大多用于调凝剂、防冻剂、着色剂及发泡剂等
有机物	大多属于表面活性剂的范畴内，有阴离子、阳离子型、非离子型以及高分子型表面活性剂等

2.38 混凝土外加剂主要技术性能有哪些规定？

(1) 掺外加剂混凝土性能指标，见表 2-79。

(2) 均匀性指标，见表 2-80。

2.39 混凝土外加剂出厂检验项目有哪些？出厂合格证及检验报告包括什么内容？

(1) 出厂检验项目

掺加外加剂混凝土性能指标

表 2-79

试验项目＼性能指标＼种类		普通减水剂		高效减水剂		早强减水剂		缓凝减水剂		引气减水剂		早强剂		缓凝剂		引气剂	
		一等品	合格品	一等品	合格品	一等品	合格品	一等品	合格品	一等品	合格品	一等品	合格品	一等品	合格品	一等品	合格品
减水率(%)		≥8	≥5	≥12	≥10	≥8	≥5	≥8	≥5	≥10	≥10	—	—	—	—	≥6	≥6
泌水率比(%)		≤95	≤100	≤100	≤100	≤95	≤100	≤95	≤100	≤70	≤80	≤100	≤100	≤100	≤100	≤70	≤80
含气量(%)		≤3.0	≤4.0	≤3.0	≤4.0	≤3.0	≤4.0	≤3.0	≤4.0	3.5~5.5	3.5~5.5	—	—	—	—	3.5~5.5	3.5~5.5
凝结时间之差 min	初凝	−60~+90	−60~+120	−60~+90	−60~+120	−60~+90	−60~+120	−60~+210	−60~+210	−60~+90	−60~+120	−60~+90	−60~+120	−60~+90	−60~+210	−60~+60	−60~+60
	终凝	−60~+90	−60~+120	−60~+90	−60~+120	−60~+90	−60~+120	≤210	≤210	−60~+90	−60~+120	−60~+90	−60~+120	≤210	≤210	−60~+60	−60~+60
抗压强度比(%)	1d	—	—	≥140	≥130	≥140	≥130	—	—	—	—	≥140	≥125	—	—	—	—
	3d	≥115	≥110	≥130	≥125	≥135	≥120	≥110	≥100	≥115	≥110	≥130	≥120	≥100	≥90	≥95	≥80
	7d	≥115	≥110	≥125	≥120	≥120	≥115	≥110	≥110	≥110	≥110	≥115	≥110	≥100	≥90	≥95	≥80
	28d	≥110	≥105	≥120	≥115	≥110	≥105	≥110	≥105	≥110	≥110	≥100	≥95	≥100	≥90	≥90	≥80
	90d	≥100	≥100	≥100	≥100	≥100	≥100	≥100	≥100	≥100	≥100	≥95	≥95	≥100	≥90	≥90	≥80
收缩率比(%)90d		≤120		≤120		≤120		≤120		≤120		≤120		≤120		≤120	
相对耐久性指标(%)										200 次≥80	≥300			200 次≥80		≥300	
钢筋锈蚀		应说明对钢筋有无锈蚀危害															

注：1　除含气量外，表中所列数据为掺外加剂混凝土与基准混凝土的差值或比值。

2　凝结时间指标，“－”号表示提前，“＋”表示延缓。

3　相对耐久性指标一栏中，“200 次≥80”表示将 28d 龄期的掺外加剂混凝土试件冻融循环 200 次后，动弹性模量保留值≥80%；“≥300”表示 28d 龄期的试件经冻融后，动弹性模量保留值等于 80%时掺外加剂混凝土与基准混凝土冻融次数的比值≥300%。

4　对于可用高频振捣排除的由外加剂所引入的气泡的产品，允许用高频振捣。达到某类型性能指标要求的，可按本表进行命名和分类，但须在产品说明书和包装上注明“用于高频振捣的××剂”。

均 匀 性 指 标 **表 2-80**

试验项目	指　　标
含固量或含水量	对液体外加剂，应在生产厂所控制值相对量的3%之内 对固体外加剂，应在生产厂所控制值相对量的5%之内
密　　度	对液体外加剂，应在生产厂所控制值的±0.02之内
氯离子含量	应在生产厂所控制值相对量的5%之内
水泥净浆流动度	应不小于生产控制值的95%

常用的一些混凝土外加剂（普通减水剂、高效减水剂、早强减水剂、缓凝减水剂、引气减水剂、早强剂、缓凝剂和引气剂）出厂前应进行检验，检验项目按表 2-81 进行。

出 厂 检 验 项 目 **表 2-81**

外加剂品种 / 测定项目	普通减水剂	高效减水剂	早强减水剂	缓凝减水剂	引气减水剂	早强剂	缓凝剂	引气剂	备　注
固体含量	√	√	√	√	√	√	√	√	
密　度									液体外加剂必测
细　度									粉状外加剂必测
pH值	√	√	√	√	√				
表面张力		√							
泡沫性能					√		√		
氯离子含量	√	√	√	√	√	√	√	√	
硫酸钠含量									含有硫酸钠的早强减水剂或早强剂必测
还原糖份				√			√		木质素磺酸钙减水剂必测
水泥净浆流动度	√	√	√	√	√				两种任选一种
水泥砂浆流动度	√	√	√	√	√	√	√	√	

型式检验项目包括匀质性指标和混凝土性能指标。匀质性指标项目是含固量或含水量、密度、氯离子含量、水泥净浆流动度。混凝土性能指标项目是减水率、泌水率比、含气量、凝结时间之差、抗压强度比、收缩率比、相对耐久性、钢筋锈蚀。

此外,对混凝土泵送剂、混凝土防冻剂、混凝土膨胀剂、喷射混凝土用速凝剂、砂浆及混凝土防水剂等外加剂,也有相应的技术性能指标和出厂检验项目,本书不予赘述,读者可参阅有关技术标准规定。

(2) 出厂合格证及检验报告

产品出厂必须要有出厂合格证及检验报告。凡产品有下列情况之一就不得出厂:无性能检验合格证;技术文件不全;包装不符;重量不足;产品受潮变质以及产品超过有效期限。

产品出厂应随货提供技术文件和产品说明书、产品合格证,其内容必须具有:产品名称及型号,出厂日期,主要特征及成分,适用范围和适宜掺量,性能检验合格证,贮存条件及有效期,使用方法及注意事项。此外,泵送剂还应提供pH值、凝结时间差,含硫酸钠的泵送剂应提供和说明对钢筋有无锈蚀;防冻剂应提供碱含量($N_2O+0.658K_2O$)、适用温度及适宜掺量;喷射混凝土用速凝剂应提供产品质量等级、推荐掺量;砂浆、混凝土防水剂应提供最佳掺量。

检验报告及合格证,其内容包括匀质性指标和混凝土性能指标。

2.40 外加剂复验时,怎样进行批量划分和取样?

外加剂复验时,其批量划分、取样方法和数量规定见表2-82。

2.41 对混凝土外加剂怎样进行合格判定?

混凝土外加剂经检验全部项目都符合某一等级规定时,则判为相应等级的产品。其中,混凝土防冻剂产品经检验新拌混凝土的含气量和硬化混凝土性能项目应全部符合标准,即可判定为相应等级的产品，其余项目作参考指标。混凝土膨胀剂的各项性能均符合某一等级时，判定为相应等级的产品，按限制膨胀率分为一等品和合格品。

取样方法及数量 **表 2-82**

名称	验收批组成	每批数量	取样方法及数量
普通减水剂 高效减水剂 早强减水剂 缓凝减水剂 引气减水剂 早强剂 缓凝剂 引气剂	根据产量和生产设备条件，将产品分批编号，同一编号的产品必须是混合均匀的，同一品种的	每一编号取样量不少于 0.5t 水泥所需用的外加剂量	试样分点样和混合样。点样是在一次生产的产品所得试样，混合样是三个或更多的点样等量均匀混合而取得的试样。每一编号取得的试样应充分混匀，分为相等两份，一份按标准规定方法与项目进行试验，另一份密封保存半年，以备进行复验或仲裁
混凝土泵送剂		每 50t 泵送剂为一批，不足 50t 也作为一批	每一批以至少 10 个不同容器中抽取等量试样，混合均匀，总量不少于 0.5t 水泥所需用泵送剂量，每一批取得试样分成相等两份，一份按标准规定进行试验，另一份封存半年，以备复验或仲裁
混凝土防冻剂			每批取样量应不少于 0.15t 水泥所需的防冻剂（以其最大掺量计）。每一批取得样品应充分拌匀，分为相等二份，一等份样品按标准项目进行试验，另一份封存半年，以备复验或仲裁用
混凝土膨胀剂		每 60t 为一批，不足 60t 时也作为一批	抽样应有代表性，可以连续抽取，也可从 20 个以上的不同部位取等量样品，每批抽样总数不小于 10kg，充分混合均匀后分为相等二份，一份作试验，一份密封三个月，以备复验或仲裁用
喷射混凝土用速凝剂		每 20t 为一批，不足 20t 也作为一批	每一批应于 16 个不同点取样，每个点取样 250g，共取 4000g。将试样充分混合均匀，分为相等二份，其中一份用作试验，另一份密封半年，供复验和仲裁用

续表

名　称	验收批组成	每批数量	取样方法及数量
砂浆混凝土防水剂	生产厂应根据产量将产品分批,同批产品必须是均匀的	年产 500t 以上的,每 50t 为一批,年产 500t 以下的,每 30t 为一批	每批取样量不少于 0.2t 水泥所需用的防水剂量 每批取得的试样应充分混匀,分为相等二份,一份按标准规定的方法与项目进行试验,另一份密封保存一年,以备复验和仲裁用

当生产和使用单位对产品性能有争议时,可以复验,复验以封存样进行。

3 砌筑砂浆

3.1 什么是建筑砂浆？如何分类？

建筑砂浆（简称砂浆）是由胶凝材料、细骨料和水（有时还掺入掺合料或外加剂）组成的胶结材料。胶凝材料有水泥、石灰、石膏等。细骨料主要是砂，也有工业废渣和石屑等。

建筑砂浆按胶凝材料不同，可分为水泥砂浆、石灰砂浆和混合砂浆等。

（1）水泥砂浆

水泥砂浆是由水泥和砂子按一定比例混合搅拌而成，它可以配制强度较高的砂浆。水泥砂浆一般用于基础、长期受水浸泡的地下室和承受较大外力的砌体。

（2）混合砂浆

混合砂浆一般由水泥、石灰膏、砂子拌合而成。在硬化的初期阶段需要一定的水分以帮助水泥水化，在后期则应处于干燥环境中以利石灰的硬化。混合砂浆一般用于地面以上的砌体，也适用于承受外力不大的砌体。混合砂浆由于它加入了石灰膏，改善了砂浆的和易性，操作起来比较方便，有利砌体砂浆饱满度和工效的提高。

（3）石灰砂浆

石灰砂浆是由石灰膏和砂子按一定比例混合搅拌而成的砂浆，它完全靠石灰的气硬而获得强度，强度等级一般可达到 M0.4～M1。

（4）聚合物砂浆

聚合物砂浆是一种掺入一定量高分子聚合物的砂浆，一般用于有特殊要求的砌筑物。

建筑砂浆按用途可分为砌筑砂浆、抹灰砂浆、防水砂浆、保温砂浆、吸声用砂浆等。

3.2 砌筑砂浆的技术性能指标有哪些?

(1) 强度

砌筑砂浆的强度等级按照《砌体结构设计规范》(GB 50003—2001)分为 M15、M10、M7.5、M5、M2.5 等五个等级。

砌筑砂浆的强度等级是用尺寸为 70.7mm × 70.7mm × 70.7mm 的立方体试块,经 28d 标准养护后的平均抗压极限强度而确定的。试块的标准养护条件是:

水泥混合砂浆为温度 20±3℃,相对湿度 60%~80%;

水泥砂浆和微沫砂浆为温度 20±3℃,相对湿度 90%以上;

养护期间,试块彼此间隔不少于 10mm。

(2) 密度

水泥砂浆拌合物的密度不宜小于 1900kg/m³;水泥混合砂浆拌合物的密度不宜小于 1800kg/m³。

(3) 稠度

根据各类砌体块材吸水程度不同和砌筑部位的特殊要求,砌筑砂浆的稠度宜在施工中按表 3-1 采用。

砌筑砂浆的稠度 **表 3-1**

<table>
<tr><th>砌 体 种 类</th><th>砂 浆 稠 度(mm)</th></tr>
<tr><td>烧结普通砖砌体</td><td>70~90</td></tr>
<tr><td>轻骨料混凝土小型空心砌块砌体</td><td>60~90</td></tr>
<tr><td>烧结多孔砖、空心砖砌体</td><td>60~80</td></tr>
<tr><td>烧结普通砖平拱式过梁</td><td rowspan="4">50~70</td></tr>
<tr><td>空斗墙、筒拱</td></tr>
<tr><td>普通混凝土小型空心砌块砌体</td></tr>
<tr><td>加气混凝土砌块砌体</td></tr>
<tr><td>石砌体</td><td>30~50</td></tr>
</table>

(4) 分层度

砌筑砂浆的分层度是衡量砂浆经运输、停放保水能力降低的性能指标，即分层度越大，砂浆失水越快，其施工性能越差。因此，为保证砌体灰缝的饱满度、块材与砂浆间的粘结和砌体强度，规定砌筑砂浆的分层度不得大于 30mm。

(5) 抗冻性

对具有冻融循环次数要求的砌筑砂浆，经冻融试验后，质量损失率不得大于 5%，抗压强度损失率不得大于 25%。

3.3 砌筑砂浆对材料有什么要求？

(1) 水泥：宜采用强度等级 32.5 或以上的矿渣硅酸盐水泥或普通硅酸盐水泥。

(2) 砂：宜采用中砂（砌筑毛石砌体宜选用粗砂），并应过 5mm 孔径的筛。砂的含泥量在配制强度等级不小于 M5 的水泥砂浆和水泥混合砂浆时，不应超过 5%；对强度等级小于 M5 时，不应超过 10%。使用人工砂、山砂及特细砂，应经试配能满足砌筑砂浆技术条件要求。砂的含泥量增加会降低砂浆的强度，增加水泥用量和砂浆收缩、耐水性降低等。

(3) 掺加料

① 石灰膏：不得采用脱水硬化的石灰膏。使用脱水硬化的石灰膏不但起不到塑化作用，而且还会降低砂浆强度，故应予充分重视。

用生石灰熟化成石灰膏时，应用孔径不大于 3mm×3mm 的网过滤，熟化时间不得少于 7d；磨细生石灰粉的熟化时间不得小于 2d。沉淀池中贮存的石灰膏，应采取防止干燥、冻结和污染的措施。生石灰及磨细生石灰粉的品质应符合我国行业标准《建筑生石灰》JC/T 479 和《建筑石灰粉》JC/T 480 的要求。

② 电石膏：制作电石膏的电石渣应用孔径不大于 3mm×3mm 的网过滤，检验时应加热至 70℃并保持 20min，没有乙炔气味后，方可使用，以确保安全。

③ 黏土膏:采用黏土或粉质黏土制备黏土膏宜用搅拌机加水搅拌,通过孔径不大于3mm×3mm的网过筛。用比色法鉴定黏土中的有机物含量时,应浅于标准色。

④ 粉煤灰:粉煤灰的品质指标应符合国家标准《用于水泥和混凝土中的粉煤灰》GB 1596的要求。

(4) 水:配制砂浆用水应符合我国现行行业标准《混凝土拌合用水标准》JGJ63的规定。

(5) 外加剂(有机塑化剂):砌筑砂浆中掺入的外加剂(有机塑化剂),应具有法定检测机构出具的包括该产品砌体强度的型式检验报告,并经砂浆性能试验合格后,方可使用。

3.4 什么是专用小砌块砂浆?其技术性能指标有哪些?

(1) 专用小砌块砂浆定义

专用小砌块砂浆是指符合国家现行标准《混凝土小型空心砌块砌筑砂浆》JC 860的砌筑砂浆,该砂浆可提高小砌块与砂浆间的粘结力,且施工性能好。有在现场拌制的砌筑砂浆和干拌砂浆。

混凝土小型空心砌块砌筑砂浆用Mb标记,强度分为Mb5.0、Mb7.5、Mb10.0、Mb15.0、Mb20.0、Mb25.0和Mb30.0等七个等级。

(2) 技术性能指标

专用小砌块砂浆的技术要求如下:

① 抗压强度

抗压强度所划分的Mb5.0、Mb7.5、Mb10.0、Mb15.0、Mb20.0、Mb25.0和Mb30.0等七个等级,其抗压强度指标相应于M5.0、M7.5、M10.0、M15.0、M20.0、M25.0和M30.0等级的一般砌筑砂浆的抗压强度指标。

② 密度

专用小砌块砂浆的密度,水泥砂浆不应小于1900kg/m^3,水泥混合砂浆不应小于1800kg/m^3。

③ 稠度

专用小砌块砂浆的稠度为 50～80mm。

④ 分层度

专用小砌块砂浆的分层度为 10～30mm。

⑤ 抗冻性

设计有抗冻性要求的专用小砌块砂浆，经冻融试验，质量损失不应大于 5%，强度损失不应大于 25%。

3.5 专用小砌块砂浆使用的原材料有哪些？质量要求如何？

专用小砌块砂浆使用的原材料有：

（1）水泥

专用小砌块砂浆所用水泥应根据砂浆强度等级来选择。一般宜采用普通硅酸盐水泥或矿渣硅酸盐水泥。所用水泥必须有质量合格证书并应符合《硅酸盐水泥、普通硅酸盐水泥》GB 175、《矿渣硅酸盐水泥、火山灰硅质酸盐水泥及粉煤灰硅酸盐水泥》GB 1344 的规定。

（2）砂

专用小砌块砂浆宜采用中砂，质量应符合《普通混凝土用砂质量标准及检验方法》JGJ52 的规定。

（3）消石灰

采用消石灰粉应为符合《建筑消石灰粉》JC/T 481 规定的钙质消石灰粉。采用生石灰熟化的石灰膏时，要用孔径不大于 3mm×3mm 的网过滤，熟化时间不少于 7d。沉淀池中贮存的石灰膏，应采取防止干燥、冻结和污染措施，严禁使用脱水硬化的石灰膏。

（4）掺合料

粉煤灰应符合《用于水泥和混凝土中的粉煤灰》GB 1596 的规定。采用其他掺合料，在使用前需进行试验验证，能满足砂浆和砌体性能时方可使用。

（5）外加剂

外加剂包括减水剂、早强剂、促凝剂、缓凝剂、防冻剂、颜料等。外加剂的应用应符合《混凝土外加剂应用技术规范》GB 119 以及有关标准的规定。

（6）水

砂浆拌合用水应符合《混凝土拌合用水标准》JGJ 63 的规定。

3.6 对专用小砌块砂浆如何进行配合比设计?

专用小砌块砂浆应参照《砌筑砂浆配合比设计规程》JGJ 98 中的有关规定进行。各强度等级的砂浆强度标准差(σ)按表 3-2 选用。

砌筑砂浆强度标准差 σ 选用值 **表 3-2**

施工水平	砂浆强度等级(MPa)						
	Mb5.0	Mb7.5	Mb10.0	Mb15.0	Mb20.0	Mb25.0	Mb30.0
优良	1.00	1.50	2.00	3.00	4.00	5.00	6.00
一般	1.25	1.88	2.50	3.75	5.00	6.25	7.50
较差	1.50	2.25	3.00	4.50	6.00	7.50	8.00

专用小砌块砂浆参考配合比见表 3-3。

专用小砌块砂浆参考配合比 **表 3-3**

强度等级	水泥砂浆					混合砂浆(Ⅰ)					混合砂浆(Ⅱ)					
	水泥	粉煤灰	砂	外加剂	水	水泥	消石灰粉	砂	外加剂	水	水泥	石灰膏	粉煤灰	砂	水	外加剂
Mb5.0						1	0.9	5.8	✓	1.36	1	0.66	0.66	8.0	1.20	✓
Mb7.5						1	0.7	4.6	✓	1.02	1	0.42	0.15	6.6	1.00	✓
Mb10.0	1	0.32	4.41	✓	0.79	1	0.5	3.6	✓	0.81	1	0.20	0.20	5.4	0.80	✓
Mb15.0	1	0.32	3.76	✓	0.74	1	0.3	3.0	✓	0.74	1	0.9	—	4.5	0.75	✓
Mb20.0	1	0.23	2.96	✓	0.55	1	0.3	2.6	✓	0.53	1	0.45	—	4.0	0.54	✓
Mb25.0	1	0.23	2.53	✓	0.54											
Mb30.0	1		2.00	✓	0.52											

注：Mb5.0～Mb20.0 用 32.5 级普通水泥或矿渣水泥；Mb25.0～Mb30.0 用 42.5 级普通水泥或矿渣水泥。

3.7 如何制备专用小砌块砂浆？

专用小砌块砂浆的制备，应遵守下列规定：

(1) 所有原材料应按不同品种分开贮存，不得混杂，防止其质量变化。

(2) 所有原材料应按重量计量，允许偏差不得超过表 3-4 的规定。

砂浆原材料计量允许偏差 **表 3-4**

原材料品种	水 泥	砂	水	外加剂	掺合料
允许偏差(%)	±2	±3	±2	±2	±2

(3) 搅拌。

砂浆必须采用机械搅拌。搅拌时，先加细骨料、掺合料和水泥干拌 1min，再加水湿拌。总的搅拌时间不得少于 4min。若加外加剂，则在湿拌 1min 后加入。冬期施工采用热水搅拌时，热水温度不超过 80℃。

3.8 什么叫有机塑化剂？

为改善砂浆和易性及保水性，往往在砂浆中加入石灰膏、电石膏、粉煤灰、黏土膏等无机类掺加料。随着化学建材的兴起和发展，一些含有机材料组分的有机塑化剂不断出现。用有机塑化剂掺入水泥砂浆和水泥混合砂浆(取代部分无机类掺加料)，也可起到改善砂浆和易性及保水性的目的。例如，微沫剂便是其中一种。微沫剂，也称为松香皂，它是由松香、碱(氢氧化钠或碳酸钠)及水加热熬制而成。砂浆中加入了该种材料后，在砂颗粒的四周生成微小而稳定的空气泡，从而起到湿滑和改善砂浆和易性和保水性的作用。

由于有机塑化剂系工厂生产的产品，在市场上可以直接购置，在砂浆中的掺量又十分少，因此，它的应用给施工带来很大的方便。

3.9 水泥砂浆掺用有机塑化剂时，为什么要求产品应有包括砌体强度在内的型式检验报告？

《中华人民共和国产品质量法》规定，产品质量应当符合使用性能的要求。而“型式检验”就是确认产品或过程应用结果适用性所进行的检验。因此，对在砌筑砂浆中掺用的有机塑化剂这一产品，生产厂家必须要有针对砌筑砂浆应用的适用性检验报告，对其如何使用事先作出说明。

试验研究表明，由于砌筑砂浆种类众多，特性有所差异，即使其强度等级相同，但对砌体强度的影响也是不相同的。例如，现行国家标准《砌体结构设计规范》GB 50003 规定，当砌筑用水泥砂浆时，砌体抗压强度设计值应比用同强度水泥混合砂浆砌筑的砌体降低 10%；砌体的轴心抗拉、弯曲抗拉、抗剪强度设计值要降低 20%。又如，现行国家标准《砌体工程施工质量验收规范》GB 50203 规定，对微沫剂替代石灰膏制作水泥混合砂浆的微沫砂浆，砌体抗压强度较同强度等级的混合砂浆砌筑的砌体的抗压强度降低 10%。

综上所述，砌筑砂浆中使用的有机塑化剂，必须要对其适用性进行型式检验，其型式检验项目应当包括：

(1) 砂浆强度；

(2) 砂浆密度；

(3) 砂浆稠度；

(4) 砂浆分层度；

(5) 砂浆抗冻性(有抗冻循环次数要求时)；

(6) 有机塑化剂掺用后对钢筋的腐蚀性；

(7) 砂浆对砌体强度(轴心抗压强度及轴心抗拉、弯曲抗拉、抗剪强度)的影响。

3.10 使用微沫砂浆应注意哪些问题？

(1) 砌体的抗压强度应降低 10%。

掺加微沫剂的水泥砂浆(即微沫砂浆),具有良好的和易性,并减少了石灰膏的操作工艺,故在工程中得到应用。1979 年至 1982 年间,在对当时国家标准《砌体工程及验收规范》(GBJ 14—66)(修订本)进行修订过程中,规范组委托吉林、陕西、宁夏、北京、山东、黑龙江、辽宁、四川、山西等省市对微沫砂浆与水泥混合砂浆作了一些对比试验。试验结果表明,在单方水泥用量相同的情况下,微沫砂浆试块强度一般比水泥混合砂浆高 15%左右;在砂浆强度相同条件下,两种砂浆的砌体抗压强度和抗剪强度,按各单位试验结果进行平均时是基本相同,但离散性较大。为此,规范修订组又专门进行了一次砌体强度试验(抗压强度试验),共 18 个试件,试验结果见表 3-5。

砌体抗压强度对比试验结果 **表 3-5**

砂浆种类	砖强度等级	砂浆强度(MPa)	开裂强度(MPa)	破坏强度(MPa)	开裂强度/破坏强度
水泥石灰砂浆	MU10	5.68	1.47	3.40	0.432
微沫砂浆	MU10	6.43	2.01	3.16	0.637

由试验结果得出:当按相同砂浆强度换算后,微沫砂浆砌体受压时的开裂荷载比水泥石灰砂浆高 35%左右,但破坏荷载却比水泥石灰砂浆低 10.6%。

通过以上试验规定:水泥砂浆中掺入微沫剂时,砌体抗压强度应较水泥混合砂浆砌体降低 10%。

(2) 用水稀释微沫剂时,要求水温不低于 70℃,并稀释至 5%~10%,以便于稀释和减少掺量误差。

(3) 微沫砂浆拌合时应采用机械搅拌,搅拌时间应为 3~5min。

由于微沫砂浆需很好搅拌才能充分发泡,故规定应采用机械拌合和 3~5min 的搅拌时间。试验结果表明,搅拌时间过短或过长,砂浆强度都有所下降。

(4) 微沫砂浆拌合后的使用时间规定同水泥砂浆。

微沫砂浆因没有无机塑化剂掺入，其凝结速度和水泥砂浆相近，故规定其使用时间的限制与水泥砂浆相同。即砂浆拌合后应在3h内使用完毕；当施工期间最高气温超过30℃时，应在拌成后2h内使用完毕。

(5) 冬期施工

关于在冬期施工中能否使用微沫剂的问题，原苏联《在混凝土和砂浆中采用有机塑化剂暂行指标》(У—104—51)中规定，有机塑化剂允许用于砂浆的冬期施工。在我国，试验和工程实践也说明微沫剂可使用于冬期施工的砂浆。

当微沫剂与氯盐共同掺用时，盐类溶液与微沫剂溶液必须在拌合中先后加入，以免两种溶液直接拌合造成微沫剂集结，减少发泡量，影响使用效果。

3.11 水泥混合砂浆掺用有机塑化剂时，无机掺合料的使用有何规定？为什么？

国家标准《砌体工程施工及验收规范》(GB 50203—98)第3.2.8条规定："水泥混合砂浆中掺入有机塑化剂时，无机掺合料的用量最多可减少一半"。在该规范修订时，因考虑用有机塑化剂替代部分无机掺合料的做法不普遍，故将此内容删去。但是，当在施工中遇到此种情况时，可根据上述规定执行。

水泥混合砂浆中掺入有机塑化剂可降低无机掺合料的用量。但根据国内各地有关单位的试验表明，如果有机塑化剂(例如微沫剂)的掺入量较多，将大部分无机掺合料替代，则此时的砂浆就不再属于水泥混合砂浆，而接近于微沫砂浆，就应考虑砌体抗压强度降低10%的不利影响；如果有机塑化剂(例如微沫剂)的掺加量不太多，水泥混合砂浆中的无机掺合料减少不到一半，则此时的砂浆性质还基本与水泥混合砂浆相同，不必考虑砌体强度的降低。

3.12 砂浆的强度等级是如何定义的？怎样判定砂浆强度等级是否满足设计要求？

砂浆的强度等级是根据标准试验方法所测得的砂浆试块抗压强度来划分。砂浆强度等级分为：M15、M10、M7.5、M5、M2.5 五级。当验算施工阶段尚未硬化的新砌体强度时，可按砂浆强度为零确定其砌体强度。对混凝土小型空心砌块砌筑砂浆，强度划分为：Mb5.0、Mb7.5、Mb10.0、Mb15.0、Mb20.0、Mb25.0、Mb30.0 等七个等级。

砌体工程施工质量验收时，砂浆强度等级必须符合设计要求是主控项目的重要内容，也是属强制性条文的内容之一。国家现行标准《砌体工程施工质量验收规范》(GB 50203—2002)第 4.0.12 条规定，"砌筑砂浆试块强度验收时其强度合格标准必须符合以下规定：

同一验收批砂浆试块抗压强度平均值必须大于或等于设计强度等级所对应的立方体抗压强度；同一验收批砂浆试块抗压强度的最小一组平均值必须大于或等于设计强度等级所对应的立方体抗压强度的 0.75 倍"。

上述规定的注为：①砌筑砂浆的验收批，同一类型、强度等级的砂浆试块应不少于 3 组。当同一验收批只有一组(或二组)时，该组(或二组)试块抗压强度平均值必须大于或等于设计强度等级所对应的立方体抗压强度；②砂浆的强度应以标准养护，龄期为 28d 的试块抗压试验结果为准。

针对上述评定标准，应予以如下说明。

(1) 关于为何采用非统计方法评定砂浆试块强度问题

由于目前在我国各地还比较普遍地存在着小批量零星搅拌砂浆的情况，加之新规范规定各检验批应分别进行验收，砂浆试块的取样数量有限，通常不具备采用统计方法评定砂浆强度的条件，再加之习惯和方便等原因，在实际工程中，还是采用非统计方法评定砂浆强度比较切合实际。

(2) 关于砂浆验收时其试块强度评定的两个条件

在确定砌筑砂浆的验收标准时，考虑了如下因素：

① 砌筑砂浆的强度等级是由试块抗压强度定义的，而不是由试块抗压强度标准值定义的。由于众所周知的原因，砌体结构设计规范中，历来采用的砂浆强度等级(砂浆标号)，均是由砂浆试块的抗压强度来规定的，即是由同类型、同强度等级(砂浆标号)的三组及三组以上的砂浆试块抗压破坏强度平均值来定义的。因此，各组砂浆试块强度平均值达到砂浆强度等级所对应的立方体抗压强度时，应判定为合格。

② 砂浆拌制后随着使用时间的延长，其强度降低是一个客观事实。拌合后的砂浆，随着水泥水化作用的进展，它将逐渐凝结硬化，当再使用时其强度会降低。试验结果表明，水泥混合砂浆在气温不超过 30℃情况下，砂浆拌合后 4～6h，强度下降 20%～30%；10h 强度降低 40%～50%；24h 强度降低 70%左右。如气温更高，或对于水泥砂浆，其降低幅度还要更大一些。因此，规范规定："砂浆应随拌随用，水泥砂浆和水泥混合砂浆应分别在 3h 和 4h 内使用完毕；当施工期间最高气温超过 30℃时，应分别在拌成后 2h 和 3h 内使用完毕"。在规范规定的时间间隔内，砂浆强度降低一般不超过 20%，符合砌体强度指标的确定原则。

③ 砌筑砂浆强度对砌体强度的影响是诸多因素之一。通常，砌体强度主要取决于砌体所用块材强度和砌筑砂浆强度(系指在满足施工规范进行砌筑的条件下)，而并非只与砌筑砂浆强度相关，砂浆强度影响程度也是有一定限度的。例如，对烧结普通砖和烧结多孔砖砌体，当砖强度等级为 MU10、MU15、MU20、MU25、MU30，砌筑砂浆在 M2.5～M15 每降低一个砂浆强度等级时，砌体抗压强度设计值只降低 9.9%～17.2%，平均降低 12.75%；砌体的轴心抗拉强度、弯曲抗拉强度、抗剪强度降低幅度在 12.1%～30.8%，平均降低 21.81%。这种影响程度大大低于砌筑砂浆强度的降低。

④ 砌筑施工因素对砌体强度的影响是显著的。砌体的砌筑，

目前都采用人工砌筑法施工。因此，砌筑施工中的各个环节都将影响砌体的强度，其中有的影响程度还非常之大。例如块材的浇水湿润程度；砂浆配合比及搅拌均匀程度；砂浆拌合后到使用时的时间间隔；铺浆法施工时铺浆长度；灰缝砂浆饱满度；水平灰缝砂浆厚度；施工临时间断处的补砌质量（接槎处是否清理干净和浇水湿润，灰缝是否饱满等）；瓦工的技术水平、施工管理措施是否完善和到位等都不同程度地对砌体强度有所影响。

综上所述，砌筑砂浆的强度固然是确保砌体质量的重要因素，但不是惟一因素，而且其他诸多施工因素对砌体质量的影响也是不可忽视的。因此，针对砂浆在砌体中的自身特点，我们不能为了保证砌体的强度而片面地、不适当地提高砂浆强度验收标准，这不仅要大幅度增加砂浆中的水泥用量，而且更容易误导放松施工质量管理，从而达不到保证砌体质量的目的。这里应该强调指出，施工中除应抓好材料的质量之外，更应强化砌筑施工全过程的现场质量管理，从各个环节来确保砌体的施工质量。实践证明，我国长期以来对砂浆试块强度的验收规定比较合理，是可以继续采用的。

3.13 砂浆立方体抗压强度试验如何进行？

（1）试验设备

① 试模：为 7.07mm×7.07mm×7.07mm 立方体，由铸铁或钢制成，应具有足够的刚度并拆装方便。试模内表面应机械加工，其不平度应为每 100mm 不超过 0.05mm。组装后各相邻面的不垂直度不应超过±0.5°。

② 捣棒：直径 10mm，长 350mm 的钢棒，两端应磨圆。

③ 压力试验机：采用精度（示值的相对误差）不大于±2%的试验机，其量程应能使试件的预期荷载值不小于全量程的 20%，也不大于全量程的 80%。

④ 垫板：试验机上、下压板及试件之间可垫以钢垫板，垫板的尺寸应大于试件的承压面，其不平整度应为每 100mm 不超过 0.02mm。

(2) 试件制作

① 将无底试模放在预先铺有吸水性较好的纸的普通粘土砖(砖的吸水率不小于10%,含水率不大于2%),试模内壁事先涂刷薄层机油或脱模剂。

注:关于制作砌筑砂浆试件的底模材料,国家标准《砌体结构设计规范》(GB 5003—2001)规定,“确定砂浆强度等级时应采用同类块体为砂浆强度试块底模”。在砌体施工中,应该按照《砌体结构设计规范》(GB 5003—2001)的规定执行,以保证砌体强度的取值和满足设计、使用要求。

② 放于砖上的湿纸,应为湿的新闻纸(或其他未粘过胶凝材料的纸),纸的大小要以能盖过砖的四边为准,砖的使用面要求平整,凡砖的四个垂直面粘过水泥或其他胶结材料后,不允许再使用。

③ 向试模内一次注满砂浆,用搅棒均匀由外向里按螺旋方向插捣25次,为了防止低稠度砂浆插捣后可能留下孔洞,允许用油灰刀沿模壁插数次,使砂浆高出试模顶面6~8mm。

④ 当砂浆表面开始出现麻斑状态时(约15~30min)将高出部分的砂浆沿试模顶面削去抹平。

(3) 试件养护

① 试件制作后应在20±5℃温度环境下停置1d(24±2h),当气温较低时,可适当延长时间,但不应超过2d,然后对试件进行编号并拆模。

② 试件拆模后,应在标准养护条件下,继续养护至28d,然后进行试验。

③ 标准养护条件:水泥混合砂浆温度为20±3℃,相对湿度为60%~80%;水泥砂浆和微沫砂浆温度为20±3℃,相对湿度为90%以上。养护期间,试件彼此间隔不少于10mm。

④ 自然养护条件:水泥混合砂浆为正温度,相对湿度为60%~80%(如养护箱中或不通风的室内);水泥砂浆和微沫砂浆为正温度,并保持试块表面湿润状态(如湿砂堆中)。养护期间必须作好温度记录。在有争议时,应以标准养护条件为准。

(4) 抗压强度试验步骤

① 试件从养护地点取出后，应尽快进行试验，以免试件内部的温湿度发生显著变化。试验前先将试件擦拭干净，测量尺寸，并检查其外观。试件尺寸测量精确至 1mm，并据此计算试件的承压面积。如实测尺寸与公称尺寸之差不超过 1mm，可按公称尺寸进行计算。

② 将试件安放在试验机的下压板上（或下垫板上），试件的承压面应与成型时的顶面垂直，试件中心应与试验机下压板（或下垫板）中心对准。开动试验机，当上压板与试件（或上垫板）接近时，调整球座，使接触面均匀受压。承压试验应连续而均匀地加荷，加荷速度应为 0.5～1.5kN/s（砂浆强度 5MPa 及 5MPa 以下时，取下限为宜，砂浆强度 5MPa 以上时，取上限为宜），当试件接近破坏而开始迅速变形时，停止调整试验机油门，直至试件破坏，然后记录破坏荷载。

(5) 抗压强度计算

砂浆立方体抗压强度应按下列公式计算：

$$f_{m,cu} = \frac{N_u}{A}$$

式中 $f_{m,cu}$——砂浆立方体抗压强度（MPa）；

N_u——立方体破坏压力（N）；

A——试件承压面积（mm^2）。

砂浆立方体抗压强度计算应精确至 0.1MPa。

以六个试件测值的算术平均值作为该组试件的抗压强度值，平均值计算精确至 0.1MPa。

当六个试件的最大值或最小值与平均值的差超过 20%时，以中间四个试件的平均值作为该组试件的抗压强度值。

3.14 制作砂浆试块时，底模材料不同对试块强度有何影响？

试验表明，当砂浆试块底模材料不同时，试块强度将有很大差异。例如，用含水率均小于 2%的烧结普通砖、灰砂砖和铁板做底模时，试块标养 28d 后的立方体抗压强度之相对比值为 1∶0.73∶0.50。

导致砂浆试块底模材料不同而产生的砂浆强度差异的原因是，底模材料吸水率不同使砂浆试块密度发生变化，进而最终影响其强度上的差异。对上述试验而言，烧结普通砖吸水率最大，饱和吸水率可达 20％左右，灰砂砖的饱和吸水率次之，约为 15％，而铁板不吸水。这样，吸水率大的材料，砂浆的密度就大，强度也就高；反之亦然。

3.15　制作砂浆试块时，底模材料的含水率对试块强度有何影响？

为了解底模材料（烧结普通砖）含水率对砂浆试块强度的影响，原国家标准《砖石工程施工及验收规范》（GBJ 203—83）修编组曾委托国内四个单位进行采用普通砖作砂浆试块底模，砖的含水率对砂浆试块立方体抗压强度的影响对比试验，试验结果如图 3-1 所示。

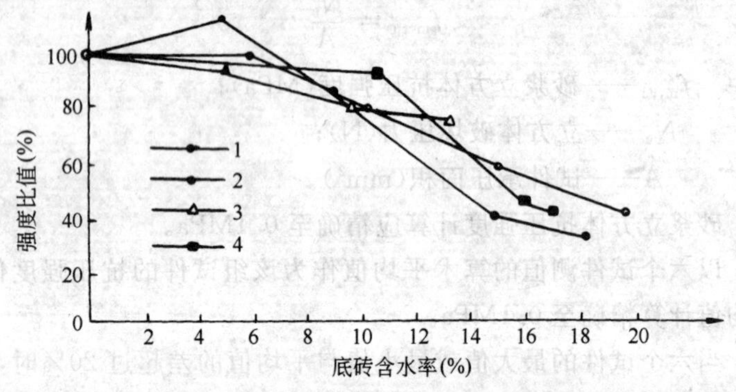

图 3-1　砖含水率对砂浆试块强度的影响

通过试验得出，随着底模砖含水率的变化，砂浆试块立方体抗压强度随之变化，即砖含水率增加，试块强度降低；砖含水率减少，试块强度提高；当砖的含水率小于 6％时，试块强度变化不大。

因此，行业标准《建筑砂浆基本性能试验方法》(JGJ 70—90)规定，砂浆立方体抗压强度试验所用的底模砖(普通黏土砖)吸水率不小于10%，含水率不大于2%，以此统一底模砖的质量要求。

3.16 砂浆试块如何取样?

(1) 取样方法

砂浆试块取样，应在砂浆搅拌机出料口随机取样制作砂浆试块，同一盘砂浆只能制作一组(6块)试块。

关于砂浆取样地点，目前在一些施工类书籍及试验手册中写到，"制作试块的试样，可在搅拌处或砌筑地点抽取"。我们认为，在砌筑地点取样的规定欠妥，其原因如下：

① 砌筑地点的砂浆强度变化大，不能真实反映砂浆按试配给出的配合比的强度。

砂浆的胶结材料一般都采用水泥，水泥是一种水硬性的胶凝材料，随着砂浆拌制后时间的延长，砂浆将进入结硬状态，如再使用(用瓦刀拌合或加水拌合)，其强度必将降低。加之砂浆拌合后的时间未作规定，这会产生取样的不规范性和砂浆强度的明显波动，失去实际检验意义。

② 砌筑地点取样不方便。

(2) 取样数量

砂浆试块抽样数量，每一检验批且不超过250m^{3}砌体的各种类型及强度等级的砌筑砂浆，每台搅拌机应至少抽检一次。

由于《砌体工程施工质量验收规范》(GB 50203—2002)的实施，在子分部工程验收时，砂浆试块强度试验及验收是按各检验批进行的，因此，如果每一检验批的砂浆试块不足3组时，在进行砂浆强度评定要合格时，1组或2组试块立方体抗压强度平均值，必须大于或等于设计强度等级所对应的立方体抗压强度，而不能按照大于或等于设计强度等级所对应的立方体抗压强度的0.75倍来验收，这势必增大施工方的风险。对此，应予以重视。

3.17 砌筑砂浆为什么要进行试配？如何进行试配？

为使砌筑砂浆同时满足稠度、分层度、抗压强度的技术条件，砌筑砂浆应在砌体工程施工之前委托试验室进行试配，确定其配合比。

砌筑砂浆的试配，应按下列步骤进行：

(1)计算砂浆试配强度 $f_{m,0}$

$$f_{m,0} = f_2 + 0.645\sigma$$

式中 $f_{m,0}$——砂浆的试配强度，精确至 0.1MPa；

f_2——砂浆抗压强度平均值，精确至 0.1MPa；

σ——砂浆现场强度标准差，精确至 0.01MPa。

砌筑砂浆现场强度标准差应按不同情况进行计算或取用：

① 当有统计资料时

$$\sigma = \sqrt{\frac{\sum_{i=1}^{n} f_{m,i}^2 - n\mu_{f_m}^2}{n-1}}$$

式中 $f_{m,i}$——统计周期内同一品种砂浆第 i 组试件的强度，MPa；

μ_{f_m}——统计周期内同一品种砂浆 n 组试件强度的平均值，MPa；

n——统计周期内同一品种砂浆试件的总组数，$n \geqslant 25$。

② 当不具有近期统计资料时

此时砂浆现场强度标准差 σ 可按下表 3-6 取用。

砂浆强度标准差 σ 选用值(MPa) **表 3-6**

施工水平 \ 强度等级	M2.5	M5	M7.5	M10	M15	M20
优 良	0.50	1.00	1.50	2.00	3.00	4.00
一 般	0.62	1.25	1.88	2.50	3.75	5.0
较 差	0.75	1.50	2.25	3.00	4.50	6.00

(2) 计算水泥用量 Q_C

$$Q_C=\frac{1000(f_{m,0}-\beta)}{\alpha\cdot f_{ce}}$$

式中 Q_C——每立方体砂浆的水泥用量，精确至 1kg；

f_{ce}——水泥的实测强度(在无法取得水泥的实测强度值时，可按 $f_{ce}=\gamma_c\cdot f_{ce,k}$ 计算，式中 $f_{ce,k}$ 为水泥强度等级对应的强度值，γ_c 为水泥强度等级值的富余系数，按实际统计资料确定。无统计资料时取为 1.0)，精确至 0.1MPa；

α、β——砂浆的特征系数，其中 $\alpha=3.03$，$\beta=-15.09$。

(3) 计算水泥混合砂浆的掺加料用量 Q_D

$$Q_D=Q_A-Q_C$$

式中 Q_D——每立方米砂浆的掺加料用量，精确至 1kg；石灰膏、粘土膏使用时的稠度为 120±5mm；

Q_A——每立方米砂浆中水泥和掺加料的总量，精确全 1kg；宜在 300～350kg 之间。

(4) 计算每立方米中的砂子用量

每立方米砂浆中的砂子用量，应按干燥状态(含水率小于 0.5%)的堆积密度值作为计算值(kg)。

(5) 确定每立方米砂浆中的用水量

每立方米砂浆中的用水量，根据砂浆稠度等要求可在 240～310kg 范围选用。对混合砂浆，用水量不包括石灰膏或黏土膏中的水；当采用细砂或粗砂时，用水量分别取上限或下限；稠度小于 70mm 时，用水量可小于下限；施工现场气候炎热或干燥季节，可酌量增加用水量。

(6) 配合比试配、调整与确定

① 试配时应采用工程中实际使用的材料；搅拌应采用机械搅拌。搅拌时间，应自投料结束算起，并应符合下列规定：

对水泥砂浆和水泥混合砂浆，不得小于 120s；

对掺用粉煤灰和外加剂的砂浆，不得小于 180s。

② 砂浆试拌时，应测定其拌合物的稠度和分层度，当不能满足要求时，应调整材料用量，直到符合要求为止。然后确定为试配时的砂浆基准配合比。

③ 在基准配合比基础上，将水泥用量分别增加和减少10%所确定的两个配合比，共三个配合比同时进行试验（稠度、分层度及强度试验），从中选定符合试配强度要求且水泥用量最低的配合比作为砂浆施工用配合比。

3.18 为什么砂浆的配合比应采用重量计量？

拌制砂浆时，材料用量是否准确，是保证砂浆强度和减少强度离散性的重要因素。因此，应采用重量计量。但是，调查发现，仍有不少工程在拌制砂浆时采用体积比配料。这说明在砂浆配合比使用中还存在许多问题，应引起高度重视。

砂浆配合比使用中采用体积计量所存在的问题是材料计量不准，进而影响砂浆的强度和强度离散性。例如，由于材料的组成和操作情况不同，水泥密度的波动范围为900～1200kg/m³；砂子的密度在1450～1600kg/m³之间变化，并且随含水率的不同体积也将发生变化，最大增加20%以上。试验（在室内进行的试验）表明，重量计量和体积比所拌制的砂浆强度是不相同的：采用重量计量时，其试块强度标准差及变异系数小，施工水平达到优良；采用体积比时，其试块强度标准差及变异系数波动性很大，施工水平较前者差。据此，可以推断，在实际施工中，由于现场条件远比试验室条件差，如采用体积比，必将造成更大的砂浆强度的不稳定性，并影响砌体施工质量及验收。

综上所述，为保证砌体工程施工质量，国家标准《砌体工程施工质量验收规范》(GB 50203—2002)规定：“砂浆现场拌制时，各组分材料应采用重量计量”。

3.19 在施工现场，对不同稠度的石灰膏如何进行重量计量？

依照我国现行行业标准《砌筑砂浆配合比设计规程》(JGJ

98—2000)规定,"石灰膏、黏土膏使用时的稠度为120±5mm"。因此,为使施工现场砂浆有较好的拌合质量,其稠度也应满足120±5mm的要求。石灰膏是水泥混合砂浆经常使用的一种掺加料,但往往它的稠度与砂浆试配时不一致,对此,可按表3-7进行换算。

石灰膏不同稠度时的换算系数　　表3-7

石灰膏稠度(mm)	120	110	100	90	80	70	60	50	40	30
换算系数	1.00	0.99	0.97	0.95	0.93	0.92	0.90	0.88	0.87	0.86

3.20 砂浆的搅拌时间是怎样规定的?

为了降低劳动强度和克服人工拌制砂浆不易搅拌均匀的缺点,规范规定砂浆应采用机械搅拌。

同时,为使物料充分拌合,保证砂浆拌合质量,对不同品种砂浆分别规定了搅拌时间:

水泥砂浆和水泥混合砂浆不得少于2min;

水泥粉煤灰砂浆和掺用外加剂的砂浆不得少于3min;

掺用有机塑化剂的砂浆,应为3～5min。

这里应该指出,掺用有机塑化剂的砂浆,搅拌时间不能过短,也不能过长,其原因如下:

有机塑化剂在砂浆中的掺用,可以改善砂浆的和易性和保水性能,不仅方便施工,而且对砌体强度也是有益的。但是,其掺量大小直接影响到砂浆的强度及和易性,其一般规律是掺量愈多,砂浆强度愈低,和易性愈好;反之,则砂浆强度高,和易性差。又因为有机塑化剂掺量一般都很少,以微沫剂为例,其掺量为水泥用量的(0.5～1.0)/10000为宜。因此,搅拌时间过短,微沫剂不易拌合均匀,效果也就差;反之,搅拌时间过长,微沫剂在砂粒周围形成的微小水膜气泡又将受到破坏而减少,效果也会变差。这就要求要一个合适的搅拌时间限制。原苏联《在混凝土和砂浆中采用有机塑化剂暂行指示》(Y—104—51)中就明确规定:"砂浆搅拌时间不得少于 3min,且不得多于 5min”。在国内,重庆市第一建筑工程公司在这方面也曾作过一些试验,所得拌合时间对微沫砂浆强度的影响见表 3-8。试验结果也与原苏联的使用规定相吻合。

拌合时间对微沫砂浆强度的影响 **表 3-8**

拌合时间（min）	砂浆稠度（mm）	砂浆试块强度（MPa）		
		7d	14d	28d
2	120	0.7	1.2	2.1
4	110	0.4	1.22	2.0
6	115	0.33	0.8	1.02
8	100	0.3	0.6	0.9
10	100	0.33	0.7	0.8

3.21 砂浆为什么要随拌随用？砂浆拌合后的使用时间有什么规定？

拌合后的砂浆,随着水泥水化作用的进展,逐渐失去流动性而凝结硬化,当再加水拌合后使用时,其强度会降低。砂浆在什么情形下开始凝结,并不像水泥那样明确(根据普通硅酸盐水泥标准,初凝时间不少于 45min,终凝时间不超过 6.5h),但可以判定,砂浆的凝结时间与水泥是不会相同的,因为砂浆中的每千克水泥的用水量大大超过水泥试验时的用水量,这就使得砂浆的初凝时间必然长于水泥的初凝时间。

过去,砌体施工规范管理组曾在国内组织了 6 个单位进行过 25 号和 50 号水泥石灰砂浆、50 号水泥黏土砂浆、50 号微沫砂浆拌合后停放时间对强度影响的试验,试验时砂浆稠度均为 80mm 左右,气温为 20～30℃,试验结果见图 3-2。

以上试验结果说明,砂浆强度随着使用时间的延长而降低,一般 4～6h 后强度下降 20％～30％,10h 强度降低 50％以上,24h 强度降低 70％以上,当气温较高时(30℃),砂浆强度下降幅度就明显的要大一些。另外还需说明,这些试验大多采用水泥混合砂浆,

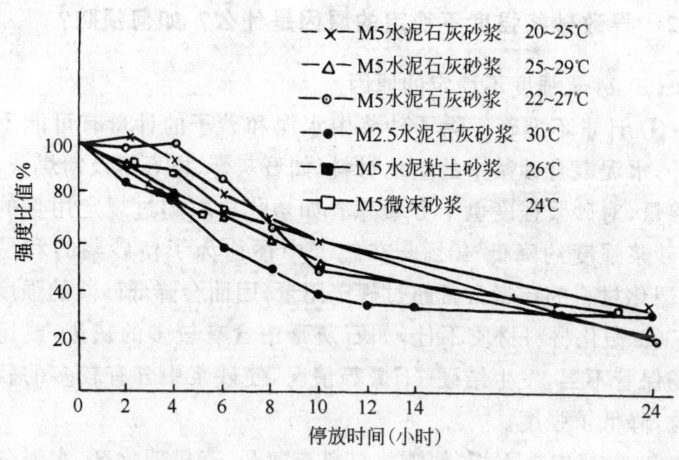

图 3-2 砂浆停放时间对强度的影响

水泥砂浆没有进行试验，但可以判断，对水泥砂浆而言，考虑其砂浆强度等级较高和水泥用量较多，其砂浆的凝结时间必然早于水泥混合砂浆。因此，施工规范规定："砂浆应随拌随用，水泥砂浆和水泥混合砂浆应分别在 3h 和 4h 内使用完毕；当施工期间最高温度超过 30℃时，应分别在拌成后 2h 和 3h 内使用完毕。"

按以上砂浆使用时间的规定，最终砂浆强度的降低值一般都不超过 20%。经计算，在采用 MU10 和 M5 水泥混合砂浆的情况下，按全部砂浆强度均降低 20%考虑，砌体抗压强度仅分别降低 8.2%和 5.2%，砌体的抗剪强度降低 10.6%，远小于砂浆强度降低的幅度。在实际施工中，由于大部分砂浆已在规定时间以内陆续使用完毕，所以对整个砌体强度来说，其影响是很小的。

此外，影响砂浆使用时间的因素，除了砂浆品种和气温条件外，与当地的湿度大小，施工时风力情况也都有关系，由于这些因素的变化较大，且又是综合因素，很难在规范中体现，只能在施工中根据具体情况来加以考虑。

施工规范还规定，"对掺用缓凝剂的砂浆，其使用时间可根据具体情况延长"。在施工中也应予以灵活处理。

3.22 导致砂浆强度不稳定的原因是什么？如何预防？

(1) 砂浆强度不稳定的原因

① 计量不准确。除了砂浆中水泥和砂子的计量有可能不准确外，水泥混合砂浆中的塑化材料（如石灰膏、电石膏及粉煤灰等）的掺量，对砂浆强度也十分敏感。如塑化材料超过规定用量的一倍，砂浆强度约降低 40%。在施工中往往为了使砂浆的和易性好，塑化材料的掺量常常超过规定用量，因而会降低砂浆的强度。

② 塑化材料材质不佳，如石灰膏中含有较多的灰渣，或运至现场保管不当，发生结硬、干燥等情况，使砂浆中含有较多的软弱颗粒，降低了强度。

③ 砂浆搅拌不均，使塑化材料未散开，有机塑化剂、水泥分布不均匀，影响砂浆的匀质性及和易性。

④ 在水泥砂浆中掺加有机塑化剂，其掺量超过规定，严重降低砂浆强度。

⑤ 砂浆试块制作、养护方法和强度取值没有执行规范的统一标准，致使砂浆强度缺乏代表性，甚至失真。

(2) 预防措施

① 结合现场的材质情况，确定砂浆的配合比。

② 建立施工计量工具的校验、维修、保管制度，保证砂浆的各种材料计量准确、可靠。

③ 塑化材料的计量误差对砂浆强度影响十分敏感，计量时，可将塑化材料调成标准稠度（120mm）进行称重计量；对石灰膏，可按不同稠度考虑换算系数进行折算。

④ 不得用增加有机塑化剂掺量的方法来改善砂浆的和易性。有机塑化剂的掺加量，应经砂浆试配确定。

⑤ 砂浆搅拌加料顺序应为：先加部分砂子、水和全部塑化材料，通过搅拌叶片和砂子搓动，将塑化材料打散（不见疙瘩为止），再投入其余砂子和全部水泥，搅拌至规定时间，即可出料使用。

⑥ 砂浆试块的取样、制作、养护和抗压强度取值，应按有关规

范规定执行。

3.23 砂浆和易性差、沉底结硬的原因是什么？如何预防？

(1) 产生原因

① 采用低强度等级水泥砂浆，由于水泥用量少，因而砂子间的摩擦力较大，砂浆的和易性就差。而且，由于砂子颗粒之间没有足够的胶结材料起悬浮支托作用，砂浆容易产生沉淀和表面泛水现象。

② 掺入水泥混合砂浆中的塑化材料(如石灰膏、电石膏)质量差，含有多量灰渣、杂物，或因保存不好发生干燥、结硬，不能很好起到改善砂浆和易性的作用。

③ 水泥强度等级高，砂子过细，不按施工配合比计量，搅拌时间短，拌合不均匀。

④ 拌制好的砂浆存放过久，或灰槽中的砂浆长时间不清理，使砂浆沉底结硬。

⑤ 拌制砂浆无计划，使砂浆积剩过多，在规定时间内无法用完，造成剩余砂浆隔日加水捣碎拌合后继续使用。

(2) 预防措施

① 低强度等级砂浆(M2.5及以下)必须使用水泥混合砂浆，如使用水泥混合砂浆确有困难，可掺微沫剂等有机塑化剂或掺水泥用量5%～10%的粉煤灰，以达到改善砂浆和易性的目的。

② 水泥砂浆中的塑化材料，应符合试配时的材质要求。现场的塑化材料应存放在灰池中妥善保管，防止曝晒、风干结硬，并经常浇水保持湿润。

③ 不宜选用强度等级过高的水泥和过细的砂子拌制砂浆，严格执行施工配合比，保证搅拌时间。

④ 灰槽中的砂浆，使用时应经常用铲翻拌、清底，应将灰槽内边角处的砂浆刮净，堆于一侧继续使用，或与新拌砂浆混在一起使用。

⑤ 拌制砂浆应加强计划性，每日拌制量应根据所砌部位决

定，随拌随用，水泥砂浆和水泥混合砂浆应分别在3h和4h内使用完毕；当施工期间最高气温超过30℃时，应分别在拌成后2h和3h内使用完毕。严格杜绝拌制后时间间隔过长的剩余砂浆不经处理而继续使用的现象。

3.24 在什么情况下应对砂浆或砌体强度进行原位检测或取样检测？

现行国家标准《砌体工程施工质量验收规范》(GB 50203—2002)第4.0.13条规定："当施工中或验收时出现下列情况，可采用现场检验方法对砂浆和砌体强度进行原位检测或取样检测，并判定其强度：

1. 砂浆试块缺乏代表性或试块数量不足；

2. 对砂浆试块的试验结果有怀疑或有争议；

3. 砂浆试块的试验结果，不能满足设计要求。"

在砌体工程各检验批验收及工程最终验收时，对砌体的原位检测或现场取样检测应注意以下两个问题：

(1) 关于砂浆试块缺乏代表性或试块数量不足的问题

为使砂浆试块所得到的立方体抗压强度具有较好的代表性，有关标准、规范有下述规定，应予执行。

① 每一检验批且不超过$250m^3$砌体的各种类型及强度等级的砌筑砂浆，每台搅拌机应至少抽检一次。

② 砌筑砂浆的验收批，同一类型、强度等级的砂浆试块应不少于3组。

由于现行国家标准《砌体工程施工质量验收规范》(GB 50203—2002)规定，要将各分项工程划分为若干检验批，各检验批应进行验收，验收资料做为子分部工程验收的依据，因此，各检验批砌筑砂浆试块的数量也应满足相应规定。

③ 砂浆立方体抗压强度试验方法规定，应在同品种、同强度等级、同一盘砂浆中取一组试样(一组试样为6块试块)。

(2) 关于砂浆试块的试验结果不满足设计要求时进行现场检

验的意义

砌体结构的安全性虽然与诸多因素有关，但最终取决于砌体强度。因此，当施工中留置的砂浆试块强度不满足设计要求时，砌体工程是不能进行验收的，但此时则应当了解由于砂浆强度降低对砌体安全性影响的程度，如砌体的实际强度仍能满足设计使用要求时，根据现行国家标准《建筑工程施工质量验收统一标准》(GB 50300—2001)第 5.0.6 条的相关规定，当建筑工程质量不符合要求时，经有资质的检测单位检测鉴定能够达到设计要求的检验批，应予以验收。这里所指的“达到设计要求”的含义，是指结构(或构件)根据使用要求(应按照荷载规范取值)，在设计时应当满足的最低安全性要求。通常，由于截面尺寸、材料强度等级及数量选用上都有一定的富余，因此，结构(或构件)有一定的安全储备。如减少一点安全储备，结构(或构件)也是可满足使用安全要求的。同时，由于砂浆强度的降低，也可能导致砌体强度不足，这就需要进行加固或减少使用荷载予以处理。在这种情形下，就必须了解砌体的实际强度，也就需要进行砌体结构的现场检验。

3.25 砂浆和砌体强度原位检测或取样检测有哪些标准检测方法?

为完善砌体工程质量检查手段和规范砂浆、砌体强度的现场检测方法，国家标准《砌体工程现场检测技术标准》(GB/T 50315—2000)及行业标准《贯入法检测砌筑砂浆抗压强度技术规程》(JGJ/T 136—2001)已正式发布和实施。现将其标准检测方法介绍如下。

(1) 原位轴压法

① 用途：推定 240mm 厚普通砖砌体的抗压强度。

② 特点：检测时，在墙体上开凿两条平行水平槽孔，安放原位压力机，通过施加压力将槽间砌体轴压破坏，再换算成标准砌体的抗压强度。原位压力机由手动油泵、扁式千斤顶、反力平衡架等组成，其工作状态如图 3-3 所示。

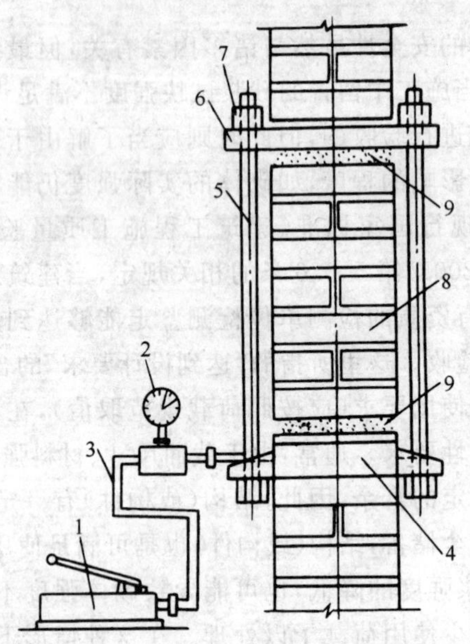

图 3-3　原位压力机测试工作状况

1—手动油泵；2—压力表；3—高压油管；4—扁式千斤顶；
5—拉杆（共 4 根）；6—反力板；7—螺母；8—槽间砌体；
9—砂垫层

③ 结果分析：由于槽间砌体并非为标准砌体，因此，应按下列公式计算每一测点处砌体的抗压强度：

$$f_{mij}=f_{uij}/\xi_{1ij}$$

$$\xi_{1ij}=1.36+0.54\sigma_{0ij}$$

式中　f_{mij}——第 i 个测区第 j 个测点标准砌体抗压强度换算值（MPa）；

f_{uij}——第 i 个测区第 j 个测点槽间砌体的抗压强度（MPa）；

ξ_{1ij}——原位轴压法的无量钢的强度换算系数；

σ_{0ij}——该测点上部墙体的压应力（MPa），其值可按墙体实际所承受的荷载标准值计算。

(2) 扁顶法

① 用途：推定普通砖砌体的受压工作应力、弹性模量和抗压强度。

② 特点：检测时，在墙体的水平灰缝处开凿两条槽孔，安放扁顶，通过施加压力和测量变形，可推定砌体的受压工作应力、弹性模量和抗压强度。加荷设备由手动油泵、扁顶等组成，其工作状况如图 3-4 所示。

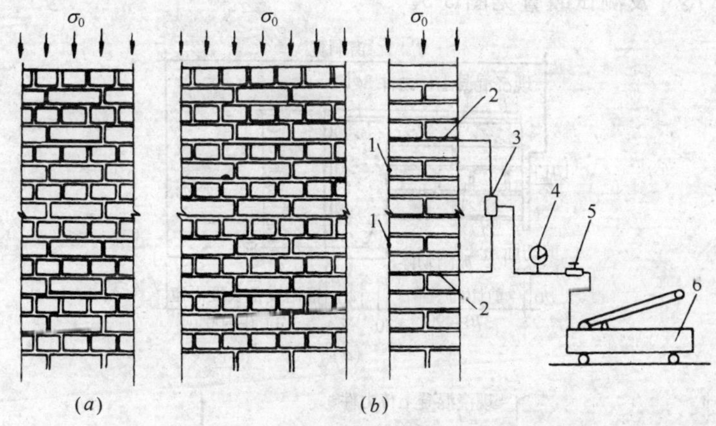

图 3-4 扁顶法测试装置与变形测点布置

(a) 测试受压工作应力；(b) 测试弹性模量、抗压强度

1—变形测量脚标(两对)；2—扁式液压千斤顶；3—三通接头；4—压力表；5—溢流阀；6—手动油泵

③ 结果分析

砌体的受压工作应力，等于实测变形值达到开凿前的读数时所对应的应力值。

砌体的弹性模量，应将有侧向约束情况下的弹性模量乘以换算系数 0.85。

砌体的抗压强度，应将槽间砌体的抗压强度换算成标准砌体的抗压强度：

$$f_{mij}=f_{uij}/\xi_{2ij}$$

$$\xi_{2ij}=1.18+4\frac{\sigma_{0ij}}{f_{uij}}-4.18\left(\frac{\sigma_{0ij}}{f_{uij}}\right)^2$$

式中　ξ_{2ij}——扁顶法的强度换算系数。

(3) 原位单剪法

① 用途：推定砖砌体沿通缝截面的抗剪强度。

② 特点：检测时，测试部位宜选择在窗洞口或其他洞口下三皮砖范围内，通过施加水平推力，所推定砌体的抗剪强度。试件具体尺寸及测试装置见图 3-5。

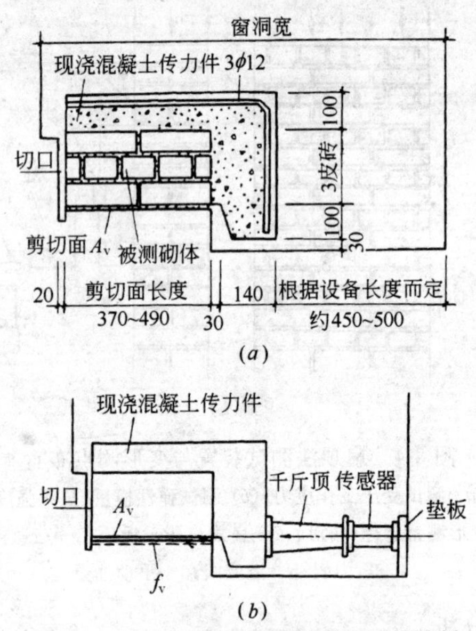

图 3-5　原位单剪法测试装置及试件大样

(a) 试件大样；(b) 测试装置

③ 结果分析：根据试件的破坏荷载和受剪面积，计算砌体的沿通缝截面抗剪强度。

$$f_{vij}=\frac{N_{vij}}{A_{vij}}$$

式中　f_{vij}——第 i 个测区第 j 个测点的砌体沿通缝截面抗剪强度(MPa)；

N_{vij}——第 i 个测区第 j 个测点的抗剪破坏荷载；

A_{vij}——第 i 个测区第 j 个测点的受剪面积(mm^2)。

(4) 原位单砖双剪法

① 用途：推定烧结普通砖砌体的抗剪强度。

② 特点：检测时，将原位剪切仪的主机安放在墙体的槽孔内，通过施加水平推力，推定砌体的抗剪强度。试验时，宜选用释放受剪面上部压应力 σ_0 作用下的试验方案。试验示意、设备、释放 σ_0 方案示意见图 3-6。

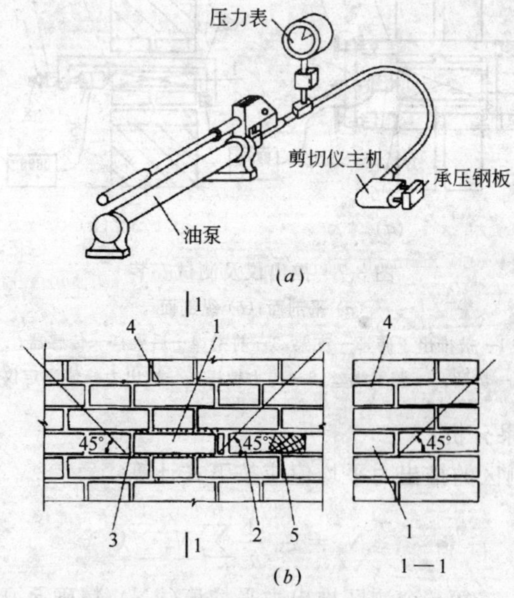

图 3-6 原位单砖双剪法测试图

(a) 原位剪切仪示意图；(b) 释放 σ_0 方案示意

1—试样；2—剪切仪主机；3—掏空竖缝；4—掏空水平缝；5—垫块

③ 结果分析：试件沿通缝截面的抗剪强度(已换算为标准试件的抗剪强度)为：

$$f_{vij}=\frac{0.64N_{vij}}{2A_{vij}}-0.7\sigma_{0ij}$$

式中　A_{vij}——第 i 个测区第 j 个测点单个受剪截面的面积(mm^2)；

σ_{0ij}——第 i 个测区第 j 个测点上部压应力(MPa)。

(5) 推出法

① 用途：推定 240mm 厚普通砖墙中的砌筑砂浆强度。

② 特点：检测时，将推出仪安放在墙体的孔洞内，将一皮丁砖推出，根据推出力大小计算砌筑砂浆强度。推出仪由钢制部件、传感器、推出仪峰值测定仪等组成，其工作状况如图 3-7 所示。

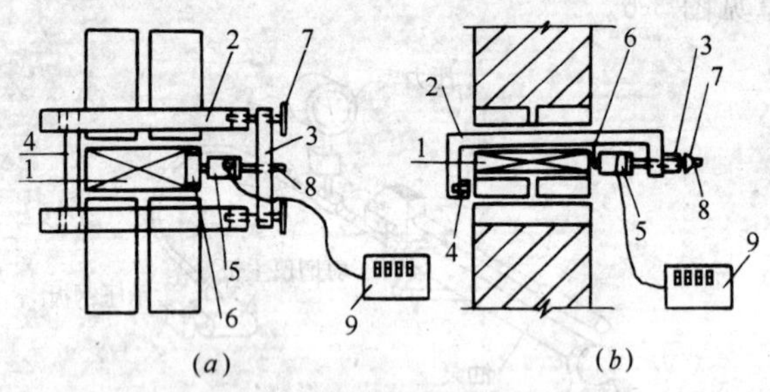

图 3-7　推出仪及测试安装

(a) 平剖面；(b) 纵剖面

1—被推出丁砖；2—支架；3—前梁；4—后梁；5—传感器；6—垫片；7—调平螺丝；8—传力螺杆；9—推出力峰值测定仪

③ 结果分析：

单个测区的推出力平均值应按下式计算：

$$N_i = \xi_{3i} \frac{1}{n_1} \sum_{j=1}^{n_1} N_{ij}$$

式中　N_i——第 i 个测区推出力平均值(kN)，精确至 0.01kN；

N_{ij}——第 i 个测区第 j 块测试砖的推出力峰值(kN)；

ξ_{3i}——砖品种修正系数，对烧结普通砖取为 1.00，对蒸压(养)灰砂砖取为 1.14。

测区的砂浆饱满度平均值应按下式计算：

$$B_i = \frac{1}{n_1} \sum_{j=1}^{n_1} B_{ij}$$

式中　B_i——第 i 个测区的砂浆饱满度平均值，以小数计；

B_{ij}——第 i 个测区第 j 块测试砖下的砂浆饱满度实值值，以小数计。

测区砂浆强度平均值应按下式计算：

$$f_{2i}=0.3(N_i/\xi_{4i})^{1.19}$$

$$\xi_{4i}=0.45B_i^2+0.9B_i$$

式中 f_{2i}——第 i 个测区砂浆强度平均值(MPa)；

ξ_{4i}——推出法砂浆强度饱满度修正系数，以小数计。

当测区砂浆饱满度平均值小于 0.65 时，不宜采用此方法推定砂浆强度，而宜选用其他方法。

(6) 筒压法

① 用途：推定烧结普通砖墙中的砌筑砂浆强度(不适用于推定遭受火灾、化学侵蚀等砌筑砂浆的强度)。

② 特点：检测时，从砖墙中抽取砂浆试样，在试验室内进行筒压荷载试验(水泥砂浆、石粉砂浆为 20kN；水泥石灰砂浆、粉煤灰砂浆为 10kN)，测试筒压比，然后换算为砂浆强度。承压筒构造如图 3-8 所示。

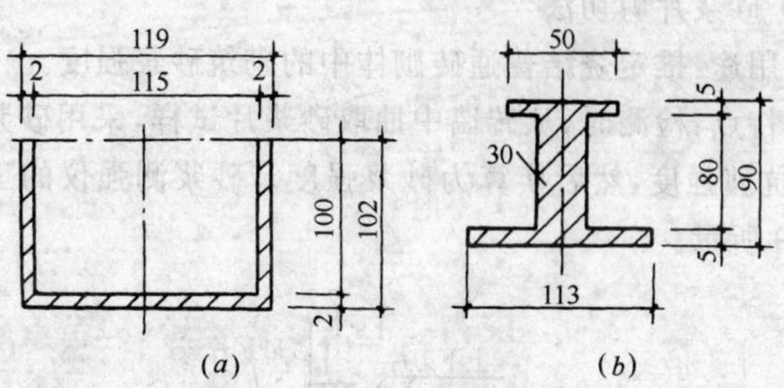

图 3-8 承压筒构造

(a)承压筒剖面；(b)承压盖剖面

③ 结果分析：

标准试样的筒压比按下式计算：

$$T_{ij}=\frac{t_1+t_2}{t_1+t_2+t_3}$$

式中 T_{ij}——第 i 个测区第 j 个试样的筒压比，以小数计；

t_1、t_2、t_3——分别为孔径5mm、10mm筛的分计筛余量和底盘中剩余量。

测区的砂浆筒压比按下式计算：

$$T_i = \frac{1}{3}(T_{i1} + T_{i2} + T_{i3})$$

式中　T_i——第 i 个测区砂浆筒压比平均值，以小数计；

T_{i1}、T_{i2}、T_{i3}——分别为第 i 个测区三个标准砂浆试样的筒压比。

测区的砂浆强度平均值按下式计算：

对水泥砂浆：

$$f_{2,i} = 34.58(T_i)^{2.06}$$

对水泥石灰砂浆：

$$f_{2,i} = 6.1T_i + 11(T_i)^2$$

对粉煤灰砂浆：

$$f_{2,i} = 2.52 - 9.4T_1 + 32.8(T_i)^2$$

对石粉砂浆：

$$f_{2,i} = 2.7 - 13.9T_i + 44.9(T_i)^2$$

(7) 砂浆片剪切法

① 用途：推定烧结普通砖砌体中的砌筑砂浆强度。

② 特点：检测时，从砖墙中抽取砂浆片试样，采用砂浆测强仪测试其抗剪强度，然后换算为砂浆强度。砂浆测强仪的工作状况如图 3-9 所示。

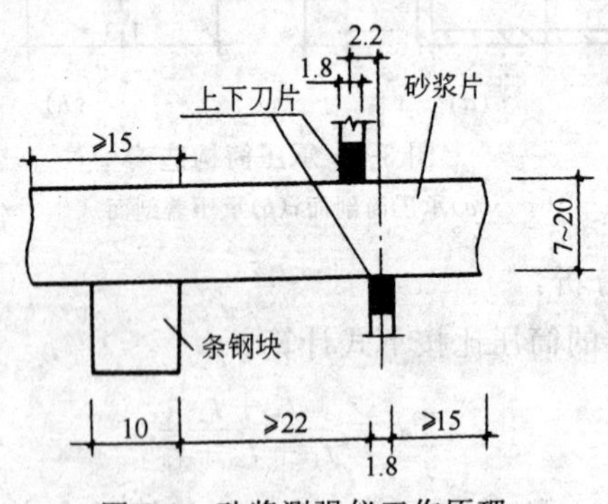

图 3-9　砂浆测强仪工作原理

③ 结果分析：

砂浆试件的抗剪强度按下式计算：

$$\tau_{ij} = 0.95\frac{V_{ij}}{A_{ij}}$$

式中 τ_{ij}—— 第 i 个测区第 j 个砂浆试件的抗剪强度(MPa)；

V_{ij}—— 试件的抗剪荷载值(N)；

A_{ij}—— 试件破坏截面面积(mm^2)。

测区砂浆抗剪强度平均值按下式计算：

$$\tau_i = \frac{1}{n_1}\sum_{j=1}^{n_1}\tau_{ij}$$

式中 τ_i—— 第 i 个测区砂浆抗剪强度平均值(MPa)。

测区砂浆抗压强度平均值按下式计算：

$$f_{2i} = 7.17\tau_i$$

当测区的砂浆抗剪强度低于 0.3MPa 时，应对 f_{2i} 的计算结果乘以表 3-9 所示的修正系数。

低强砂浆的修正系数表 **表 3-9**

τ_i(MPa)	>0.30	0.25	0.20	<0.15
修正系数	1.00	0.86	0.75	0.35

(8) 回弹法

① 用途：推定烧结普通砖砌体中的砌筑砂浆强度。

② 特点：检测时，用专用回弹仪测试砂浆表面硬度，用酚酞试剂测试砂浆炭化深度，以此两项指标换算砂浆强度。本方法不适用于推定高温、长期浸水、化学侵蚀、火灾等情况下的砂浆抗压强度。

③ 结果分析：

炭化深度 $d \leqslant 1.0$mm 时：

$$f_{2ij} = 13.97\times10^{-5}R^{3.57}$$

炭化深度 $1.0\text{mm} < d < 3.0\text{mm}$ 时：

$$f_{2ij} = 4.85\times10^{-4}R^{3.04}$$

炭化深度 $d \geqslant 3.0$mm 时：

$$f_{2ij} = 6.34 \times 10^{-5} R^{3.60}$$

式中 f_{2ij}——第 i 个测区第 j 个测位的砂浆强度值(MPa)；

d——第 i 个测区第 j 个测位的平均炭化深度(精确至 0.5mm，平均炭化深度大于 3mm 时，取 3.0mm)；

R——第 i 个测区第 j 个测位的平均回弹值(12 个回弹值中，分别剔出最大值、最小值，用余下 10 个回弹值计算算术平均值)。

测区的砂浆抗压强度平均值，按下式计算：

$$f_{2i} = \frac{1}{n_1}\sum_{j=1}^{n_1} f_{2ij}$$

(9) 点荷法

① 用途：推定烧结普通砖砌体中的砌筑砂浆强度。

② 特点：检测时，从砖墙中抽取砂浆片试件，采用试验机加荷测试其点荷载值，然后换算为砂浆强度。

试验机采用小吨位试验机(最小读数盘宜为 50kN 以内)，加荷头与试验机连接，其端部尺寸如图 3-10 所示。

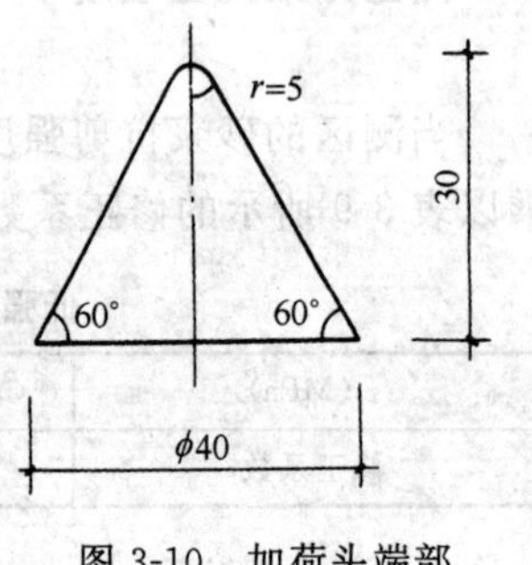

图 3-10 加荷头端部尺寸示意图

③ 结果分析：

砂浆试件的抗压强度按下列公式计算：

$$f_{2ij} = (33.3\xi_{5ij}\xi_{6ij}N_{ij} - 1.1)^{1.09}$$

$$\xi_{5ij} = 1/(0.05r_{ij} + 1)$$

$$\xi_{6ij} = 1/[0.03t_{ij}(0.1t_{ij} + 1) + 0.4]$$

式中 N_{ij}——点荷载值(kN)；

ξ_{5ij}——荷载作用半径修正系数；

ξ_{6ij}——试件厚度修正系数；

r_{ij}——荷载作用半径(mm)；

t_{ij}—— 试件厚度(mm)。

测区的砂浆抗压强度平均值,按下式计算:

$$f_{2i} = \frac{1}{n_1}\sum_{j=1}^{n_1} f_{2ij}$$

(10) 射钉法

① 用途:推定烧结普通砖和多孔砖砌体中砌体砂浆强度(测定范围为 M2.5～M15)。

② 特点:检测时,采用射钉枪将射钉射入砌体的水平灰缝中,根据射钉的射入量推定砂浆的抗压强度。

③ 结果分析:

测区的射钉平均射入量按下式计算:

$$L_i = \frac{1}{n_1}\sum_{j=1}^{n_1} L_{ij}$$

式中 L_i—— 第 i 个测区的射钉平均射入量(mm);

L_{ij}—— 第 i 个测区第 j 个测点的射入量(mm)。

测区的砂浆抗压强度按下式计算:

$$f_{2i} = aL_i^{-b}$$

式中 a,b——射钉常数,按表 3-10 取用。

射钉常数取用表 **表 3-10**

砖 品 种	a	b
烧结普通砖	47000	2.52
烧结多孔砖	50000	2.40

对以上 10 种方法,当确定每一检测单元的砌体抗压强度标准值或砌体沿通缝截面的抗剪强度标准值时,应分别按下列规定进行推定:

① 当测区数 n_2 不小于 6 时:

$$f_k = f_m - k \cdot s$$

$$f_{v,k} = f_{v,m} - k \cdot s$$

式中 f_k—— 砌体抗压强度标准值(MPa);

$f_{v,k}$—— 砌体抗剪强度标准值(MPa)；

f_m—— 同一检测单元砌体抗压强度平均值(MPa)；

$f_{v,m}$—— 同一检测单元砌体沿通缝截面的抗剪强度平均值(MPa)；

k—— 与 α、C、n_2 有关的强度标准值计算系数，见表 3-11；

α—— 确定强度标准值所取的概率分布下分位数，取 $\alpha = 0.05$；

C—— 置信水平，取 $C = 0.60$。

计算系数 **表 3-11**

n_2	5	6	7	8	9	10	12	15
k	2.005	1.947	1.908	1.880	1.858	1.841	1.816	1.790
n_2	18	20	25	30	35	0	45	50
k	1.773	1.764	1.748	1.736	1.728	1.721	1.716	1.712

② 当测区数 n_2 小于 6 时：

$$f_k = f_{mi,min}$$

$$f_{v,k} = f_{vi,min}$$

式中 $f_{mi,min}$—— 同一检测单元中，测区砌体抗压强度的最小值(MPa)；

$f_{vi,min}$—— 同一检测单元中，测区砌体抗剪强度的最小值(MPa)。

③ 对每一检测单元的砌体抗压强度或抗剪强度，当检测结果的变异系数 δ 分别大于 0.2 或 0.25 时，即使测区数 n_2 不小于 6，还应与测区砌体抗压强度或抗剪强度的最小值进行比较，取值小者为强度标准值。

(11) 贯入法

① 用途：推定砌筑砂浆抗压强度（不适用于遭受高温、冻害、化学侵蚀、火灾等表面损伤的砂浆检测，以及冻结法施工的砂浆在强度回升期阶段的检测）。

② 特点：检测时，将贯入仪垂直安放于墙面上，将测钉贯入被

测砂浆中，测其贯入深度，查表或建立专用测强曲线确定砂浆抗压强度换算值，并计算砌体砂浆抗压强度。贯入仪构造及贯入深度测量表如图 3-11、图 3-12 所示。

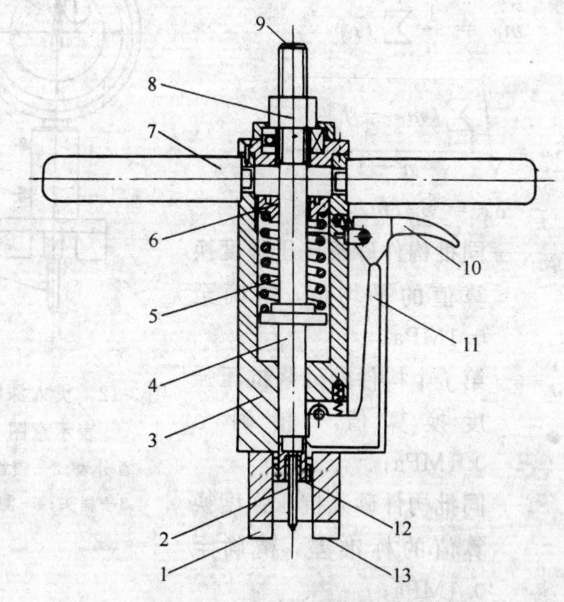

图 3-11　贯入仪构造示意图

1—扁头；2—测钉；3—主体；4—贯入杆；5—工作弹簧；6—调整螺母；7—把手；8—螺母；9—贯入杆外端；10—扳机；11—挂钩；12—贯入杆端面；13—扁头端面

③ 结果分析：

砂浆贯入深度平均值按下式计算：

$$m_{d_j}=\frac{1}{10}\sum_{i=1}^{10}d_i$$

式中　m_{d_j}—— 第 j 个构件的砂浆贯入深度平均值，精确至 0.1mm；

d_i—— 第 i 个测点贯入深度值（16 个贯入深度值中剔除 3 个较大值和 3 个较小值后的各实测值），精确至

0.1mm。

同批构件砂浆抗压强度换算值的平均值和变异系数按下列公式计算：

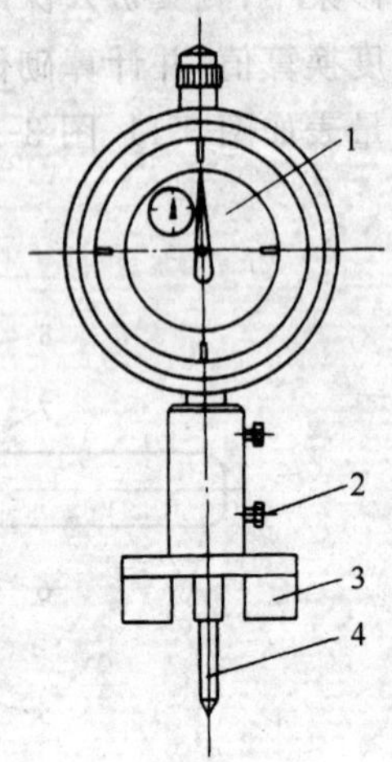

图 3-12 贯入深度测量表示意图

1—百分表；2—锁紧螺钉；3—扁头；4—测头

$$m_{f_2^c} = \frac{1}{n}\sum_{j=1}^{n} f_{2,j}^c$$

$$S_{f_2^c} = \sqrt{\frac{\sum_{j=1}^{n}(m_{f_2^c} - f_{2,j}^c)^2}{n-1}}$$

$$\delta_{f_2^c} = S_{f_2^c} / m_{f_2^c}$$

式中 $m_{f_2^c}$——同批构件砂浆抗压强度换算值的平均值，精确至0.1MPa；

$f_{2,j}^c$——第 j 个构件的砂浆抗压强度换算值，精确至0.1MPa；

$S_{f_2^c}$——同批构件砂浆抗压强度换算值的标准差，精确至0.1MPa；

$\delta_{f_2^c}$——同批构件砂浆抗压强度换算值的变异系数，精确至0.1。

砌体砌筑砂浆抗压强度推定值按下列规定确定：

当按单个构件检测时，该构件的砌筑砂浆抗压强度推定值按下式计算：

$$f_{2,e}^c = f_{2,j}^c$$

式中 $f_{2,e}^c$——砂浆抗压强度推定值，精确至0.1MPa；

$f_{2,j}^c$——第 j 个构件的砂浆抗压强度换算值，精确至0.1MPa。

当按批抽检时，砌筑砂浆抗压强度推定值按下列公式计算：

$$f_{2,e1}^c = m_{f_2^c}$$

$$f_{2,e2}^{c} = \frac{f_{2,\min}^{c}}{0.75}$$

式中 $f_{2,e1}^{c}$—— 砂浆抗压强度推定值之一，精确至 0.1MPa；

$f_{2,e2}^{c}$—— 砂浆抗压强度推定值之二，精确至 0.1MPa；

$m_{f_2^c}$—— 同批构件砂浆抗压强度换算值的平均值，精确至 0.1MPa；

$f_{2,\min}^{c}$—— 同批构件中砂浆抗压强度换算值的最小值，精确至 0.1MPa。

根据 $f_{2,e1}^{c}$ 及 $f_{2,e2}^{c}$ 的计算结果，取其中的较小值作为该批构件的砌体砂浆抗压强度推定值 $f_{2,e}^{c}$。

4 砖砌体工程

4.1 砖砌体工程主控项目的内容有哪些?

砖砌体工程主控项目的内容有5条:

(1) 砖和砂浆的强度等级必须符合设计要求。

抽检数量:每一生产厂家的砖到现场后,按烧结砖15万块、多孔砖5万块、灰砂砖及粉煤灰砖10万块各为一验收批,抽检数量为1组。砂浆试块的抽检数量执行《砌体工程施工质量验收规范》(GB 50203—2002)第4.0.12条的有关规定。

检验方法:查砖和砂浆试块试验报告。

(2) 砌体水平灰缝的砂浆饱满度不得小于80%。

抽检数量:每检验批抽查不应少于5处。

检验方法:用百格网检查砖底面与砂浆的粘结痕迹面积。每处检测3块砖,取其平均值。

(3) 砖砌体的转角处和交接处应同时砌筑,严禁无可靠措施的内外墙分砌施工。对不能同时砌筑而又必须留置的临时间断处应砌成斜槎,斜槎水平投影长度不应小于高度的2/3(如图4-1)。

抽检数量:每检验批抽20%接槎,且不应少于5处。

检验方法:观察检查。

(4) 非抗震设防及抗震设防烈度为6度、7度地区的临时间断处,当不能留斜槎时,除转角处外,可留直槎,但直槎必须做成凸槎。留直槎处应加设拉结钢筋,拉结钢筋的数量为每120mm墙厚放置1ϕ6拉结钢筋(120mm厚墙放置2ϕ6拉结钢筋),间距沿墙高不应超过500mm;埋入长度从留槎处算起每边均不应小于500mm,对抗震设防烈度6度、7度的地区,不应小于1000mm;末

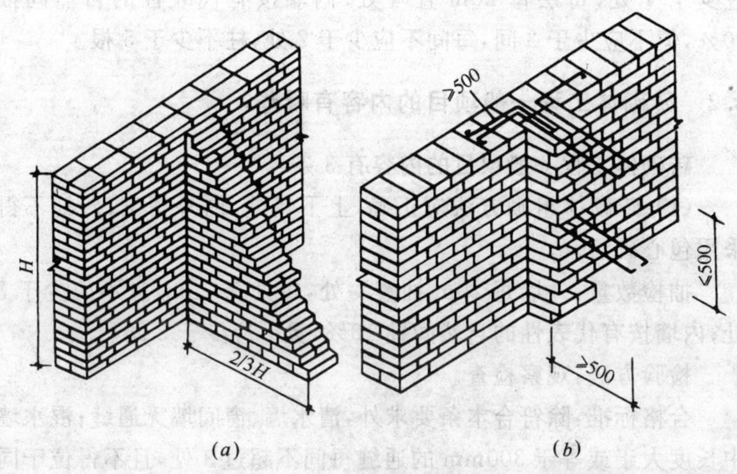

图 4-1　砖砌体留槎

(a) 斜槎；(b)直槎

端应有 90°弯钩(如图 4-1)。

抽检数量：每检验批抽 20%接槎，且不应少于 5 处。

检验方法：观察和尺量检查。

合格标准：留槎正确，拉结钢筋设置数量、直径正确，竖向间距偏差不超过 100mm，留置长度基本符合规定。

(5) 砖砌体的轴线位置及垂直度允许偏差应符合表 4-1 的规定。

砖砌体轴线位置及垂直度允许偏差　　表 4-1

<table>
<tr><th>项次</th><th colspan="3">项　目</th><th>允许偏差(mm)</th><th>检　验　方　法</th></tr>
<tr><td>1</td><td colspan="3">轴线位置偏移</td><td>10</td><td>用经纬仪和尺检查或用其他测量仪器检查</td></tr>
<tr><td rowspan="3">2</td><td rowspan="3">垂直度</td><td colspan="2">每层</td><td>5</td><td>用 2m 托线板检查</td></tr>
<tr><td rowspan="2">全高</td><td>≤10m</td><td>10</td><td rowspan="2">用经纬仪、吊线和尺检查，或用其他测量仪器检查</td></tr>
<tr><td>>10m</td><td>20</td></tr>
</table>

抽检数量：轴线查全部承重墙柱；外墙垂直度全高查阳角，不

应少于 4 处，每层每 20m 查一处；内墙按有代表性的自然间抽 10%，但不应少于 3 间，每间不应少于 2 处，柱不少于 5 根。

4.2　砖砌体工程一般项目的内容有哪些？

砖砌体工程一般项目的内容有 3 条：

（1）砖砌体组砌方法应正确，上下错缝，内外搭砌，砖柱不得采用包心砌法。

抽检数量：外墙每 20m 抽查一处，每处 3～5m，且不应少于 3 处；内墙按有代表性的自然间抽 10%，且不应少于 3 间。

检验方法：观察检查。

合格标准：除符合本条要求外，清水墙、窗间墙无通缝；混水墙中长度大于或等于 300mm 的通缝每间不超过 3 处，且不得位于同一面墙体上。

（2）砖砌体的灰缝应横平竖直，厚薄均匀。水平灰缝厚度宜为 10mm，但不应小于 8mm，也不应大于 12mm。

抽检数量：每步脚手架施工的砌体，每 20m 抽查 1 处。

检验方法：用尺量 10 皮砖砌体高度折算。

（3）砖砌体的一般尺寸允许偏差应符合表 4-2 规定。

砖砌体一般尺寸允许偏差　　**表 4-2**

<table>
<tr><th>项次</th><th colspan="2">项　目</th><th>允许偏差
(mm)</th><th>检验方法</th><th>抽检数量</th></tr>
<tr><td>1</td><td colspan="2">基础顶面和楼面标高</td><td>±15</td><td>用水平仪和尺检查</td><td>不应少于 5 处</td></tr>
<tr><td rowspan="2">2</td><td rowspan="2">表面平整度</td><td>清水墙、柱</td><td>5</td><td rowspan="2">用 2m 靠尺和楔形塞尺检查</td><td rowspan="2">有代表性自然间 10%，但不应少于 3 间，每间不应少于 2 处</td></tr>
<tr><td>混水墙、柱</td><td>8</td></tr>
<tr><td>3</td><td colspan="2">门窗洞口高、宽（后塞口）</td><td>±5</td><td>用尺检查</td><td>检验批洞口处的 10%，且不应少于 5 处</td></tr>
</table>

续表

项次	项　目		允许偏差(mm)	检验方法	抽检数量
4	外墙上下窗口偏移		20	以底层窗口为准，用经纬仪或吊线检查	检验批的10%，且不应少于5处
5	水平灰缝平直度	清水墙	7	拉10m线和尺检查	有代表性自然间10%，但不应少于3间，每间不应少于2处
		混水墙	10		
6	清水墙游丁走缝		20	吊线和尺检查，以每层第一皮砖为准	有代表性自然间10%，但不应少于3间，每间不应少于2处

4.3 为什么施工时的蒸压(养)砖的产品龄期不应小于28d?

新规范规定“施工时施砌的蒸压(养)砖的产品龄期不应小于28d”，主要是根据蒸压(养)砖的生产工艺和材料特性及工程实践的经验提出来的。蒸压(养)砖不同的品种虽主要原材料不同，但其生产工艺基本相同，都是经过原料加工配制，压制成型，装入釜中经高温高压蒸养而成。在此过程中主要活性矿物成分的化学变化已基本完成，其强度已基本稳定。但蒸压(养)砖出釜后，要经过由表及里的降温和逐渐缓慢丧失水分的过程。在此期间强度已无明显变化，但体积收缩变形较大。如过早用于墙上，由于其收缩变形将使墙体早期严重开裂，影响观感和使用功能。因此对其产品龄期的要求不是考虑强度因素而是考虑变形因素，要求的时间与原规范也基本一致。对此，在施工时要注意检查产品龄期，这是预防墙体开裂的一个重要措施。

4.4 为什么砖应提前1～2d浇水湿润？

砖砌体质量好坏，不但与砖的品种和施工季节有关，而且与砖的湿润度有很大关系。如果用干砖砌墙，砂浆中的水分会极快被干砖吸去，使砂浆过早失水，影响砂浆中凝结材料水化反应的正常进行，降低砂浆强度，在砂浆与砖的结合界面，影响更为显著，使砖体与砂浆不能很好的结合，影响砌体的整体强度。用湿润的砖砌筑，就能避免上述现象，并且便于操作，容易控制灰缝厚度，可以保证水泥硬化时有足够的水分，保证砂浆的强度，从而使砌体的整体强度及刚度得到保证。例如，湖南大学曾作过试验，分析得出普通黏土砖砌体抗压强度随砖的含水率增加而提高的结论，砖含水率对砌体抗压强度的影响系数公式为：

$$K=0.84+\frac{\sqrt[3]{W}}{10}$$

式中 K——影响系数；

W——砖的含水率（以百分数计）。

又如，北京市第二建筑公司和陕西省第八建筑公司曾经进行过普通黏土砖含水率对砌体抗剪强度的影响对比试验，试验结果是，砌体抗剪强度随着砖含水率的增加而提高，砖含水率饱和时的强度约为砖含水率为零时的2倍。

当然，润砖的程度是否适当，不仅影响砌体质量，而且也影响能否正常操作。如果润砖过早或润砖时浇水过少，其不利因素近于干砖上墙；但如润砖过迟或砖吸水近于饱和状态，一方面在砖与砂浆的结合界面形成一层水膜，使结合处薄层水灰比过大，既影响砂浆强度，又不利于砂浆与砖体粘结，从而影响砌体强度，另一方面可能导致砖块偏重、过滑，不利于手工操作，因而也会影响砌筑效率及质量。

如何掌握润砖适宜的程度，不同的季节，不同品种的砖是有所区别的。一般情况下，如果头一天润砖，且基本浇透，但不能达到饱和状态，再经过一个夜晚的干燥，湿度比较合适。砖应提前

1～2d浇水湿润的要求主要是根据上述的原因及某些单位的试验结果和施工现场的操作经验提出来的。

4.5 砖浇水湿润程度在施工现场如何控制？对多孔砖此控制方法是否适用？

砖浇水湿润程度在施工现场应根据施工时的气候条件变化适当控制：

(1) 在正常气候条件下，如果头一天浇砖，第二天砌墙，应该把砖基本浇透，但不能浇到饱和状态，这样经过一个夜晚的干燥，湿度比较合适。

(2) 夏季雨量集中时，如砖的自然含水率较大，可根据实际情况不再浇水。

(3) 关于冬期施工砖的浇水湿润问题，新规范第 10.0.4 条中规定“砌体用砖或其他块材不得遭水浸冻”，主要是因为遭水浸冻后的砖或其他块材，使用时将降低它们与砂浆的粘结强度，并因它们温度较低而影响砂浆强度的增长。另外新规范第 10.0.7 条规定：“普通砖、多孔砖和空心砖在气温高于 0℃条件下砌筑时，应浇水湿润。在气温低于、等于 0℃条件下砌筑时，可不浇水，但必须增大砂浆稠度。抗震设防烈度为 9 度的建筑物，普通砖、多孔砖和空心砖无法浇水湿润时，如无特殊措施，不得砌筑”。另外有关资料介绍，冬期浇水润砖可比干砖砌筑提高抗震性能。由上述可知，即使冬期施工，也宜浇水润砖，关键是砌筑前要避免砖浸水受冻。因此冬期施工，砖宜用热水随浇随用。当气温较低时，无筋砌体可用含盐量约为 1.5％的热水随浇随用。

(4) 砖的湿润程度，根据有关科研单位的对比试验和施工企业的实践经验，对烧结普通砖、多孔砖含水率宜为 10％～15％，对灰砂砖、粉煤灰砖含水率宜为 8％～12％。现场检验含水率的简易方法可采用断砖法，当砖截面四周融水深度为 15～20mm 时，视为符合含水率要求。

(5) 由于多孔砖的形体特征，相对于实心砖，体表面积较大，吸水更快，干燥也更快，因此其润砖时间与实心砖相比应适当缩短，但也必须提前润砖，具体时间应根据气候情况通过现场实验确定。

4.6 什么是假缝？应如何避免？

(1) 所谓假缝是指为掩盖砌体竖向灰缝内在质量缺陷，砌筑砌体时仅在表面作灰缝处理的灰缝。

(2) 假缝产生的原因分析，从假缝的概念来看，假缝是指掩盖处理的竖向灰缝的内在质量缺陷。概念中的“假”和“掩盖”反映了施工操作人员质量意识差，过程失控，不能有效的落实自检、互检和抽检制度，对施工操作中存在的质量缺陷不能及时发现，不能及时组织返修处理，不能有效采取纠正和预防措施，致使已完工作量较大，问题成堆，此时若返工处理浪费严重，于是弄虚作假，企图蒙混过关。有些操作工人技术水平低，操作不熟练，砌墙时游丁走缝；有时，砂浆使用不当，和易性差，操作时难以揉压和挤缝；另外原材料进场验收把关不严，砖的几何尺寸不统一，偏差过大，操作时难以控制竖向灰缝。所有这些都是导致瞎缝、透明缝和假缝产生的主要原因。

(3) 为什么要避免假缝，新规范条文说明第5.1.11作了明确解释：“竖向灰缝砂浆的饱满度一般对砌体的抗压强度影响不大，但是对砌体的抗剪强度影响明显。”根据四川省建筑科学研究院、南京新宁砖瓦厂等单位的试验结果得到：当竖缝砂浆很不饱满甚至完全无砂浆时，其砌体沿齿缝的抗剪强度将降低40%～50%。此外，透明缝、瞎缝和假缝对房屋的使用功能也会产生不良影响。因此，对砌体施工时的竖向灰缝的质量要求作出了相应的规定。

(4) 要避免假缝，首先应提高质量意识，加强施工过程中的质量管理，努力使全体施工操作人员牢固树立“质量第一”的观念，从思想上高度重视，在操作上严细认真，扎实有效的开展“TQC”活动，落实好“三检”制度，全面做好过程控制工作。针对操作工人技术水平低的现状，通过多种形式组织技术培训，开展技术比武和比、学、赶、帮活动，尽快提高工人的技术操作水平。在施工前，认真做好各项准备工作，严把材料进场验收关；有针对性的做好施工技术交底，尤其要做好摆砖、撂底工作，控制好砂浆的配合比，控制好砂浆的搅拌、运输和使用的时间。在操作过程中，做好自检、互检和抽检工作，尤其要加大抽检力度，发现问题，及时采取纠正或预防措施。总之，由于砖砌体施工是一项专业性较强的，也较为繁重的，以手工操作为主的体力劳动，要避免出现假缝，就要以人的控制因素为主，做好全过程的质量控制工作。

4.7 什么是“三一”砌砖法？它有什么优点？

所谓“三一”砌砖法，是指采用一铲灰，一块砖，一挤揉的砌法，也叫满铺满挤操作法。这种方法的优点是工效高，易于保证质量，而且是一人操作，比较灵活，所以目前应用较广，是瓦工必须熟练掌握的一项操作技术。现将其操作要领详述如下：

(1) 砌筑前，将灰斗按“三步一斗”放好，装满砂浆，并将砖顺列在灰斗两侧。灰斗与砖的堆放位置距墙一步左右，以方便操作。

(2) 砌筑时，右手拿铲舀浆，左手顺手取砖，转身向墙，右手把砂浆甩在墙上，恰好约为一砖长宽，左手随即把砖搁在距前砖 5～6cm 处，并贴着砂浆挤向前砖，挤少许砂浆到砖顶头的立缝，然后稍经揉动，右手随即用大铲将挤出墙面的吐口砂浆刮掉，并甩到前砖的竖缝中，这样就完成了一次砌砖块的动作。然后，重复进行转身铲砂浆——拿砖——铺砂浆——挤浆摆砖的操作。操作中，动作要熟练、连续、快速、准确，才能保质保量，完成砌砖任务。

(3) 砌砖时，砖的外侧上棱必须上下前后与挂线对齐，并与挂线相距约 1mm；下棱必须与已砌好的下皮砖棱找平；左右上下位置准确，灰缝对齐，不能出现通缝。

(4) 砌顺砖时，铺砂浆方向与铺砖挤浆方向，与砌丁砖完全不同，用力方向也不一致。砌顺砖有推砌和拉砌两种方法。操作中，背向砌筑方向，推砖向前挤砂浆，叫推砌；面向砌筑方向退砌，向后拉砖挤浆，叫拉砌。砌丁砖时，也是根据人与砌筑的相对方向，在砌体的右边时，头缝挤灰是向内拉砌，在砌体的左边时，头缝挤灰是向外推砌。因此，手腕必须根据砌筑方法而改变用力方向。总之，这个过程是表现操作技术的重要环节。

(5) 砖砌好以后，应该平正，灰缝应厚薄一致，否则会产生两种不良后果：一是墙面不垂直，向外或向里倾斜，二是墙面虽垂直，但每层砖会出现锯齿楞，影响墙面美观。因此，砌筑中应随时检查墙面。

(6) 操作中，每块砖砂浆的用量不可太多，也不可太少，并且要一次铲够。同时，铺浆后，不可再用铲扒，或用铲角铲一点砂浆打顶头灰缝，否则会造成砂浆不饱满，影响砌筑质量。

4.8 什么是一顺一丁(满丁满条)砌法?

所谓“一顺一丁”砌法是满砌一皮顺砖，再满砌一皮丁砖，并且顺砖与丁砖相互交替采用的组砌方法。至于首皮砌顺砖还是丁砖，要根据该墙受力状况及摆砖擺底情况而定。但总体上各皮砖之间是顺丁(或丁、顺)交替组砌，相邻两皮砖顺、丁相互错缝，相互拉结。该组砌方法简单，便于操作，易于保证质量，目前应用广泛。从墙的立面看，有两种形式，顺砖上下对齐的叫十字缝，顺砖上下层相错半砖的叫骑马缝。组砌方法及立面形式如图 4-2。

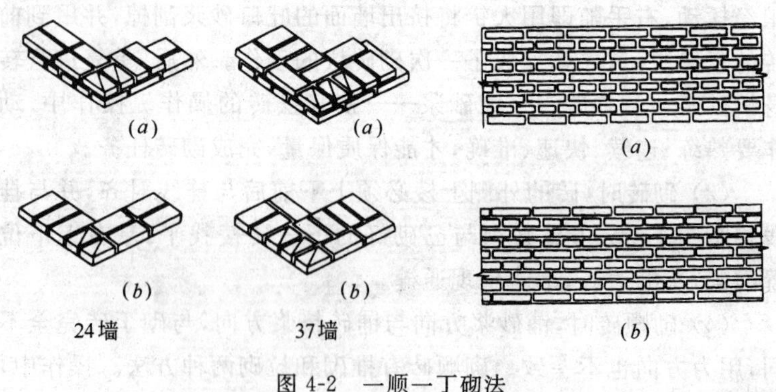

图 4-2 一顺一丁砌法

(a) 十字缝；(b) 骑马缝

4.9 什么是三顺一丁砌法？

这种组砌方法，从墙的立面看，为一皮丁砖、三皮顺砖，强度和整体性次之，但能利用部分半砖。当墙厚≥37cm 时，里墙皮也要砌一顺一丁。这种砌法常在砖的规格不太一致时，以及砌清水墙时使用，容易使墙面达到平整美观，在转角处可减少七分头，所以操作较快，如图 4-3 所示。

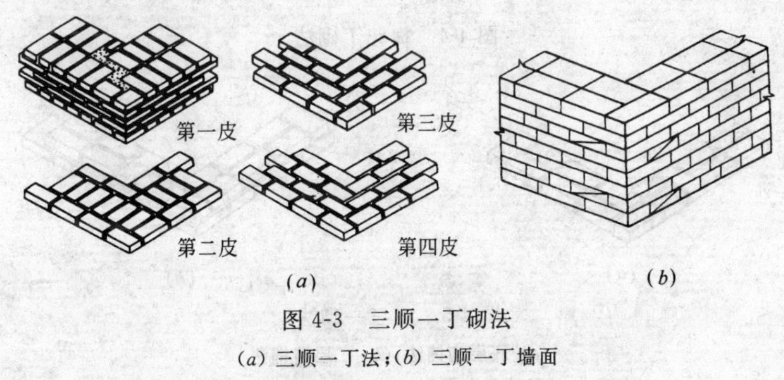

图 4-3 三顺一丁砌法

(a) 三顺一丁法；(b) 三顺一丁墙面

4.10 什么是梅花丁砌法（沙包法）？

所谓“梅花丁”砌法是在同一皮上，由顺砖和丁砖相间铺砌的一种砌筑方法，墙体厚度至少为一砖，如图 4-4 所示。这种墙体的整体性亦好，且墙面美观，但施工操作比较复杂，故目前各地采用的不多。这种砌法常见于农村房屋的外墙，适用于外皮用整砖，里皮用土坯或碎砖，可节约材料。

4.11 什么是三三一砌法（俗称三七缝法）？

这种组砌方法，每层都有七分头丁砖，如图 4-5 所示。由于该组砌方法每皮砖中均有七分头，并且三顺一丁组砌。尽管砌体强度，整体性均好，但由于组砌方法较为复杂，施工操作不便，目前采用不多。

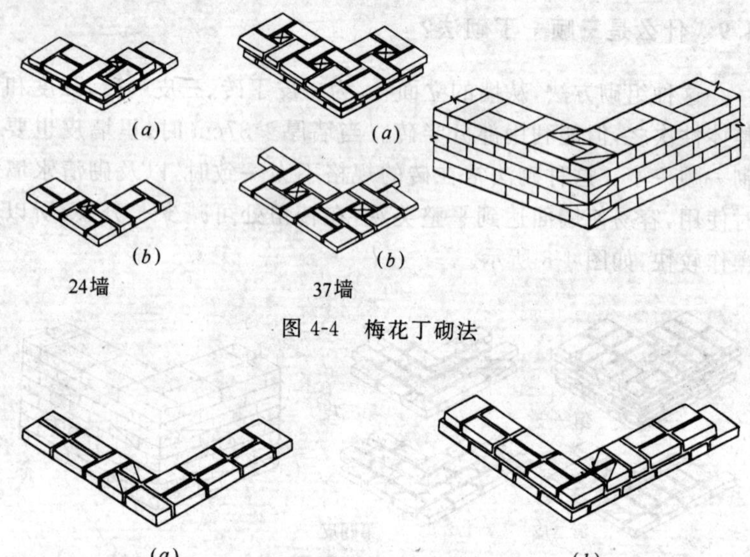

图 4-4　梅花丁砌法

图 4-5　三三一砌法

(a) 底层砌铺法；(b) 二层砖铺法

4.12　什么是顺砌法（条砌法）？

这种组砌方法，从墙的立面看，每皮砖均为顺砖，各砖错缝均为半砖。这种方法主要用于半砖隔墙，其形式如图 4-6 所示。该法组砌简单，便于操作，但稳定性及受力性能均差，使用局限性大。

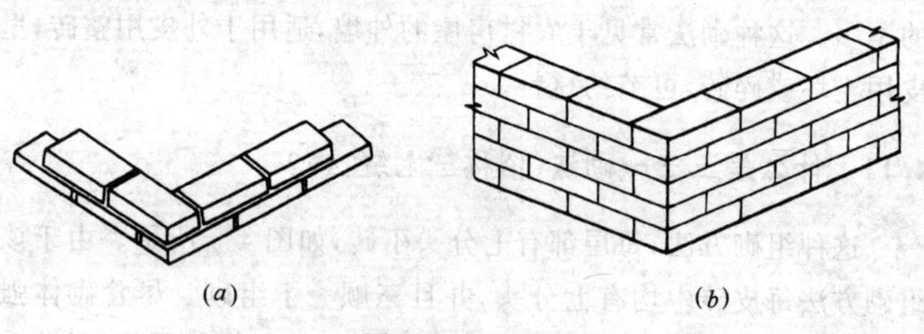

图 4-6　顺砌法

(a) 全顺法；(b) 全顺

4.13 什么是丁砌法?

这种组砌方法,从墙的立面看,每一皮砖均为丁砖,各砖错缝为 1/4 砖,常用于半圆和弧形砖墙以及圆形建筑物,如烟囱、水塔、水池、圆仓等的墙身,如图 4-7 所示。

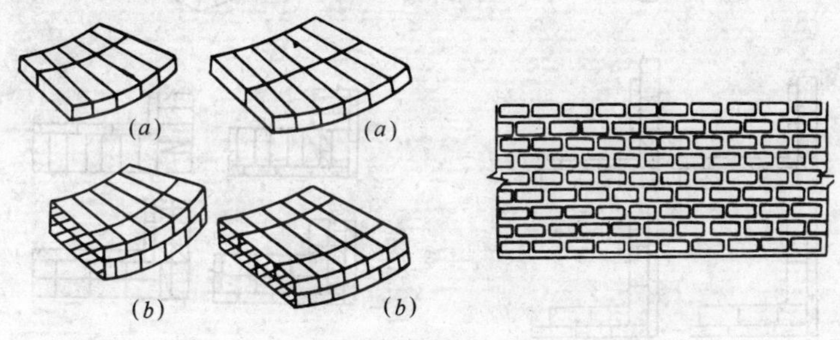

图 4-7 丁砌法

(*a*) 一层铺砌法;(*b*) 二层铺砌法

4.14 什么是两平一侧砌法(180mm 厚墙)?

二平一侧砌法是两皮砖平砌与一皮砖侧砌的顺砖相隔砌成,当用于 18cm 厚墙厚时,平砌层均为顺砖,上下皮竖缝相互错开 1/2砖长;当墙厚为 30cm 时,平砌层为一顺一丁砌法,上下皮之间错开 1/4 砖长,顺砖层与侧砌层之间竖缝错开 1/2 砖长,丁砖层与侧砌层之间竖缝错开 1/4 砖长,如图 4-8 所示。由于该组砌方法较为复杂,且砌体结构受力性及整体性稍差,目前各地已很少使用。

4.15 什么是暗通缝?为什么在砌体中不提倡五顺一丁及多于五顺一丁的砌法?

在砌体中,从侧表面不能直观看到砌体内部实际存在的灰缝贯通长度大于 60mm,高度大于 300mm 的竖向灰缝称之为暗通缝。

暗通缝的存在主要是设计不符合模数和组砌方法不正确。暗

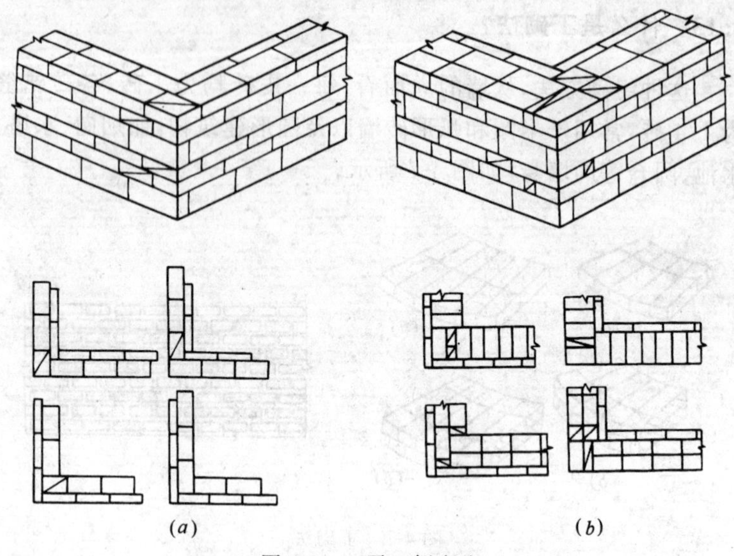

图 4-8　二平一侧砌法

(a) 18cm 墙组砌法;(b) 30cm 砖墙组砌法

通缝在砖柱、附墙垛及墙体相交处和砖墙大角较为常见。要避免暗通缝除要求设计尽可能符合模数外,关键是提高施工操作人员的技术水平,通过摆砖、撂底,选择正确合理的组砌方法。

五顺一丁组砌方法,从墙的侧面来看,为一皮丁砖、五皮顺砖,当墙厚≥37cm 时,里墙皮也要砌一顺一丁。从五顺一丁的组砌方法来看,由于连续五皮顺砖的存在,实际内外皮之间的竖缝,长度贯通,高度接近于暗通缝的界限,墙体的整体性受到削弱,砌体强度较一顺一丁砌法时有所降低,但一般不超过 3%。多于五顺一丁的砌法,实际已形成暗通缝,影响更为严重。所以在砌体中不提倡采用,对于有抗震要求的地区更不宜采用。

4.16　为什么在有冻胀环境和条件的地区,地面以下或防潮层以下的砌体不宜采用多孔砖?

地面以下或防潮层以下的砌体,常处于潮湿的环境中,有的处于水位以下，在受冻时，由于水结冰体积膨胀的特性，使砌体自内向外受到胀力，传至表面则表现为拉应力，而砖体的抗拉强度比抗压强度低得多，经过反复冻融循环而逐渐由表及里缓慢粉蚀，影响砖砌体结构的耐久性能。

多孔砖由于中间有许多孔洞，其体表面积比实心砖大的多，在潮湿环境条件下，由于毛细现象，其内部吸水更加充分；如果长期处于地下水位以下，其砖孔内将充满水分。当处在寒冷地区上述环境中的多孔砖受冻时，如果冻害严重，有可能因多孔砖孔内充满水时，水结冰急剧膨胀直接导致砖体结构破坏。如果多孔砖内仅仅是因毛细吸水的饱和或近饱和状态，也会由于砖孔内表面和砖的外表面同时经受反复冻融循环，粉蚀表里同时进行，其耐久性也比实心砖差的多。

4.17 为什么对地面以下，防潮层以下或潮湿房间的砖基础和砖墙应采用水泥砂浆砌筑？

砌筑砂浆作为砌体工程胶结材料，具有把砖体块材粘结成整体墙体结构的作用，砂浆的强度和粘结力的强弱对砌体结构的强度起着决定性的作用。由于砖体材料的特性和砌体工程操作工艺的要求，砌筑砂浆除其强度指标外另一主要特性指标就是砂浆的和易性，和易性良好的砂浆，不仅在运输和施工过程中，不易产生分层、析水现象，而且容易在砖体面上铺成均匀的薄层，与底面良好粘结，既能保证砌筑质量，又可以提高劳动生产率，和易性不好的砂浆，不仅难以操作，而且砌体的强度，密实度和耐久性都较差，因而也不能保证砌体质量。

水泥砂浆的特性主要是由水泥的特性决定的，水泥浆体不但能在空气中硬化，还能更好地在水中硬化，保持并继续增长其强度。因此水泥属于水硬性胶凝材料。在通常气候条件下，水泥砂浆不仅凝结硬化较快，而且和易性较差，易泌水，不仅操作不便，而且由于其保水性差，因过早、过快失水，对砌体的强度也产生不利影响。另外，由于水泥砂浆与砖块变形协调比较差，因而使其砌体的抗压强度要比同强度等级水泥混合砂浆砌体降低10%。

由于水泥砂浆有上述的不良特性，在正常气候条件下的砌体设计和施工多数采用掺有石灰膏的水泥混合砂浆或掺有部分有机塑化剂的混合砂浆。因混合砂浆保水性强，不易离析，不泌水，和易性好，便于操作，且其弹性模量与砖体的弹性模量相近，适应变形能力强，有利于与砖体共同协调发挥作用，其承载能力和抗震性能明显提高，所以在正常气候条件下的砌体宜使用混合砂浆。

既然如此，为什么规范对地面以下，防潮层以下或潮湿房间的砖基础和砖墙又规定应采用水泥砂浆呢？这主要是环境条件决定的，混合砂浆和易性好延性高是它好的一面，但也有不利的一面，如混合砂浆中掺加的石灰膏，其主要成分是 $Ca(OH)_2$，是一种气硬性胶凝材料。石灰浆体在空气中逐渐硬化主要是由如下两个同时进行的过程来完成的：

① 结晶作用：游离水分蒸发，氢氧化钙逐渐从饱和溶液中结晶。

② 碳化作用：氢氧化钙与空气中的二氧化碳化合生成碳酸钙。

从上述硬化过程来看，石灰浆体是结晶、碳化并逐渐失去水分的过程，如果是处在水分充足的环境条件下，显然不利于其硬化过程的进行，另外在富含水分的环境条件下，由于混合砂浆中含可溶解的氢氧化钙较多，在长期水溶后，不仅使水泥石结构疏松，强度降低，而且极易导致水泥石中其他成分的分解溶蚀，从而导致水泥石结构的进一步破坏，相反水泥砂浆中的胶凝材料水泥，是一种水硬性材料，其凝结硬化的过程，是水化反应的过程。其主要成分的水化反应如下：

$2(3CaO.SiO_2)+6H_2O=3CaO.2SiO_2.3H_2O+3Ca(OH)_2$

$2(2CaO.SiO_2)+4H_2O=3CaO.2SiO_2.3H_2O+Ca(OH)_2$

$3CaO.Al_2O_3+6H_2O=3CaO.Al_2O_3.6H_2O$

$4CaO.Al_2O_3.Fe_2O_3+7H_2O=3CaO.Al_2O_3.6H_2O+CaO.Fe_2O_3.H_2O$

从以上反应式可以看出，水泥主要成分的凝结，硬化过程必须在有水分的条件下进行。试验证明，只要不是侵蚀性介质，在富含水的条件下，或在水中，水泥的水化反应持续长期进行，强度也越来越高，因此规范规定对地面以下，防潮层以下或潮湿房间的砖基础和砖墙应采用水泥砂浆砌筑。

4.18 为什么对非烧结砖宜采用粘结性能好的砂浆砌筑？

随着保护耕地，推广新型节能建筑墙材政策的逐步落实，非烧结砖的应用越来越广泛，但随之而来的是非烧结砖砌体的裂缝极易发生，既影响美观，又由于易造成渗漏等原因影响房屋的正常使用和墙体的保温隔热效果，成为目前该类房屋常见的工程质量通病之一。

非烧结砖，由于其使用材料不同和生产工艺不同，对砌体砂浆的要求也有所不同，这主要是因为不同的原材料，不同的生产工艺，其块材的吸水、失水速率，含水率的高低，以及在干燥、潮湿环境中收缩与膨胀的性能有较大差异。一般情况下，非烧结砖易吸水膨胀，失水收缩，变形较烧结砖大的多，且表面平整、光滑。非烧结砖砌墙后，墙面逐渐干燥的过程，实际上就是其收缩的过程，也就是导致墙面产生裂缝的过程。要减少和控制该类墙面裂缝，一方面控制好该类产品的使用龄期，另一方面就是使用粘结性能好，施工性能亦好的专用砂浆。

4.19 怎样砌筑砖基础？

砖基础的砌筑操作如下：

(1) 砌筑前的检查：砖基础砌筑前，应根据龙门板上的中心钉或基础大角边钉拉线或吊线锤，检查基槽宽度和深度是否符合图纸要求。

基槽内如有地下水或被雨水浸泡时，应将槽内水排除，并将浮泥挖净露出原土层。如有垫层应按图纸检查垫层是否符合要求，并将垫层清扫干净。

（2）基础弹线：弹线的方法基本与墙身弹线相同。在基槽四角各相对龙门板的轴线标钉上拴上白线挂紧，沿白线挂线锤，找出白线在垫层面上的投影点，再把各投影点连接起来，即为基础的轴线。按基础图所示尺寸，用钢尺向两侧量出各道基础底部大脚的边线，在垫层上弹上墨线，如果基础下没有垫层，无法弹线，可将中线或基础边线用大钉子钉在沟槽边或基底上，以便挂线。

（3）设置基础皮数杆：在基础转角，内外墙基础交接处及高低踏步处预先立好基础皮数杆。基础皮数杆上应标明基础砌体的扩大部分的皮数、退台、基础的底标高、顶标高以及防潮层的位置等。如果垫层高度与皮数杆标高有偏差时，应在砌基础砌体的扩大部分前对垫层进行找平；如果相差不大，可在砌筑过程中以适当加厚或减薄灰缝（俗称提或压），进行逐皮调整，但要注意在调整中防止砖错缝。

（4）摞底：等高式基础砌体的扩大部分，一般第一皮两侧面砌顺砖，第二皮砌丁砖，上、下两皮中间砖块厚度不同，砌筑也不同，应根据厚度选用相应砌法。

为保证基础砌体的扩大部分的砌筑，排砖组合应按退台压顶的原则进行，即退台的每台阶上面一皮砖应为丁砖，这样传力好，砌筑及回填土时也不易将退台砖碰掉。

（5）把大角及挂线：把大角及挂线的方法与砖墙相同。砌基础砌体的扩大部分时可以两层一收及一层一收交替进行。每次收6cm。砌完要找一次墙的中心线和边线，校核墙的轴线位置是否有偏差，有偏差要及时纠正。收到实墙后，再按墙的砌筑方法砌。

（6）施工要点：

① 不同深度基础砌筑时，应先砌深处后砌浅处。在基础高低相接处要搭砌，其要求详见本书 1.28 问答题。

② 基础的接槎应留成斜槎，接槎高度不宜超过 1.2m。

③ 沉降缝两边的基础墙，按要求分开砌筑。两侧的墙要垂直，沉降缝的大小上下要一致，不能贴在一起或者搭砌，缝中不得落入砂浆或碎砖，先砌的一边墙应把舌头灰刮净，后砌的一边墙的

灰缝应缩进砖口。

④ 基础预留孔洞，必须在砌筑时留出，位置要准确，不得事后打凿基础。通过基础的管道上部，应预留沉降空隙。

⑤ 灰缝要饱满，每次收砌退台时，应用稀砂浆灌缝，使立缝密实。

⑥ 基础墙砌完经验收后，应进行回填土，回填土应在墙两侧同时进行，并分层夯实。

⑦ 基础砌完后，做防潮层，具体做法按设计要求。

4.20 怎样砌筑砖墙？

（1）砌墙之前，首先应将基础表面的灰砂、泥土、杂物等清扫干净，然后复核基础的标高、轴线，准确无误后，在基础表面弹上墙身墨线，并将门窗口位置划分准确，再将基础表面浇水湿润，准备砌砖。

（2）砌砖墙之前，先行排砖，称为摆砖、撂底。这一传统做法，是砌好砖墙的重要措施。一般都用“山丁檐跑”的方法，即山墙摆丁砖，檐墙摆顺砖，在整个房屋外墙长度方向上摆卧砖，砖与砖之间留 10mm 缝隙，从一个大角摆到另一个大角。摆砖、撂底的目的是为了核对弹好的墨线，力求在门窗口及附墙垛等地方能砌整砖。如果门、窗口处摆整砖相差 10～20mm，可以将窗口稍加移动，使窗间墙凑成整砖数，以免打砖。如果偏差太多，必须打砖时，清水墙面打砖最好赶在不明显的地方。摆砖正确合理，可以保证砌砖质量，达到墙面整齐、操作方便和提高工效的目的。所以，每幢建筑物在砌砖以前，都必须经过这道工序。

下面是清水墙摆砖的具体操作方法：

第一皮砖，两山墙摆丁砖，前后檐墙摆顺砖。清水墙，四个大角的丁砖不允许用七分头砌，一面山墙的两个大角，摆砖必须对称一致。如果山墙的长度尺寸与摆砖模数不符，但相差很少，可通过调整立缝解决。如果只剩一个丁头，应摆在窗口中间位置，没有窗口时，应摆在山墙中间。

(3) 立皮数杆、砌大角及挂线

① 立皮数杆:为了保证墙面平整,灰缝厚度一致,砌砖时应立皮数杆。即根据砌体各部分高度计算出砌砖皮数,在皮数杆上标注±0.00点、门窗口、圈梁、楼梯、平台、各种构件、檐头及各种铁件的标高。所以,皮数杆本身相当于足尺节点大样和足尺剖面图,等于向操作人员进行技术交底。

皮数杆每皮厚度=砖厚+灰缝厚度。砖厚可取进场砖每10皮砖的平均厚度,灰缝厚度应符合规范要求。

在皮数杆上作标记时,过梁底部与窗框口上部应有10~15mm的缝隙,以防抹灰捻口;窗框下部与砖墙之间应有25~30mm的缝隙,以防抹灰捻框,并保证外窗台有一定的坡度;楼层高度与砖层皮数要吻合。要满足上述要求,主要是调整灰缝厚度。在工地制作门窗框时,可按皮数杆上的高度制作。

② 砌大角:这是难度较大的一项操作技术。一面墙是否平整,水平灰缝是否均匀一致、横平竖直,整个房屋墙面是否能达到整齐清晰,标高准确,关键就是大角砌得是否准确。砌大角的主要操作要领:一是打好七分头,要挑选楞角整齐方正的砖打七分头,要打得规矩准确、尺寸一致。砌筑时才容易掌握垂直度,并使砖缝均匀一致。二是砖要放平,这是保证大角方正、垂直的关键。要用托线板和线锤很好地进行校正。三是掌握垂直度。在使用托线板的同时,必须上跟线,下跟楞,同时用眼睛向下瞄望墙面,使砖面和墙面找平,竖缝瞄直。四是选好砖。应选择外形规矩、表面光洁、四角整齐、长短边的夹角和平竖面的夹角都是90°的砖块。

砌筑大角时,如果出现凹凸现象,决不可采取撬和砸的方法进行修正,必须返工重砌,才能保证砌砖质量。

③ 挂线:大角砌到一定高度,中间部分要依靠挂线砌筑。一砖厚墙,一般采用单面挂线;一砖以上厚墙,必须采用双面挂线。

挂线时,两端必须拴砖拉紧,保持平直。挂线以后,在墙角处可用小竹片或22号铁丝将线别住,以防将线嵌入灰缝。在砌筑过程中,要经常检查砌体有没有抗线的地方(线向上拱)或塌腰的地方(中间下垂),如有抗线的地方要把高出的障碍除去,塌腰的地方要垫起来,使线平直,方可砌砖。

还有一种挂线方法,称为拴立线,一般在砌内隔墙时使用。拴线时,先检查预留的槎子是否垂直,如不垂直,应根据留槎情况用立线调整,然后将立线两端拴紧再钉入纵墙水平缝的钉子上。根据拴好的垂直立线拉水平线。水平线的两端由立线的里侧往外拴。水平线要与砖缝一致,不得错层造成偏差。挂线有时会因风吹或其他原因发生偏离,操作中应经常检查,使之保持正确位置。

(4) 控制游丁走缝

所谓游丁走缝是指砖砌墙面上下砖层之间的竖缝产生错位现象。其原因除了砖的规格不一等因素外,主要是操作中没有掌握控制砖缝的要领。砖墙产生游丁走缝,不仅影响砌体美观,而且会降低砌体的承载能力,因此,应很好地控制。主要的措施是:

① 在摆砖撂底时,检查现场用砖的规格尺寸,按其平均值进行摆砖。

② 砌砖时,要打好七分头,排匀立缝,固定七分头砖的位置,使每皮七分头都能保持在一条垂直线上;在检查竖向灰缝时,一定要从上一层砖缝一直看到最底层的砖缝,当楼层高时,至少也要向下看二至三层楼,如果每层楼的七分头某个角都在一条垂直线上,证明砌体砖缝均匀,也不会产生游丁走缝。

③ 设立垂直控制线,保证立缝位置准确。控制线的多少、间距和位置,视操作者的技术水平而定。在开始砌墙时就应该选好控制线的位置,一般设在窗口和墙角的两侧,并随着墙体的升高,用线锤找正,用托线板标出。

总之,在砌墙时,只要按以上三点操作,就能控制游丁走缝,具有一定操作经验和技术水平的工人只要注意,都能做到,但对操作技术不熟练的工人,就要练好基本功,严格执行操作规程。

4.21 怎样砌筑附墙砖垛?

(1) 附墙垛的组砌法

砌外墙往往有附加墙垛，现根据墙垛的尺寸不同，介绍 24cm、37cm、49cm 宽度墙垛的几种组砌方法，分别如图 4-9 所示。

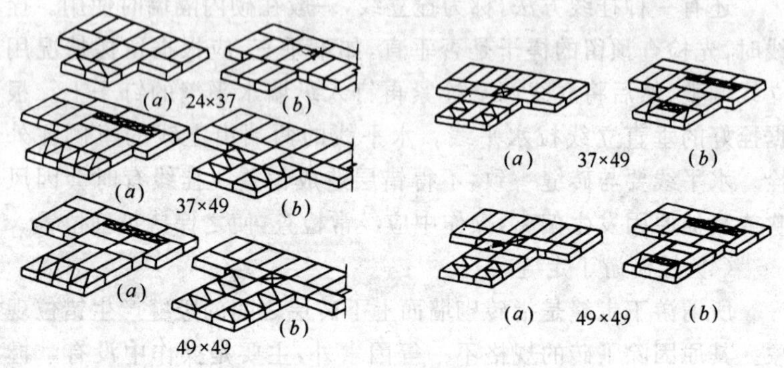

图 4-9 附墙垛砌法

(a) 附墙垛理论组砌法；(b) 附墙垛习惯砌法

(2) 附墙砖垛与墙身须同时组砌，大小相同的砖垛其组砌方式应该一致。砖垛不能出现上、下通缝现象，也不能在砖垛中间填碎砖块。砌内外墙垛时，可以另行挂线，但每砌 5 皮砖，应将砖墙身的挂线移到砖垛外边，进行校核，勤吊勤靠，必须保证砖垛尺寸准确。垂直度允许偏差每层≤5mm；全高≤10m 时，允许偏差≤10mm；全高＞10m 时，允许偏差≤20mm。

4.22 砖柱为何不允许采用包心砌法?

首先简单的分析一下砖柱的受力状态。在一般情况下，砖柱作为承重构件，要承担除自重以外的由上部构件传递的集中荷载，该集中荷载分为轴心受压和偏心受压两种情况；偏心受压又分为小偏心受压和大偏心受压，另外有些砖柱还要承受风载的侧向压力等等。尽管在设计理论上存在轴心受压，但在实际上是难以存在的，在绝大多数情况砖柱受到偏心压力，也就是处于弯压状态。

其次，再从砖砌体的材料特性分析。砖是一种抗压强度远高于抗拉强度的脆性材料，一般情况下，砖砌体的砂浆强度低于砖块的强度，以此做粘结材料的砌体强度本身就低于砖体本身的强度，材料的特性也决定砖砌体本身抗压能力较强而抗拉能力较弱,因此,砖柱只适宜承受一定的轴心受压或小偏心受压(弯压)荷载。

最后,再分析一下假如砖柱采用包心砌法的受力情况。众所周知,砖柱的设计是以其整断面几何特性计算的,如果砌柱采用了包心砌法,尽管其截面几何特征没有变化,但事实上形成了内柱与外包柱。由于外包柱与内柱不能协调作用,削弱了砖柱的整体性,将降低其承载能力。此外,内柱的砌筑质量也很难保证和检查。

综上所述,尽管有些资料介绍,对砖柱的包心和正确砌法做了一些小偏心(偏心矩为 1/6h)受压对比试验,从试验结果来讲,其承载力基本相同。但该类试验毕竟没考虑大偏心受压和振动荷载的影响。另外模拟试验的包心砌法质量与施工现场的包心砌法质量也存在一些差异。因此,综合考虑以上因素,从确保砖柱整体性和有利于结构承载出发,规范规定“砖柱不得采用包心砌法”是必要的。

4.23 怎样砌砖柱?

一般常见的砖柱横截面尺寸有 240mm×240mm、365mm×365mm、365mm×490mm、490mm×490mm 等几种,无论采用哪些砌法,应使柱面上下皮砖的竖缝至少错开 1/4 砖长,在柱心无暗通缝,少打砖,并尽量利用 1/4 砖。但禁止采用先砌四周后填心的包心砌法,其一般组砌方法如图 4-10 所示。

4.24 如何保证七分头砖的尺寸?

七分头砖通常是普通黏土砖长度的 3/4 的砖,其长度约 18cm。在砖砌体的组砌方法中,七分头砖具有非常重要的作用,例如在大角、砖柱和门窗膀等重要部位,要保证砖砌体的质量,消除明、暗通缝,七分头砖必不可少。在以往传统的操作工艺中,打砖是瓦工操作的基本技能之一。在打七分头砖时,既要挑选楞角整齐方正的砖,又要打得规矩准确,尺寸一致,只有这样,砌筑时才容易掌握垂直度,并使砖缝均匀一致。然而无论打砖技术怎么熟

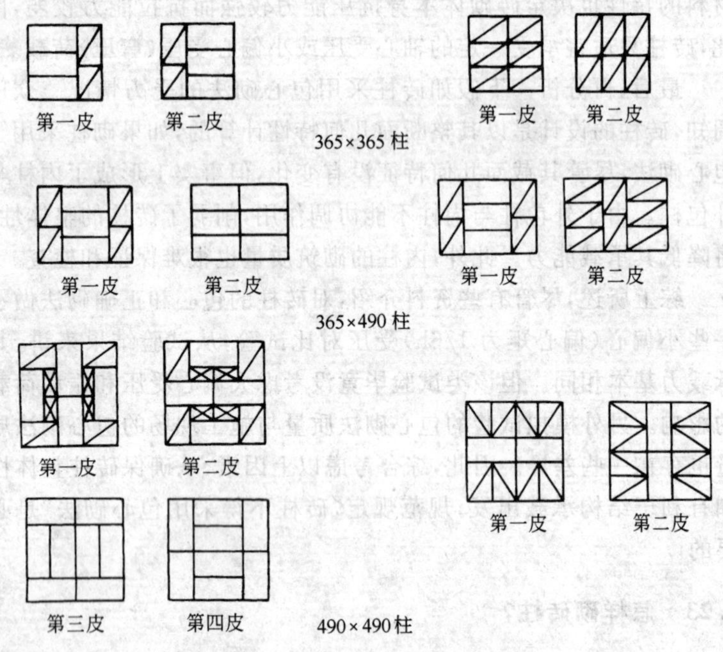

图 4-10 砖柱组砌方法

练，严格的掌握七分头砖的尺寸和形状总是有一定难度，而且现场打砖经常导致碎砖遍地，费时费料。因此要保证七分头砖的尺寸，一是用整砖锯割加工，再是砖厂配量生产七分头砖。只有这样才能有效保证七分头砖的尺寸。

4.25 什么是砌体水平灰缝饱满度？如何检查？

砌体水平灰缝饱满度是指砌体中砖的底面与砂浆的粘结痕迹面积占砖体底面总面积的百分比。

规范规定砖砌体水平灰缝的砂浆饱满度不得低于 80%，检查时用与砖底面同长等宽的百格网罩在砖底面上，判断清点与砂浆有效粘结痕迹的面积所占网格的数量即为水平灰缝砂浆饱满度。每处检测 3 块砖，取其平均值，每检验批抽查不少于 5 处。

4.26 如何检查确定多孔砖砌体水平灰缝饱满度？

砖砌体的水平灰缝砂浆饱满度，是影响砌体抗压强度的一个非常重要的因素，也是新规范砌体质量验收主控项目的一个重要内容。对于多孔砖砌体，砌体水平灰缝砂浆饱满度指标与普遍粘土砖砌体要求一致，均为不得低于80%。检测多孔砖砌体水平灰缝砂浆饱满度时砖的底面积以净面积计算，可用专用百格网检查。

4.27 为什么规定砖砌体水平灰缝的砂浆饱满度不应小于80%？

砌体水平灰缝砂浆饱满度是影响砌体工程质量的一项重要指标，尤其对砌体的整体刚度和抗压强度起着决定性作用。既然该指标如此重要，为何仅提出不得低于80%的要求？

当水平灰缝砂浆不饱满时，在荷载作用下砖会产生局部受压和受弯，从而对砌体抗压强度带来不利的影响。

四川省建科院通过试验得出，砌体抗压强度与水平灰缝砂浆饱满度的关系为：

$$R_{\mathrm{B}}=(0.2+0.8B+0.4B^{2})R$$

式中 R_{B}——水平灰缝砂浆饱满度为B时的砌体抗压强度；

B——水平灰缝砂浆饱满度（以小数计）；

R——设计规范中规定的砌体抗压强度。

从上式可以看出，当 $B=0.73$ 时，$R_{\mathrm{B}}=R$。这说明只要水平灰缝砂浆饱满度达到73%，砌体的抗压强度就能达到设计规范中规定的设计值。

另外，砌体水平灰缝的砂浆饱满度，还涉及受剪面积的大小，因而直接影响砌体抗剪强度的数值。这一点从试件抗剪试验中明显地反映出来，凡是饱满度差的试件，其抗剪强度必然偏低。

既然通过试验得出，当砌体水平灰缝砂浆饱满度达到73%，即可达到设计规范中规定的取值，那又为什么将其饱满度指标定为不低于80%呢？一方面由于砌体工程施工一直是传统的手工操作工艺，砌体施工质量受多种因素的影响，砖砌体水平灰缝砂浆的饱满度又不可能全面检查，从保证质量的角度考虑适当提高要求是必要的。但如果过份提高要求，从设计上来讲已没必要，从施工上来讲，又严重降低了生产效率。所以规范规定“砌体水平灰缝砂浆饱满不得小于 80％”。

4.28 检查水平灰缝砂浆饱满度时，是抽查正施工的砌体，还是抽查一个检验批完成后的砌体？

由于砖砌体的施工千百年来一直是手工操作，砌体工程施工质量受到许多因素的影响，除了砌体材料的影响因素外，还受环境条件变化的影响，而更重要的是人的因素的影响，即使不考虑人的流动性，工人的技术水平也不一致，再者即使是同一个人，由于思想状况的变化，质量意识的强弱，经济因素的影响以及工时的长短，工作的疲劳程度等等都会影响到操作质量。一般来讲，每工作班的开始阶段往往精力集中，要求严格，继而有所放松，临近结束时又有所加强，也就是说任何人的操作质量肯定是波动的，如何让质量的波动始终处于受控状态，达到规范验收标准的要求，就要加强过程控制，让达不到质量要求的部位，得以及时纠正。再者，待一个检验批完成后，再进行水平灰缝砂浆饱满度检查也存在一定难度，所以，检查水平灰缝砂浆饱满度时，应以抽查正在施工的砌体为主，并将记录资料作为检验批验收时的依据。

4.29 砖砌体的水平灰缝厚度是如何规定的？

（1）试验结果

砌体的水平灰缝厚度对抗压强度会产生明显的影响。当厚度增加时，一方面能使砂浆层铺得比较均匀，可减少砌体内的局部受压，因而提高抗压强度；但另一方面，水平灰缝厚度愈大，则砂浆层的压缩亦愈大，从而相应加大砌体截面内的拉力，对砌体抗压强度带来不利的影响。因此，砌体的水平灰缝应有一个合适的厚度规定。在这方面，国内外都进行过一些试验研究，从这些试验结果看，总的趋势是砌体抗压强度随着水平灰缝厚度的增加而降低。

澳大利亚墨尔本大学的试验表明，对砌体的受压强度而言，水平灰缝厚度越厚，其强度越低；用表面磨光砖块干砌的砌体的强度反而很高，具体试验结果是，表面磨光和用锯修平的砖砌体强度（无灰缝而采用干砌的试件）与平均灰缝厚度为10.2mm、16.5mm、25.4mm的实心砖砌体强度之比值为1.62、0.68及1.00、0.92、0.72。湖南大学对原北京市建工局和澳大利亚墨尔本大学的试验数据进行回归分析后，以平均灰缝厚度10mm作为标准，得出砂浆水平灰缝厚度t（以mm计）对实心砖砌体和多孔砖砌体抗压强度影响系数ψ的计算式为：

$$\psi=\frac{1.4}{1+0.04t}\text{（对实心砖砌体）}$$

$$\psi=\frac{2}{1+0.1t}\text{（对多孔砖砌体）}$$

应该看到，灰缝的适宜厚度与砖的表面平整情况是有密切联系的。一般讲，砖面愈不平整，灰缝厚度也应随之加大，否则，砖面的不平整处就不能由砂浆来完全填补，进而使砌体抗压强度降低。

（2）水平厚度的规定

根据上述试验结果，用湖南大学回归分析得出的砂浆水平灰缝厚度对砌体抗压强度的影响系数公式计算，对实心砖砌体，当水平灰缝厚度为12mm时，其值为0.946。同样，经计算，对多孔砖而言，其值为0.909。所以从理论上讲，为了使砌体抗压强度的降低值控制在5%，实心砖和多孔砖砌体的水平砂浆灰缝厚度应分别不超过12mm及11mm，为统一起见，均统一按12mm控制。

对水平灰缝8mm的规定，主要是考虑以下几个因素：

① 我国现行砖标准规定的合格品砖的弯曲允许值为5mm，如果灰缝厚度小于8mm，则会因局部砖之间没有砂浆而发生应力集中现象，从而降低砌体强度；

② 砌体中配筋的直径一般为6mm，灰缝过薄将不能使钢筋完全埋入砂浆中，无论对钢筋的保护还是锚固，都是不利的；

③ 规定灰缝厚度的上、下限，有利于适应层高和结构的变化，

通过灰缝厚度调整来合理安排砖的皮数。

综上所述，规范在确定砖砌体水平灰缝厚度时，既考虑砌体受力的要求，又考虑实际操作的需要，故规定"水平灰缝厚度宜为10mm，但不应小于8mm，也不应大于12mm。"

对于空斗墙，由于砌体在相同高度情况下，其水平灰缝的数量比一般砌体要少，所以水平灰缝厚度的规定范围要加大一点，上、下限分别为7mm、13mm。

4.30 砖砌体竖向灰缝厚度是如何规定？

砖砌体竖向灰缝的厚度宜为10mm，但不应小于8mm，也不应大于12mm。

砖砌体竖向灰缝厚度可以从两个方面来确定：

(1) 从理论上讲砖的尺寸决定了竖向灰缝的厚度为10mm，砖的标准尺寸为240mm×115mm×53mm，在砖砌体中砖的长度L应等于2倍的砖的宽度b加竖向灰缝厚度Δ，由此推出算式：

$\Delta = L - 2b = 240 - 2 \times 115 = 10(\text{mm})$

如图4-11所示。

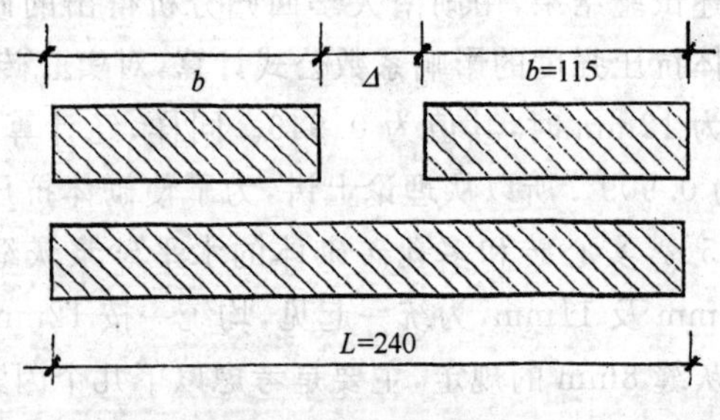

图4-11 砌体竖缝尺寸

(2) 在规范《砌体工程施工质量验收规范》(GB 50203—2002)中，没有对竖向灰缝做出具体要求。只是在第5.1.11条中规定"竖向灰缝不得出现透明缝、瞎缝和假缝。"对竖向灰缝质量做了综合性要求。实际上是对竖缝的施工质量和美观提出了具体的要求。规定竖向灰缝宽度为 8～12mm，即能满足砌体灰缝一致的观感质量要求，也考虑了施工中排砖、撂底及砖本身的尺寸误差和施工人员素质等质量因素。这与原规范《砌体工程施工与验收规范》(GB 50203—98)中对竖向灰缝厚度的要求是一致的。

4.31 对砖砌体的转角处和交接处应同时砌筑，严禁无可靠措施的内外墙分砌施工，规定中可靠措施有哪些？

(1) 对于不能同时砌筑的砌体为保证砖墙结构重要受力部位的整体强度，对必须留置的临时间断处采用砌成斜槎的措施。

(2) 当留斜槎确有困难时，除转角处外，可采用以下措施：在非抗震设防及抗震设防烈度为 6 度、7 度地区的临时间断处可留直槎(凸槎)，并按规定加设拉结筋。

(3) 在砖砌体的转角处和交接处加设钢筋混凝土构造柱的做法，也是一种可靠措施。

4.32 砖砌体施工中的留槎有什么规定？

实心砖砌体留置的斜槎水平投影长度不应小于高度的 2/3，多孔砖砌体的斜槎长高比应按砖的规格尺寸做适当调整。为了接槎平整，在留槎撂底时应拉通线。在施工中，当受条件限制，临时间断处留斜槎有困难时，除转角处外，也可以留直槎，但必须做成凸槎，并应加设拉结筋。拉接筋的数量每 120mm 墙厚放置一根直径 6mm 钢筋(120mm 厚墙也为 2 根)，其间距沿墙高不得超过 500mm，埋入长度从墙的留槎处算起，每边不得少于 500mm；对 6、7 度抗震设防地区不应小于 1000mm。钢筋末端应加 90 度弯钩。砌体中的拉结筋，应设置正确、平直，外露部分不得任意弯折。拉结筋不应穿过烟道和通风道。如遇烟道或通风道时，拉结筋应分成 2 股，沿孔道两侧平行设置。对 8 度及 8 度以上抗震设防地区临时间断处不能留直槎。

砖砌体接槎时，必须将接槎处的表面砂浆清理干净，浇水湿润，并保证砂浆饱满，灰缝平直，直槎处必须挤实砂浆。

隔墙与墙和柱不能同时砌筑而又不能留成斜槎时，可在墙或柱中引出不少于 12cm 的凸槎，或在墙或柱的灰缝中预埋拉结筋，构造与上述相同，但不得少于 2 根。

4.33 为什么允许在抗震设防烈度为 6 度、7 度地区的砖砌体临时间断处可以留置直槎？

对抗震设计烈度为 6 度、7 度地区的临时间断处，除转角处外，可留直槎，但直槎必须做成凸槎，并应按规定加设拉结钢筋。这主要是从实际出发，在保证施工质量的前提下，留直槎加设拉结筋时，其连接性能较留斜槎时降低有限，对抗震设计烈度不高的地区采用留直槎加设拉结钢筋，对延缓抗震破坏时的塌落是可行的。但在施工中应尽量避免留直槎。

4.34 什么叫异形砌体？

异形砌体一般是指非 90°直角的砖墙，这些墙的转角不是 90°角，多是异形角，一般形式有多角墙、弧形墙等。多角形墙的转角可分为钝角和锐角两种。

4.35 砖砌异形砌体施工中应注意哪些事项？

（1）砌筑前，应根据施工图上注明的高度和弧度，放出局部实样，按实样做出异形套板。

（2）摆砖撂底。根据所弹出的墨线，在墙交角处用干砖试砌，观察那种错缝方式可以少砍砖块，收头又较好，交角处搭接比较合理。错缝搭接和交角咬合必须符合砌筑基本原则。

（3）异形墙在转角处派专人负责摆角，先将底层 5 皮砖砌好，检查 5 皮砖墙的角度、垂直度、平整度，确定 4～6 个固定检查点。

（4）砌筑时，要随时用托线板、线坠在固定检查点处检查，不可随意移动检查位置，还要经常用套板检查异形角的角度。对水平灰缝的厚度由于异型墙无法挂线，只能在转角及墙体变化部位立皮数杆，根据皮数杆横格，要随砌随查，随时调整。

(5) 异型墙比较复杂难砌，必须挑选有砌筑经验、技术水平高、责任心强的工人砌筑。

4.36 怎样砌筑坡形屋顶的山墙？

坡形屋顶的山墙在墙顶三角形部位，俗称山尖。山墙砌至檐口标高后就要向上收砌山尖，砌山尖时，皮数杆固定在山墙中心，通过屋脊顶和檐口挂斜线，以斜线为准收砌山尖，砌筑时水平灰缝要控制均匀，并砌成踏步槎形式。

4.37 坡形屋顶怎样封山？

封山在安装檩条后进行，两檐的高度和两面坡度必须一致，山尖居中，并且符合设计要求。

平封山在檩条找正或钉好屋面板和卷材后进行。封山顶坡的砖呈楔形，砌成斜坡，然后抹灰找平。

高封山应根据高出屋面的尺寸，在脊檩端钉挂线杆，按屋面坡度，找出屋尖中心线向前后檐拉线，作为砌筑的准线。高封山高出屋面较多时，应在山墙内侧瓦面约 25cm 处挑出 1 皮斜砖（长 6cm），作为滴水檐，以备做泛水。砌到坡度线高度时，应自下而上打槎子砖，砌成斜坡，并用砂浆找顺，再在上面挑出披水丁砖 1～2 皮，一般里外各挑出 6cm，并用砂浆封顶，完成封山。

4.38 砖砌过梁适用的条件是什么？

(1) 砖砌过梁跨度不应超过下列规定：

钢筋砖过梁为 1.5m；

砖砌平拱过梁为 1.2m。

(2) 对于有较大振动荷载或可能产生不均匀沉降的房屋不能采用砖砌过梁。

4.39 怎样砌筑砖平拱过梁？

平拱式过梁分为立砖平拱、斜形平拱和插子平拱三种。平拱式过梁跨度一般不超过 1.2m，可用整砖侧砌。拱高不应小于240mm，一般有一砖和一砖半两种，拱厚应等于墙厚。平拱式过梁应用不低于 MU10 的砖，不低于 M5 砂浆砌筑。拱脚下面应伸入墙内 20～30mm，拱脚两边的墙端应砌成斜面，斜面的斜度约为1/4～1/6，即每皮砖砍槎子约 1cm 左右，具体数字可根据平拱的高度确定。一砖平拱上端约倾斜 30～40mm，一砖半平拱上端约倾斜 50～60mm。拱脚砌够高度后，开始架设拱模，其宽度应与墙身厚度相同。在拱模上铺一层湿砂，中间厚两端薄，作为平拱的起拱，拱度可为跨度的 1%。砖平拱跨度较大时，在拱模两端及中间应加支撑。无设计规定时，底模应在砂浆的预测强度达到设计强度的 50%以上时拆除，以防砖平拱变形或塌落。

平拱的立砖应为单数，互相对称。可根据计算，在底模上画出砖和灰缝的位置，然后砌筑。施工中，应从两边对称地向中间砌筑。砖中间应打缩口灰，使各立砖贴紧。中间一砖必须垂直。砌完后用稀砂浆灌缝，但不要污染墙体。立砖平拱的灰缝以 10mm 左右为准。斜形平拱的灰缝应砌成楔形缝，在过梁的底面不应小于 5mm；在过梁顶面不应大于 15mm。砖平拱不要砌成阴阳膀，应保证两边对称。拱身要同墙面一样平整，清水墙平拱砌完后要刮缝。

4.40 钢筋砖过梁的构造要求有哪些？

平砌钢筋砖过梁，由砖平砌而成，在底部配置钢筋，一般用于跨度不大于 1.5m 的门窗上。砌筑方法是砖墙砌至高出窗口 1～2cm 时，架设过梁模板。中间起拱应为跨度的 1%。浇水湿润模板，上铺 1∶3 水泥砂浆层，厚度不宜小于 30mm。按图纸要求把钢筋两端弯成直钩，弯钩向上，分别埋入砂浆层中。两端各伸入支座砌体内长度不应小于 240mm。最下一皮砖用丁砖砌筑，钢筋的

90°弯钩埋入墙的竖缝内。钢筋直径不应小于 5mm，间距不宜大于 120mm。在过梁范围内，应采用一顺一丁法，并与砖墙同时砌筑。在钢筋长度范围内和高度为跨度 L 的 1/3 范围内，砌体砂浆不宜低于 M5。过梁底部的模板，应在砂浆强度达到设计强度的 50%以上时，方可拆除，以防止过梁变形或塌落。

4.41 圈梁若被洞口断开，如何处理？

圈梁若被洞口断开，处理如下：

当圈梁被洞口切断不能通过时，应在洞口上部砌体中另行设置一道附加圈梁以弥补圈梁连续性的不足，其截面不应小于被切断的圈梁，附加圈梁和圈梁的搭接长度 L 应大于 $2H$ 且不小于 1m（H 为附加圈梁和圈梁的高差）。

4.42 砖砌体房屋的一般构造要求有哪些？

（1）砖块、砖砌体和砂浆的最低强度满足相应的设计要求。对五层及五层以上房屋的墙，以及受振动或层高大于 6m 的墙、柱所用砖的强度等级不应小于 MU10，砂浆的强度等级不应小于 M5。

（2）承重的独立砖柱，截面尺寸不应小于 240mm×370mm。

（3）跨度大于 6m 的屋架和跨度大于 4.8m 的梁，其支承面下应设置混凝土或钢筋混凝土垫块，当墙中设置有圈梁时，垫块与圈梁宜浇成整体。

（4）当 240mm 厚的砖墙梁跨度大于或等于 6m，180mm 厚的砖墙梁跨度大于或等于 4.8m 时，其支承处宜加设壁柱或采取其他加强措施。

（5）预制钢筋混凝土板的支承长度，在墙上不宜小于 100mm，在钢筋混凝土圈梁上不宜小于 80mm。

（6）支承在砖墙、柱上的吊车梁、屋架及跨度 L 大于等于 9m 的预制梁端部，应采用锚固件与墙柱上的垫块锚固。

4.43 砌体中悬挑构件施工应注意哪些事项？

对砖砌体悬挑构件一般有二皮一挑、一皮一挑及二皮与一皮间隔挑等不同形式。挑出长度每次不应大于60mm，挑层的下一皮砖必须用丁砖砌筑。选砖时要用边角整齐、色泽均匀、规格一致的。应先砌内侧砖，后砌外侧砖，挑出部分底层和最后一层用丁砖。水平灰缝应外侧稍厚内侧稍薄，灰缝必须饱满。

用锚栓固定的悬挑构件，应在设置临时支撑或埋设锚栓的砌体达到设计强度后，方可砌筑上部砌体。

4.44 如何预防住宅工程通气孔堵塞？

住宅工程中通气孔堵塞直接影响建筑物的使用功能和人身健康，其预防措施是：

(1) 砌筑时，按图集采用相应规格的砖块，严禁不同规格砖块混用。杜绝以后剔凿通气孔。

(2) 通气孔砌筑自底层开始必须孔眼相通，不错孔，采取定人、定位跟踪检查，确保通气孔畅通无阻。

(3) 通气孔每层均设检查口，组砌该层时，用盖板将其封严，防止灰浆杂物掉入下层并随时将孔道中灰舌、杂物清理干净。

(4) 圈梁部位将受力钢筋分别设置在两边，中间埋设ϕ150钢管，待混凝土达到一定强度后拆除掉。

(5) 通气孔完成后，逐个验收，必须达到合格。

4.45 砌体哪些部位需用丁砖砌筑？为什么？

砌体的下列部位需用丁砖砌筑：

(1) 在砌筑砖墙时，墙顶预制板支承处（即每层承重墙的最上一皮砖）。

(2) 楼板、梁、梁垫及屋架的支承处（包括墙柱上）。

(3) 砖砌体的台阶水平面上。

(4) 砌体挑出层（挑檐、腰线等）中。

采用丁砖砌筑的目的是保证砌体的整体性，使之受力均匀，不易损坏。

4.46 砖砌体如何撂底？

撂底是在决定排砖法后，沿墙的长度方向，从一个大角到另一个大角摆放卧砖的操作。

撂底的目的是：核对已弹的墨线，在门窗口处是否赶上模数，保证墙面错缝合理，同时使施工中尽量少砍砖，提高砌筑质量及工效。

撂底的原则是：清水墙自下而上砌法不变，即组砌方式固定。为了美观应自下而上统一砌法，门窗洞口和转角与墙垛应赶模数（即错缝压砖符合规定）、砖缝大小适中，要避免出现通缝。墙体第一皮砖“山丁檐跑”，即墙体第一皮排砖山墙应排丁砖，前后檐墙应排跑砖。砖墙的转角外和门窗口膀处，丁头砌法。条砌层到头接七分头，丁砖层到头都是丁。当条砌层出现 1/2 砖长时，在墙身中加一丁砖；当条砖层出现 1/4 砖长时，应在墙中加一丁砖和七分头，并层层如此，不准移位。门窗洞口两膀应对称砌筑，不得出现阴阳膀。

总之，砖撂底时，要有一个总体计划，既要保证错缝合理，又要保证清水墙面不出现改变竖缝的现象。

4.47 如何砌筑筒拱？

（1）如设计无要求，拱脚上面 4 皮砖和拱脚下面 6～7 皮砖的墙体部分，砂浆强度等级不小于 M5。当砂浆强度达到 50%以上时，方可开始砌筑拱体。

（2）对屋顶结构，要全部支好拱模，对烟道、隧道的拱模视其长度而定，超过 10m 时，可制作几个 3m 左右长的拱模，周转使用。拱模架设应牢固，弧度应符合设计要求。拱面无膨起或塌陷现象，经检查合格后，方可砌砖。砌筑砖拱时，人不要蹲在拱胎上操作，更不要在模板上行走。

(3) 拱体灰缝应全部用砂浆填满，拱底灰缝宽度宜为 5～8mm，砂浆稠度一般为 5～7cm。

(4) 拱座斜面应与砖拱轴线垂直，砖拱的纵向缝应与拱的横断面垂直。

(5) 砌砖在厚度和长度方向上必须咬合，并应由一端向另一端退砌，从两侧拱脚向拱冠砌筑，且中间一块砖必须塞紧，即砌成两边长、中间短的斜槎，使两边对称，防止拱模半边受载，影响砌体质量。筒拱透视图及施工顺序如图 4-12 所示。

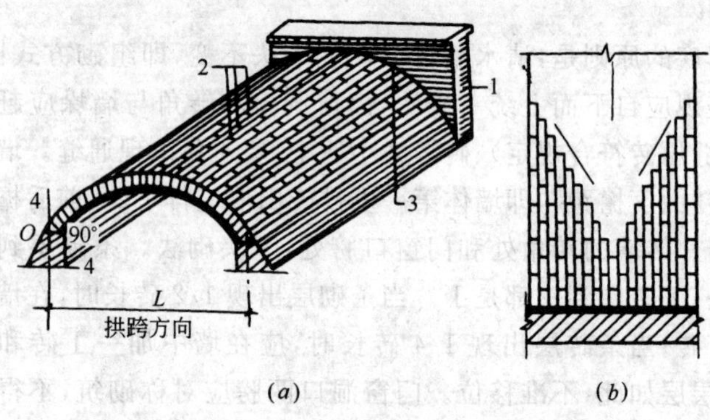

图 4-12 筒拱透视图及施工顺序

(a) 透视图；(b) 施工顺序 O—O 为筒拱轴线；4—4 为拱座斜面

1—墙；2—筒拱纵间缝；3—筒拱不砌入墙内时此缝应用砂浆填塞

(6) 筒拱靠近山墙时，必须与山墙离开 1～2cm，缝隙用砂浆堵塞。不允许把拱砌入墙内，以防因受力情况与设计不符而导致裂缝，甚至坍塌。长度超过 60m 的砖拱，应设伸缩缝，分成两部分砌筑。

(7) 砌筑多跨连续筒拱时，宜同时进行，以防在施工中产生不平衡的水平推力。如果条件不允许同时砌筑时，应划分施工单元，在分段的末端支设固定模板，在末跨墙加临时支撑，或在相邻的拱脚采取其他抵抗水平推力的措施。

(8) 不宜在拱模上堆放材料。如施工条件限制，必须在拱模上堆放材料时，要对称堆放，以免拱模变形；同时，要尽量轻放，随放随用，材料重量应不超过拱模的承载能力。

在多跨连续拱上铺设找平材料及屋面保温材料时，也应按砌拱的原则进行施工，不要按单间施工的程序进行，并且要保证拱体砂浆的强度达到设计强度的70%以上。

(9) 预埋铁件及预留孔洞必须在施工中埋入或留出，已砌完的拱体不得随意凿洞，以免破坏筒拱的整体性，影响强度。洞口的加固环，应与周围的砌体紧密结合。

(10) 砌筑完成后，用砂浆灌注密实并用湿草帘覆盖养护，在养护期间，应防止冲刷、冲击和振动。

(11) 设有拉杆的拱，必须在拆模前将拉杆拉紧，在同跨内各根拉杆的内力应均匀。不设拉杆的拱，必须在拱脚墙体能够抵挡水平推力时，方可拆移。拆移时，应先将拱模缓慢均匀下降5～20cm，并对拱体检查无问题时，方可全部拆除。拆模时，必须戴安全帽，非操作人员不得进入。

(12) 在雨期施工时，应采取防雨措施。刚砌好的砖拱必须覆盖，以防雨水冲刷，砂浆流失，造成塌落。

(13) 应尽可能避免冬季施工。如必须在冬期施工时，应严格遵守有关冬季施工的规定。

4.48 砖烟囱壁如何施工？

(1) 砖烟囱壁应用标准型或异型的一等黏土砖砌筑，其强度应符合设计要求。当有抗冻要求时，砖的抗冻指标应符合设计规定。砌筑在筒壁外表面的砖，应选用无裂缝且至少有一端是棱角完整的。

(2) 在常温下施工时，应提前将砖浇水湿润，其含水率宜为10%～15%。

(3) 砌筑筒壁时，应检查基础环壁或环梁上表面的平整度，并应采用1∶2的水泥砂浆抹平，其水平偏差不得超过20mm，砂浆找平层的厚度不得超过30mm。

(4) 砌筑砂浆的配合比应采用重量比，其稠度为8～10cm。

砂浆应随拌随用。水泥砂浆和水泥混合砂浆必须在拌成后 3h 和 4h 内使用完毕;如施工期间最高气温超过 30℃时,必须分别在拌成后 2h 和 3h 内使用完毕。

(5) 筒壁应采用丁砖砌筑。当筒壁外径大于 5m 时,亦可采用顺砖和丁砖交错砌筑。

(6) 筒壁厚度不小于一砖半时,内外层可使用半截砖。但小于 1/2 砖的碎块不得使用。

(7) 砌体上下层的环尖交错 1/2 砖,辐射缝应交错 1/4 砖(异型砖应交错其宽度的 1/2)。

(8) 砌体的垂直灰缝宽度和水平灰缝厚度应为 10mm。在 $5m^2$ 的砌体表面上抽查 10 处,只允许其中有 5 处灰缝厚度增大 5mm。

(9) 筒壁砌体的灰缝必须饱满,水平灰缝的饱满度不得低于 80%。垂直灰缝宜采用挤浆和加浆方法,使其砂浆饱满,严禁用水冲浆灌缝。筒壁外部灰缝应勾缝,勾缝砂浆宜采用细砂拌制的 1∶1.5水泥砂浆。内部灰缝均应刮平。

(10) 砌体砖层可砌成水平,也可砌成向烟囱中心倾斜,其倾斜度同筒壁外表面的坡度相等。

(11) 对烟囱的中心线垂直度和半径,应每砌筑 1.2m 高度检查一次。对检查出的偏差,应在砌筑过程中逐渐纠正。

(12) 将普通黏土砖加工成丁砌的异型砖时,应在砖的一个侧面进行。加工后小头的宽度不宜小于原来宽度的 2/3。砌筑后的筒壁外表面,砖角凹进或凸出不得超过 5mm。

(13) 当筒壁配置钢筋时,钢筋的位置、接头和锚固等应符合设计要求。

(14) 砌筑筒壁时,每 5m 高度内应取一组砂浆试块,在砂浆强度等级或配合比变更时应另取试块,以检验其 28d 龄期的强度。

(15) 筒壁上的环箍应安装成水平,接头的位置应沿筒壁高度互相错开。环箍在安装前应涂刷防锈剂。

(16) 安装环箍时,应在砌体砂浆强度达到 50%后方可拧紧螺栓，使其紧贴筒壁。

(17) 砖烟囱中心线垂直度的允许偏，见表4-3。

砖烟囱中心线垂直度的允许偏差　　表4-3

项　次	筒壁标高(m)	允许偏差值(mm)
1	≤20	35
2	40	50
3	60	65
4	80	75
5	100	85

(18) 砖烟囱筒壁砌体尺寸的允许偏差，见表4-4。

砖烟囱筒壁砌体尺寸的允许偏差　　表4-4

项次	名　称	允许偏差值(mm)
1	筒壁的高度	筒壁全高的0.15%
2	筒壁任何截面上的半径	该截面筒壁半径的1%，且不超过30
3	筒壁内外表面的局部凹凸不平(沿半径方向)	该截面筒壁半径的1%，且不超过30
4	烟道口的中心线	15
5	烟道口的标高	20
6	烟道口的高度和宽度	+30 −20

4.49 怎样砌筑附墙烟囱？

墙中各个烟囱的竖向洞眼，必须按设计分别留出。附墙烟囱应与墙身同时咬槎砌筑。抗震设防地区还应根据设计要求加设拉结筋。水平与竖直灰缝的砂浆必须全部严密饱满，严禁串烟、串火。烟囱内部挤出的砂浆必须刮出，并必须防止砂浆砖块等杂物落入洞眼内，严禁烟道不通。推广采用桶式提芯工具的施工方法，既可防止杂物落入烟道内造成堵塞，又可使烟道内壁砂浆光滑、密实，对防止串烟有利。墙中的管子烟囱，在管子安装后，应把管子接口用砂浆抹严，然后砌砖将管子卡紧。烟囱与木材、苇箔等易燃结构相接触处，必须按设计要求或有关规定采取防火措施，不得把易燃结构伸到防火范围内。

4.50 砌筑水塔的注意事项有哪些？

砖砌水塔的构造除顶部水箱外，与砖砌烟囱类似，施工方法也基本相同。在砌筑时应注意以下问题：

(1) 砖与砂浆强度等级应符合设计图纸要求，砌筑前，砖要浇水湿润。

(2) 砌筑时要做到错缝搭接要求，砂浆要饱满。

(3) 铁爬梯、避雷针等埋置铁件，应用 M10 水泥砂浆窝牢，并用砖压实。

(4) 砌高 1m，应进行标高、垂直度，截面尺寸等方面检查。

(5) 顶部水箱与砌体的连接钢筋、应满足抗震要求和设计图纸要求。

(6) 水塔筒身必须上下相隔的竖缝在一条线上，防止游丁走缝。

4.51 什么是硬架支模工艺？施工中应注意哪些事项？

硬架支模就是一种由模板、支架承担施工期间的楼板恒载及施工活载，待楼板安装完毕后，再浇筑板下梁或圈梁混凝土及板缝细石混凝土的支模方法。分独立式硬架方法和附墙式硬架支模方法两种：

(1) 独立式硬架支模方法

此方法就是在施工层下的地面或楼面上直接搭设架子来支承楼板，再浇筑梁(圈梁)混凝土的施工方法，如图 4-13。

施工时根据梁的平面位置架设两侧立杆，立杆排距等于梁宽 b+(150～200)mm 为宜，立杆间距应根据梁的截面尺寸、楼板跨度及预计施工荷载情况在 500～1000mm 之间适当调整(应根据计算确定)。若利用“Y”形顶叉安放钢管支撑楼板的方式，立杆顶

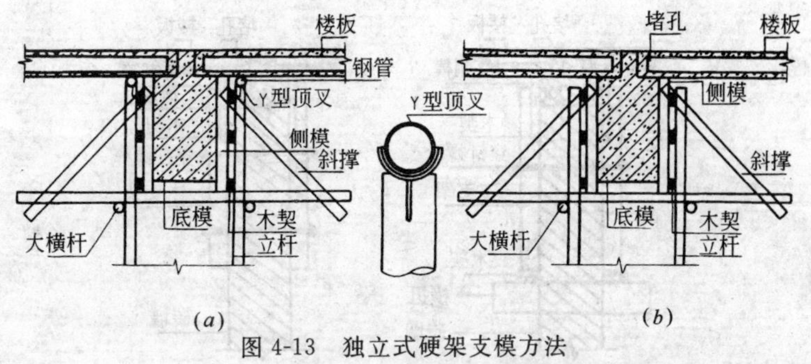

图 4-13 独立式硬架支模方法

(a) 利用"Y"形顶叉安放钢管支撑楼板;(b) 利用钢侧模支撑楼板

端标高应严格控制,应等于楼板底标高减去"Y"形顶叉和钢管所占用的空间高度。若利用钢侧模支撑楼板的方式,立杆顶端标高比楼板底标高略低即可。架子搭设完成后,铺梁底模板,绑扎钢筋,支梁侧模板。利用钢侧模板支撑楼板,侧模必须保证绝对牢固,以防产生侧向移动。支完模板要进行钢筋工程检验验收。楼板安装要调整好间距及搁置长度,并检查架子、模板有无松动现象。吊板缝模板,放板缝钢筋。以上工作全部完成后应进行一次安全质量检查后,方可进行混凝土浇筑。

(2) 附墙式硬架支模方法

附墙式硬架支模工艺就是在墙上附着支撑和模板,在其上放置楼板,再浇梁(圈梁)混凝土的方法,如图 4-14。

施工时,首先在砌墙的皮数杆上标出穿钉或横担的标高,砌墙时按标高间距埋入穿钉,间距不大于 800mm,为方便拆除,预埋时可将穿钉转动几下,漏放的或标高相差较大的,可用冲击钻重新钻孔埋入。砖墙砌至设计标高后,绑扎钢筋同时安装木支架,调整木支架标高,并上紧穿钉螺栓,支设钢模板,其后施工程序与独立式硬架支模方法相同。

硬架支模工艺有许多优点:一是可加快施工进度,缩短楼层工期;二是增强了结构的整体性;三是施工工艺合理,省去了板缝清理、板底找平、座浆等工序,并使工程质量更容易保证。

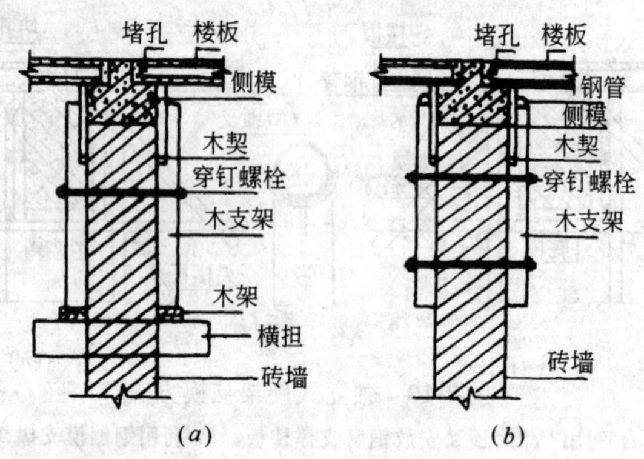

图 4-14 附墙式硬架支模

(a) 横担架支模；(b) 双螺钉支模

(3) 施工中注意事项：

① 注意模板底标高严格控制好，板缝宽度均应调整好。

② 无论哪种硬架支模方法，支撑楼板的部位标高要比设计楼板标高提高 3mm 左右，以抵消安装楼板后，支撑系统受力发生变化而产生的微小下移。

③ 应根据计算，形成合理的硬架支撑体系，保证施工安全及工程质量。

④ 浇筑梁(圈梁)混凝土及板缝细石混凝土养护 3d 后，方可进行上部砌体和搭脚手架等施工。

5 混凝土小型空心砌块砌体工程

5.1 混凝土小型空心砌块有哪些种类？

混凝土小型空心砌块是普通混凝土小型空心砌块和轻骨料混凝土小型空心砌块的总称。其中，以碎石或卵石为粗骨料配制的混凝土，主规格尺寸为390mm×190mm×190mm，空心率为25％～50％的小型空心砌块，称为普通混凝土小型空心砌块，简称普通混凝土小砌块；以浮石、火山渣、煤渣、自然煤矸石、陶粒等粗骨料配制混凝土，制作的混凝土小型空心砌块，称为轻骨料混凝土小型空心砌块，简称轻骨料混凝土小砌块。

混凝土小型空心砌块按其尺寸不同又分为主规格砌块和辅助规格砌块，其规格尺寸见表5-1。

混凝土小砌块规格尺寸表(mm) **表5-1**

项次	砌块名称	外形尺寸			最小壁、肋厚度
		长	宽	高	
1	主规格砌块	390	190	190	30
2	辅助规格砌块	290 190 90	190	190	30

注：1. 对于非抗震设防地区，混凝土小砌块的壁、肋厚度可允许采用27mm；

2. 非承重砌块的宽度可以从90～190mm，最小壁、肋厚度可以减少为20mm。

此外，根据混凝土小砌块热工性能的需要，沿厚度方向可设计为一排孔洞、双排孔洞或多排孔洞。这样的混凝土小砌块分别称为单排孔小砌块、双排孔小砌块或多排孔小砌块。孔洞可为方形孔、条形孔或椭圆形孔。

5.2 混凝土小砌块建筑有何优越性?

混凝土小砌块属于非烧结性的块材,它是由胶凝材料、骨料按一定比例经机械成型、养护而成的块材。用它建造房屋,与传统的黏土砖相比,有如下优越性:

(1) 生产不用土,能耗低。黏土砖采用优质黏土烧制而成,经计算每1万块黏土砖需取土毁田0.0007~0.01亩,据资料介绍,全国每年要生产上千亿块黏土砖,将毁田10余万亩;在能耗上,每块小砖烧制需耗能3768kJ,而混凝土小砌块包括水泥、成型和蒸汽养护的总耗能,折合成标准砖为1796kJ,其能耗不足黏土砖的一半。

(2) 自重轻,有利于地基处理和抗震。混凝土小砌块主规格尺寸为390mm×190mm×190mm,标准图设计的小砌块空心率为46%,重18kg,相当于9.6块标准砖,砌块墙体自重比240mm和370mm厚黏土砖墙分别减轻30%和50%。这不仅减轻了基础的负载,易于地基处理,也减少了施工中的材料运输量,同时还增大了结构的抗震可靠度。

(3) 施工速度快。混凝土小砌块由于体积相当于标准砖的9.6倍,因此砌筑$1m^2$的小砌块墙仅需标准块12.5块,而$1m^2$的240mm厚的砖墙需用128块砖,由此得到,工人砌筑同面积的小砌块墙时,弯腰取块挂灰的次数可减少90%,不仅降低了工人的劳动强度,而且可以提高砌筑速度30%~100%。

(4) 节省砂浆。小砌块的砌筑工作量小,砂浆用量也少。每$1m^2$的190mm厚小砌块墙的砂浆用量,仅为黏土砖的20%~30%,即可节省砂浆70%以上。另外由于小砌块外型比黏土砖做得更规整,外形尺寸误差很小,墙面抹灰可以减薄或做成清水墙,简化了抹灰工艺,使墙面抹灰厚度也较黏土砖减少25%以上,也使墙的重量有所减轻。

(5) 增加房屋使用面积。小砌块建筑,对多层及中高层房屋均可采用190mm厚墙,在同等建筑面积条件下,可增加有效使用面积 3％～5％。

(6) 与砖混结构相比造价偏低(人均耕地面积较小地区)。根据国内一些地区小砌块建筑的经济分析可知,小砌块房屋的造价是否经济主要取决于黏土砖与混凝土小砌块的差价,而这个差价是因地域不同而不同。当黏土砖与小砌块的价差小,即黏土砖的价格较高时,其工程造价分析的结论是小砌块建筑比砖混房屋便宜;当黏土砖与砌块差价较大,即黏土砖价格较低时,其工程造价分析的结论必然是小砌块建筑高于砖混建筑。造价分析,见表5-2。

此外,对高层配筋砌块建筑,其工程造价与混凝土框架剪力墙结构相比,具有显著的经济优势,见表 5-3。

小砌块房屋造价分析表 **表 5-2**

序号	地区	建筑类别	建筑面积(m^2)	经济比较结果
1	济南	住宅(6 层)	3560	平均每平方米小砌块建筑较砖混房屋节省 14 元
2	上海	住宅(6 层)	真南小区	每平方米小砌块建筑较砖混房屋降低 20.85 元
3	本溪	住宅(8～10 层)	小区约 12 万	每平方米小砌块建筑较砖混房屋降低 60 元
4	盘锦	办公楼(4 层)	3008	小砌块建筑较砖混建筑造价略高约 12 元/m^2
5	大庆	住宅(6 层)	17151(4 栋)	每平方米小砌块建筑较砖混房屋高 39.5 元

配筋小砌块试点工程与混凝土框架剪力墙结构经济比表 **表 5-3**

工程 / 材料及费用	广西 11 层试点建筑	辽宁盘锦 15 层试点建筑	上海 18 层试点建筑	抚顺 12 层试点建筑
钢材节省(％)	38	42	25	—
造价节省(％)	28	18	7.4	25

5.3 混凝土小型空心砌块建筑在国内外的应用情况如何？

混凝土小型空心砌块建筑是在砖石结构基础上发展起来的，它既保留了传统材料取材广泛、施工方便、造价低廉的特点，又具有强度高延性好的钢筋混凝土结构的特性，它是惟一融砌体和混凝土性能于一体的一种新型材料及结构体系。自1897年美国建成第一幢砌块建筑以来，砌块结构已经历了100多年的发展，至今已成为一个获得广泛应用、独具特色的完整的结构体系——配筋混凝土砌块结构体系。配筋混凝土砌块结构体系也创始于美国。美国在1933年加里福尼亚长滩大地震无筋砌体遭受严重破坏之后，推出了配筋混凝土砌块体系，建造了大量的多层和高层配筋砌体建筑，如1952年建成的26栋6～13层美国退伍军人医院，1966年在圣地亚哥建成的8层海纳雷旅馆（位于9度区）和洛杉矶19层公寓等。这些建筑大部分经历了强烈地震的考验，说明配筋砌块建筑具有良好的抗震性能。1990年5月内华达州拉斯维加斯（7度区）建成了4栋28层配筋砌块旅馆。美国是配筋砌块建筑应用最广泛的国家，从20世纪60年代以来，已建立了完善的配筋砌体结构系列标准，配筋砌体已成为与钢筋混凝土结构具有类似性能和应用范围的结构体系。

以中国为秘书处的国际标准化组织砌体结构委员会配筋砌体分委员会承担并完成了《配筋砌体结构设计与施工规范》（ISO 9652—3）国际标准的编制工作，这将对这种结构体系在世界范围内的推广应用提供有利条件。

在我国，从20世纪50年代末期开始应用混凝土小型砌块建筑以来，至今已有40多年的历史。但是，由于国情和经济等方面的原因，应用水平较低，范围较窄（仅限于多层），且各地发展不平衡，小砌块的应用数量，在整个墙体材料总量中所占的比例不足10%。据不完全统计，1996年全国小砌块总产量约为2500万m^3，各类砌块建筑约5000万m^2；近10年来砌块生产及砌块建筑年增长都在20%左右，尤以大中城市推广迅速。以上海为例，

1994 年小砌块生产约 50 万 m^3，1995 年约为 100 万 m^3，1996 年约为 150 万 m^3，1999 年第一季度就完成小砌块建筑 450 万 m^2。又以大庆为例，大庆油田从 1976 年引进美国小砌块生产线到 1999 年年底，砌块产量和砌块建筑逐年大幅度巨增，1997 年至 2000 年，累计建造小砌块建筑上百万 m^2。

关于高层配筋小砌块建筑，近年来进行了较多的工程试点。例如，20 世纪 80 年代广西建科院设计和建成 10～11 层小砌块房屋；1997 年盘锦市建成 15 层市国税局住宅楼；1998 年上海建成 18 层住宅；随后还有北京首钢 18 层住宅、抚顺 5 栋 16 层小砌块住宅等。

从以上国内外小砌块生产和小砌块建筑的发展来看，小砌块作为黏土砖的首选替代材料已成定局，特别是在我国沿海等地区，土资源十分宝贵，将于 2003 年 6 月 1 日起，在该地区 160 个大中城市禁止生产、使用普通烧结黏土砖，这必然会使小砌块的生产运用得到更快、更大的发展。但是，同国外发达国家相比，我国小砌块的发展尚处于初级阶段。虽然我国目前小砌块的年生产能力已达 1.2 亿 m^3，但实际年产量仅有 4000 多万 m^3，推广应用还有许多工作要做，如扩大小砌块的应用范围，增加小砌块的品种和改善其功能，完善和建立小砌块建筑结构的配套技术、技术标准等。

5.4 施工时所用的混凝土小型空心砌块的产品龄期为什么要规定不小于 28d？

前面已经介绍，混凝土小砌块建筑有许多优点，但这类建筑目前也还存在一个较突出的问题，即墙面裂缝。根据分析，混凝土小砌块建筑墙面裂缝主要与其收缩有关。

混凝土的干燥收缩与使用材料、混凝土配合比、构件形状和尺寸、养护条件、混凝土的龄期、外加剂使用等有关。使用普通硅酸盐水泥配制的混凝土，从完全饱和水状态变成完全干燥状态，干燥收缩值约为 0.5mm/m 左右，在经过一个月时，干燥收缩值可完成最终收缩值的 50％～60％。

国家标准《砌体结构设计规范》(GB 50003—2001)第 3.2.5 条规定，混凝土小砌块及烧结黏土砖类砌体的收缩率分别为 0.2mm/m和 0.1mm/m。并注明此收缩率“系由达到收缩允许标准的块体砌筑 28d 的砌体收缩率”。这就可以看出，混凝土小砌块在砌筑施工前应该使其收缩值减小，要达到“收缩允许标准”，即块材上墙砌筑时到最终自然状态砌体的收缩率应在规范规定的范围之内。因此，对混凝土小砌块而言，生产龄期 28d 之后再砌筑上墙，到与环境湿度基本平衡状态下，混凝土小砌块砌体的收缩率将接近 0.2mm/m。这对减少和控制墙体收缩裂缝是有明显效果的。

5.5 混凝土小型空心砌块在运输、堆放中应注意什么问题？

混凝土小砌块运输时，严禁用翻斗车倾倒和任意抛掷，运输高度不宜超出车顶面一皮砌块的高度，以防止其被摔坏。

施工现场混凝土小砌块的堆放应符合下列要求：

(1) 堆放场地应夯实、平整；

(2) 堆放场地应易于排水，雨期不得积水；

(3) 应按混凝土小砌块的规格、强度等级分别堆放，堆垛上应设标志，不合格的混凝土小砌块应及时清出施工现场；

(4) 堆放高度不宜超过 1.6m，当采用集装箱或集装托板时，其叠放高度不应超过两箱或两格(每格 5 皮小砌块)；

(5) 混凝土小砌块的场地堆放应设有循环的运输通道；

(6) 混凝土小砌块的堆放应有防雨、防雪措施；

(7) 混凝土小砌块的特殊改制工作必须在堆放区外进行，其堆放亦应符合上述有关规定。

5.6 混凝土小型空心砌块进入施工现场应进行哪些质量内容验收？

(1) 查验混凝土小砌块产品合格证明书。合格证明书应包括型号、规格、产品等级、强度等级、密度等级、生产日期等项内容。

(2) 对每一验收批混凝土小砌块（以同一生产厂以相同材料、相同外观质量等级、强度等级、同一生产工艺生产的10000块小砌块为一批，每月生产块数不足10000块时亦按一批计）随机抽取32块进行尺寸允许偏差和外观质量检查，随机抽取5块进行强度等级检验。若尺寸偏差和外观质量的不合格数不超过7块时，则判该批小砌块符合相应产品等级；若试件抗压强度平均值或单块抗压强度最小值有一项不符合规定值时，应降级验收和使用。

(3) 查验混凝土小砌块的产品龄期，并应满足小砌块在厂内的自然养护龄期或蒸汽养护期及其后的停放期总时间必须确保28d。

5.7 混凝土小型空心砌块砌体砌筑的操作工艺顺序是怎样的？

砌筑的操作工艺顺序是：熟悉施工图和排列图→做好施工准备，找出墨斗线位置→将预先浇水湿润的小砌块运至指定地点→根据墨线铺摊砂浆→小砌块就位和找正→灌嵌竖缝→检验砌筑质量后勾缝→清扫墙面→清扫操作面。

5.8 混凝土小型空心砌块砌体砌筑的操作工艺要点是什么？

操作工艺要点是：(1)清扫基层，找出墨斗线，做好砌筑的准备。

(2) 铺砂浆。用瓦刀或配合摊灰尺铺平砂浆，砂浆厚度控制在10～20mm，长度控制在一块砌块的范围。

(3) 铺设小砌块，并校核砌块的位置和墙面平整度。铺放小砌块时要防止偏斜和碰掉棱角，也要防止挤走已铺好的砂浆。砌筑过程中要经常用托线板及水平尺检查砌体的垂直度和平整度，小量的偏差可利用瓦刀或撬棍拨正，较大的偏差应取下小砌块重新铺放，同时必须将原铺砂浆铲除后，再重新铺设。

(4) 砌筑完几块小砌块以后，应用夹板夹住小砌块对竖缝进行灌浆。如果竖缝宽度大于30mm时，应用细石混凝土灌注。

(5) 完成一段墙体的砌筑以后，应将灰缝抠清，将墙面和操作地点清扫干净，有条件时应随手把灰缝勾抹好。

5.9 砌筑混凝土小型空心砌块砌体时，为何需要绘制小砌块排列图？

混凝土小砌块砌体的排列图是由施工人员根据设计图纸和小砌块块型尺寸，芯柱数量，梁、柱及门、窗位置等绘制的施工用图。小砌块排列图应遵循下列原则：

(1) 尽可能多地使用主规格砌块；

(2) 砌体中的混凝土小砌块应对孔、错缝搭砌，小砌块的搭接长度不应小于 90mm，当不能保证时，应在水平灰缝中设置拉结钢筋或钢筋网片；

(3) 垂直灰缝宽度和水平灰缝厚度应控制在 8～12mm，灰缝中有配筋时水平灰缝厚度控制在 15mm 以内；

(4) 外墙转角处、纵横墙交接处，混凝土小砌块应分皮咬槎和交错搭砌；

(5) 芯柱位置的混凝土小砌块孔洞必须上下贯通，楼地面第一皮及钢筋搭接处应采用 U 型孔的砌块；

(6) 门窗洞口处混凝土小砌块应考虑门窗固定位置及固定方法；

(7) 水电预埋管线在砌体内布置通道，进出墙面宜用 U 形砌块；

(8) 各种预埋件、锚固件，根据位置选配相应的混凝土砌块；

(9) 预留施工孔洞，应给出施工后的处理方案；

(10) 混凝土小砌块在砌体中的公称尺寸为块体的外形尺寸加灰缝尺寸（例如 390mm＋10mm＝400mm；190mm＋10mm＝200mm）。

5.10 承重墙（柱）为何严禁使用断裂混凝土小型空心砌块？施工中怎样控制？

这里所称“断裂小砌块”是指折断和裂缝比较严重、已属不合格品的小砌块（即裂纹延伸的尺寸累计大于 30mm 的小砌块）。

承重墙(柱)中使用这类小砌块,不仅对砌体受力性能产生不利影响,而且也会加重墙体裂缝的发展,降低结构的整体性和使用功能。

混凝土小砌块在出厂检验时已按技术标准进行了产品分类,即区分为优等品、一级品、合格品和不合格品,对不合格品不予出厂,但由于可能存在的漏检,加之在运输、堆放过程中的碰撞和混凝土的收缩影响等,个别小砌块的外观质量会发生变化。对此,除了当混凝土小砌块进入施工场地堆放时,应将那些外观质量不符合要求的小砌块剔除外,在工人砌筑时也必须将外观质量不符合要求的小砌块放置一旁,不能砌于承重墙(柱)中。

5.11 混凝土小型空心砌块砌体对砌筑砂浆有何要求?

混凝土小砌块砌体的施工宜选用专用的小砌块砌筑砂浆。当采用非专用砌筑砂浆时,其主要技术性能应满足下列要求:

(1) 砂浆的强度等级应符合设计要求,但不宜低于 M10;

(2) 砂浆的稠度宜为 80~90mm;

(3) 砂浆的分层度宜为 10~20mm;

(4) 砂浆拌合物的容重不应小于 1800kg/m³;

(5) 砂浆的粘结性以沿块体竖向抹灰后拿起转动 360°不掉砂浆为准;

(6) 砂浆应随拌随用,在砌筑前如出现泌水现象,应重新拌合。砂浆宜在拌合后 2.5h 内用完,施工期间最高气温超过 30℃时,宜在 1.5h 内用完;

(7) 有冻融循环要求时,砂浆应进行冻融循环试验,其重量损失不得大于 5%,强度损失不得大于 25%;

(8) 小砌块基础砌体必须采用水泥砂浆砌筑;±0.000 以上的小砌块墙体应用水泥混合砂浆砌筑。

5.12 混凝土小型空心砌块砌筑时,为何应对孔、错缝和反砌?

(1) 关于对孔砌筑。国家标准《普通混凝土小型空心砌块》

GB 8239 规定，最小外壁厚应不小于 30mm，最小肋厚应不小于 25mm；国家标准《轻集料混凝土小型空心砌块》GB 15229 规定，最小外壁厚和肋厚不应小于 20mm。由此可见，混凝土小砌块的承压面积是不大的，对普通混凝土小砌块，承压面（净面积）最小为毛面积的 45%，而对轻集料混凝土小砌块，仅为 33%。因此，为了让上下相邻皮混凝土小砌块的壁、肋尽可能多的面积相重叠，以增强砌体的整体性和砌体强度，砌筑中应注意对孔砌筑，竖向灰缝宽度宜为 10mm。

（2）关于错缝搭砌。混凝土小砌块上下错缝搭砌，不仅是美观上的需要，而更重要的是增强小砌块之间的连接和砌体整体性的需要。故规范规定："搭接长度不应小于 90mm，墙体的个别部位不能满足上述要求时，应在灰缝中设置拉结钢筋或钢筋网片，但竖向通缝仍不得超过两皮小砌块"。应当指出，对混凝土小砌块砌体而言，"竖向通缝"就是指砌体中上下皮小砌块搭接长度小于 90mm 的竖向灰缝。

（3）关于反砌。这里所指的"反砌"即表示混凝土小砌块壁、肋较厚的一面向上砌筑，也就是小砌块生产时的底面朝上砌筑。由于小砌块采用竖向抽芯工艺生产，因此就决定了小砌块底面壁、肋较厚。为使小砌块砌体水平灰缝砂浆饱满和保证砌体的受力性能，同时也为了保持小砌块砌体施工工艺和小砌块砌体强度试验方法的一致性，保证砌筑的小砌块砌体满足设计技术指标的要求，故规定了施工中的"反砌"原则。

5.13 当小砌块的模数不能满足施工图楼层高度要求时，如何来调整其高度？

当小砌块模数不符合楼层的高度时，可在砌块墙顶部采用辅助规格块材补齐，或用加厚混凝土圈梁的方法来调节。

5.14 如何保证小砌块砌体中竖缝的砂浆饱满度？

（1）砌筑砂浆的施工性能要好，即粘性要强。

(2) 竖向灰缝应采用干铺端面法施工，即将小砌块端面朝上铺满砂浆再上墙挤紧。

(3) 砌完两块以上的小砌块以后，砌筑工人应用夹板夹住竖缝灌浆。如竖缝宽度大于 30mm 时应采用细石混凝土灌注。

通过以上三个措施，将可满足施工规范对混凝土小砌块砌体竖向灰缝饱满度不得小于 80%的要求。

5.15 施工中如何在小砌块砌体上留置脚手眼？

混凝土小砌块砌体内不宜设置脚手眼，如必须设置时，可用 190mm×190mm×190mm 小砌块侧砌，利用其孔洞形成脚手眼，砌体完工后用强度等级为 C15 的混凝土填实，但在下列部位不得设脚手眼：

(1) 独立柱；

(2) 过梁上与过梁成 60°角的三角形范围及过梁净跨度 1/2 的高度范围内；

(3) 宽度小于 1m 的窗间墙；

(4) 砌体门窗洞口两侧 200mm 和转角处 450mm 范围内；

(5) 梁或梁垫下及其左右 500mm 范围内；

(6) 设计不允许留置脚手眼的部位。

5.16 小砌块砌体水平灰缝的砂浆饱满度有何规定？如何保证？怎样检查？

国家标准《砌体工程施工质量验收规范》(GB 50203—2002) 第 6.2.2 条规定："砌体水平灰缝的砂浆饱满度，应按净面积计算不得低于 90%"。可以看出，小砌块砌体施工时对灰缝砂浆饱满度的要求严于砖砌体的规定。究其原因，一是由于小砌块壁较薄肋较窄，应提出更高的要求；二是砂浆饱满度对砌体强度及墙体整体性影响较大，其中抗剪强度较低又是小砌块砌体的一个弱点；三是考虑了建筑物使用功能(如防渗漏)的需要。

计算结果表明，如以壁厚 30mm，肋厚 25mm 的 390mm×

190mm×190mm 的单排孔标准块为例，上下皮小砌块壁、肋重合的理论面积仅为小砌块壁、肋面积的 82.4%。因此，为保证砌体水平灰缝饱满度，应采取如下措施：

(1) 小砌块砌体砌筑时，竖缝凹槽部位应用砌筑砂浆填实，不得出瞎缝、透明缝；

(2) 要配制既能满足强度等级要求，又要具有良好施工性能的砌筑砂浆；

(3) 精心施工，加强质量检查；

(4) 检查水平灰缝的砂浆饱满度时，应按上下皮小砌块搭砌的实际净面积作为有效面积，再测量砂浆粘结面积，确定砂浆饱满度。小砌块搭砌的实际净面积计算可参照图 5-1 进行。

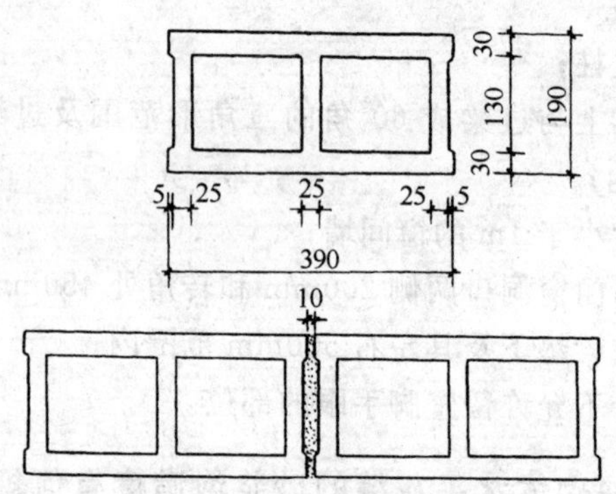

图 5-1　小砌块搭砌位置图

小砌块壁、肋总面积 A。

$A=2\times30\times390+3\times25\times130=33150(mm^2)$

上下皮小砌块搭砌后重叠的净面积 A_0：

$A_0=2\times30\times390+25\times130+2\times(12.5-5-5)\times130=27300(mm^2)$

检查小砌块水平灰缝的砂浆饱满度时，可制作专用砂浆饱满度测量网量测砂浆实际粘结面积，再除以小砌块搭砌后的重叠净

面积 A_0 即得到水平灰缝的砂浆饱满度值。

5.17 混凝土小型空心砌块砌筑前是否需要浇水湿润?

众所周知,砌体施工时块材含水率直接影响砌体的质量,混凝土小砌块砌体工程也不例外。考虑到普通混凝土比较密实,砌筑砂浆铺到小砌块上后,砂浆中的水分被小砌块吸收不多,故规定,混凝土小砌块施砌时的含水率宜为自然含水率;在天气干燥炎热的情况下,可提前洒水湿润小砌块;对轻骨料混凝土小砌块,可提前浇水湿润。同时,当小砌块表面有浮水时不得施工,以免砌筑时砂浆流淌和砌体变形而达不到施工质量要求。

5.18 混凝土小型空心砌块砌体在雨期施工时应注意什么问题?

(1) 室外堆放的混凝土小砌块应有遮盖防雨措施。

(2) 雨量为小雨以上时,应停止砌筑,对已砌筑的墙体宜加遮盖。继续施工时,必须复核墙体的垂直度。

(3) 砌筑砂浆的稠度应根据实际情况适当减小。

(4) 每日砌筑高度不宜超过 1.2m。

5.19 为什么底层室内地面以下或防潮层以下的砌体,在小砌块的孔洞内要用混凝土灌实?

填实室内地面以下或防潮层以下砌体小砌块的孔洞,属于构造措施。主要目的是提高砌体结构的耐久性,预防或延缓冻害,以及减轻地下水中有害物质对砌体的侵蚀。填灌混凝土强度等级不低于 C20。

5.20 混凝土小型空心砌块砌体施工中,临时间断处为什么只能砌成斜槎?

在国家标准《砌体工程施工质量验收规范》(GB 50203—2002)发布、实施以前,原规范《砌体工程施工及验收规范》(GB 50203—98)和其他一些施工手册等对混凝土小砌块砌体施工中的临时间断处的砌法，允许在非抗震设防地区留置直槎，并按规定加设拉结钢筋或钢筋网片。但是，我们在对规范 GB 50203—98 进行修订时分析认为，由于混凝土小砌块块体比较大，又是大孔洞，壁和肋较薄，对施工中留置的直槎是很难补砌结实的，不仅砂浆不可能密实、饱满，而且还容易造成对原有接槎处混凝土小砌块松动，直接影响砌体的整体性。

鉴于上述原因，新规范《砌体工程施工质量验收规范》(GB 50203—2002)规定，混凝土小砌块砌体施工中的临时间断处不允许留置直槎。这一规定是与砖砌体施工是不相同的，应予以充分注意。

5.21 混凝土小型空心砌块砌体砌筑时，墙上的临时施工洞口应如何留置和处理？

混凝土小砌块墙上的临时施工洞口，应满足如下要求：

(1) 临时施工洞口留置的位置，其侧边离交接处墙面不应小于 500mm，洞口净宽度不应超过 1m，以尽量减少墙体开洞对砌体整体受力的不利影响。

(2) 对抗震设防烈度为 9 度的地区建筑物的临时施工洞口位置，应会同设计单位确定。

(3) 临时施工洞口不得留置直槎。

对混凝土小砌块墙上的临时施工洞口，由于不得留置直槎，可采用如下方法留置和处理：

第一种方法：在洞口两侧设置钢筋混凝土构造柱。构造柱断面大小可为 190mm×190mm，混凝土强度等级为 C20，埋置于水平灰缝内的拉结钢筋可采用 ϕ4 钢筋点焊网片，网片的竖向间距不宜大于 400mm，埋入墙内水平灰缝内的每边长度为 500mm。

第二种方法：在临时施工洞口处留置凹凸槎，待补砌完毕之后再在此接槎处的小砌块孔洞口浇注 C20 混凝土，每一接槎处不少于 2 个孔洞。

5.22 混凝土小型空心砌块砌体中的芯柱应如何施工？

(1) 每层每根芯柱柱脚必须用竖砌单孔 U、双孔 E 形或 L 形小砌块留设清扫孔。

(2) 砌筑芯柱部位的小砌块时，必须每砌两皮铺设 $\phi4$ 钢筋点焊网片并伸入相邻墙体 1000mm。

(3) 砌筑中及每层墙体砌至要求标高后，应及时清扫芯柱孔洞内壁及芯柱孔道内掉落的砂浆等杂物。

(4) 芯柱铺筋应采用月牙纹钢，并从上往下穿入芯柱孔洞，通过清扫口与圈梁(基础圈梁、楼层圈梁)伸出的插筋绑扎搭接。搭接长度应为 $40d$，并不得小于 500mm。

(5) 用模板封闭芯柱清扫孔必须有防止混凝土漏浆的措施。

(6) 浇灌芯柱混凝土前，应先浇 50mm 厚与芯柱混凝土 C20 成分相同的水泥砂浆。

(7) 芯柱混凝土必须待墙体砌筑砂浆强度大于 1MPa 时方可浇灌，并应有定量浇灌记录。

(8) 浇灌芯柱混凝土必须按"连续浇灌，分层(300～500mm 高度)捣实"的原则进行操作。每次连接浇灌混凝土的高度宜为半个楼层，且不应大于 1.8m。

(9) 浇灌芯柱的混凝土，宜选用专用的小砌块灌孔混凝土，当采用普通混凝土时，其坍落度不应小于 90mm。

(10) 每次混凝土浇灌后应用小直径(≤30mm)振捣棒逐孔振捣，振捣棒应轻轻插入底部，振捣时间宜控制在几秒钟之内，初次振捣后经过 3～5min，当过多的水被墙体吸收后应进行复振，但必须在芯柱混凝土失去塑态之前。

(11) 复振后再浇捣上半个楼层的芯柱混凝土至楼层圈梁部位，并宜在两次浇灌混凝土的界面以下 200mm 范围内搭振。

(12) 当每次浇注时间间隔≥1h 或浇至楼层圈梁底标高时，应使芯柱混凝土表面低于最上一皮小砌块上表面 30～50mm，并保持自然的粗糙面。

(13) 采用预制钢筋混凝土楼板时，芯柱位置处的楼板应预留缺口或设置现浇钢筋混凝土板带，保证芯柱沿整个房屋高度贯通。

5.23 如何检查芯柱混凝土的质量？

芯柱施工中，应设专人检查混凝土的灌入量，认可后方可继续施工。此外，还可用锤击法敲击该芯柱小砌块表面，听其声音进行鉴别混凝土是否浇灌密实。必要时，可用超声法检测。

芯柱混凝土强度的检测，按分项工程的每一检验批至少检查一次的要求制作试块（每组三块），按规定进行养护和试压。

5.24 混凝土小型空心砌块承重墙体中，为什么小砌块不能与黏土砖等其他块材混砌？

混凝土小砌块是用混凝土制作的薄壁空心墙体材料，与黏土砖等其他块材在强度、线膨胀系数和收缩率等物理力学性质上的差异较大，如混砌，极易引起砌体裂缝，影响砌体整体性及强度。所以，在混凝土小砌块墙体中，小砌块不能与粘土砖等其他块材混砌。如确需镶砌时，应采用预制混凝土块，其混凝土所用材料及强度等级应与混凝土小砌块相当。门窗框与小砌块墙体两侧连接处的上、中、下部位应砌入实心混凝土小砌块或埋有沥青木砖（铁件）的混凝土小型空心砌块（190mm×190mm×190mm）。

5.25 在混凝土小型空心砌块砌体施工中，如何做到在已砌筑的墙上不打洞和凿槽？

混凝土小砌块是薄壁空心材，砌好墙体之后打洞、凿槽会损坏小砌块的壁和肋，影响砌体强度，甚至产生裂缝。因此，不允许在已砌筑的墙体上开洞、凿槽。

对此，施工中应在如下方面注意：

(1) 在编制小砌块排列图时，必须将土建施工与水电安装统盘考虑，做到预留、预埋。施工时，负责水电安装的施工员应时时跟随现场，密切配合土建施工进度，做好管线暗敷和空调、排油烟机等家电设备的留设工作，以确保墙体工程质量。

(2) 固定圈梁、挑梁等构件侧模的水平拉杆、扁铁或螺栓应从小砌块灰缝中预留 ϕ10 孔穿入，不得在小砌块砌体上打凿安装洞。但可利用侧砌的小砌块孔洞，待模板拆除后用 C20 混凝土将孔洞填实。

(3) 对设计规定或施工所需的孔洞、管道、沟槽和预埋件等，必须在砌筑时预留或预埋。

(4) 照明、电信、闭路电视等线路可采用内穿 12 号铁丝的白色增强塑料管。水平管线宜预埋于专供水平管用的实心带凹槽的小砌块内，也可敷设在圈梁模板内侧或现浇混凝土楼板(屋面板)中。竖向管线应随墙体砌筑埋设在小砌块孔洞中。管线出口处应用 U 形小砌块(190mm×190mm×190mm)竖砌，内埋开关、插座及接线盒等配件，四周用水泥砂浆填实。

(5) 冷、热水水平管可用实心凹槽的小砌块进行敷设，立管宜走 E 形开口砌块的孔洞，待管道试水试验验收合格后，用 C20 混凝土浇灌封闭。

(6) 电表箱、电话箱、水表箱、煤气表箱、闭路电视铁盒及信报箱等，均应按设计图要求在砌墙时留设。

5.26 非承重墙不与承重墙(或柱)同时砌筑时，施工中应采取什么措施?

非承重墙不与承重墙(或柱)同时砌筑时，为使连接处连接可靠，应在连接处的承重墙(或柱)的水平灰缝中预埋 ϕ4 钢筋点焊网片作拉结筋，其间距沿墙(或柱)高不得大于 400mm，埋入承重墙内和伸出墙外的每边长度均不得小于 600mm。

5.27 混凝土小砌块夹心墙应如何砌筑?

(1) 拉接内外叶墙的金属拉接件或钢筋网片必须经防腐处理后方能使用。

(2) 当采用环形拉结件时，钢筋直径不应小于4mm；当采用Z形拉结件时，钢筋直径不应小于6mm。拉结件应沿竖向梅花形布置，拉结件水平和竖向最大间距分别不宜大于800mm和600mm；对有振动或有抗震设防要求时，其水平和竖向最大间距分别不宜大于800mm和400mm。

(3) 当采用钢筋网片作拉结件时，网片横向钢筋的直径不应小于4mm，其间距不应大于400mm；网片的竖向间距不宜大于600mm，对有振动或有抗震设防要求时，不宜大于400mm。

(4) 拉结件在叶墙上搁置长度不应小于叶墙厚度的2/3，并不得小于60mm。

(5) 内外叶墙均应按皮数杆拉线砌筑。内叶墙应先砌至需设置第一层拉结件的高度，外叶墙的砌筑应待内叶墙外侧保温板施工后进行。当外叶墙的砌筑高度与已砌的内叶墙等高时，方可安设拉结件。内外墙应依次轮番往上砌筑，直至规定标高。

(6) 砌筑时灰缝挤出的砂浆与空腔内掉落的砂浆应随砌筑、随勾缝、随清理。

5.28 混凝土小型空心砌块墙施工中，楼板及梁支承处应如何处理？

(1) 楼板支承处无混凝土圈梁时，板下应砌一皮实心混凝土小砌块或采用C20混凝土填实一皮混凝土小砌块；楼板支承处设有混凝土圈梁时，圈梁下的一皮混凝土小砌块必须采用封底的混凝土小砌块。

(2) 梁端支承处的砌体节点施工应符合设计要求；如设计无具体规定时，应采用C20混凝土填实梁端下的砌体孔洞，填实宽度每边不应小于400mm，高度不应小于190mm。

(3) 搁置预制梁板时，必须先找平后座浆，不得合二为一，更不得干铺施工，安装时应座浆，当设计无具体要求时，应采用1∶2.5的水泥砂浆。

5.29 混凝土小型空心砌块每日砌筑高度有何规定?

规定混凝土小砌块日砌筑高度有利于已砌筑墙体尽快形成强度使其稳定,有利于墙体收缩裂缝的减少。因此,适当控制每天的砌筑速度是必要的。

根据工程实践经验规定,在正常施工条件下,混凝土小砌块每日砌筑高度宜控制在 1.5m 或一步脚手架高度内;雨期(雨量为小雨)和冬期施工时,每日砌筑高度不宜超过 1.2m。

5.30 如何设置混凝土小型空心砌块墙体的施工段?

墙体施工段的分段位置宜设在伸缩缝、沉降缝、防震缝、构造柱或门窗洞口处。相邻施工段允许有一定高度差,出于墙体稳定性考虑,规定相邻施工工作段高度差不得超过一个楼层的高度,也不宜大于 4m。

5.31 如何在施工中校正混凝土小砌块砌体?

混凝土小砌块砌体施工中,应随时校核砌体垂直度、表面平整度。如需校正,应在砌筑砂浆凝固之前进行。校正时,不得在灰缝中塞石子或砖片等杂物;也不能强烈振动小砌块;需要移动已砌好的小砌块,应清除原有砂浆,重新铺浆砌筑。以免影响砂浆与小砌块的粘结,进而影响砌体的整体性和砌体强度。

5.32 混凝土小型空心砌块墙面勾缝有何规定?

(1) 墙面勾缝前,应做好下列准备工作:

① 清除墙面粘结的砂浆、泥浆和杂物等,并洒水湿润;

② 开凿瞎缝,并对缺棱掉角的部位用与墙面相同颜色的砂浆修复齐整(对混水墙可不予处理);

③ 将脚手眼内清理干净并洒水湿润,按照规定要求用混凝土填实。

(2) 清水墙墙面勾缝宜采用细砂拌制的 1∶1.5 水泥砂浆;混

水墙墙面可采用原砌筑砂浆勾缝。

（3）勾缝要求光滑、密实、平整，勾缝形式应符合设计要求。当设计无特殊要求时，勾缝应采用平缝。

（4）勾缝完毕，及时清扫墙面。

5.33 混凝土小型空心砌块砌体工程质量验收主控项目的内容有哪些？

混凝土小型空心砌块砌体工程主控项目的内容有 4 条：

（1）小砌块和砂浆的强度等级必须符合设计要求。

抽检数量：每一生产厂家，每 1 万块小砌块至少抽检一组。用于多层以上建筑基础和底层的小砌块抽检数量不少于 2 组。砂浆试块的抽检数量执行《砌体工程施工质量验收规范》(GB 50203—2002)第 4.0.12 条的有关规定。

检验方法：查小砌块和砂浆试块试验报告。

（2）砌体水平灰缝的砂浆饱满度，应按净面积计算不得低于 90%；竖向灰缝饱满度不得小于 80%；竖缝凹槽部位应用砌筑砂浆填实；不得出现瞎缝、透明缝。

抽检数量：每检验批不少于 3 处。

检验方法：用专用百格网检测小砌块与砂浆粘结痕迹，每处检测 3 块小砌块，取其平均值。

（3）墙砌体转角处和纵横墙交接处应同时砌筑。临时间断处应砌成斜槎，斜槎水平投影长度不应小于高度的 2/3。

抽检数量：每检验批抽 20% 接槎，且不应少于 5 处。

检验方法：观察检查。

（4）砌体的轴线偏移和垂直度偏差应按表 5-4 的规定执行。

混凝土小型空心砌块砌体的位置及垂直度允许偏差　　表 5-4

项次	项　　目	允许偏差(mm)	检　验　方　法
1	轴线位置偏移	10	用经纬仪和尺检查或用其他测量仪器检查

续表

项次	项目			允许偏差(mm)	检验方法
2	垂直度	每层		5	用2m托线板检查
		全高	≤10m	10	用经纬仪、吊线和尺检查，或用其他测量仪器检查
			>10m	20	

抽检数量：轴线查全部承重墙柱；外墙垂直度全高查阳角，不应少于4处，每层每20m查一处；内墙按有代表性的自然间抽10%，但不应少于3间，每间不应少于2处，柱不少于5根。

5.34 混凝土小型空心砌块砌体工程质量验收一般项目的内容有哪些？

混凝土小型空心砌块砌体工程一般项目的内容有2条：

(1) 墙休的水平灰缝厚度和竖向灰缝宽度宜为10mm，但不应大于12mm，也不应小于8mm。

抽检数量：每层楼的检测点不应少于3处。

抽检方法：用尺量5皮小砌块砌体的高度和2m砌体长度折算。

(2) 小砌块墙体的一般尺寸允许偏差应按表5-5规定执行。

混凝土小型空心砌块砌体一般尺寸允许偏差　　表5-5

项次	项目		允许偏差(mm)	检验方法	抽检数量
1	基础顶面和楼面标高		±15	用水平仪和尺检查	不应少于5处
2	表面平整度	清水墙、柱	5	用2m靠尺和楔形塞尺检查	有代表性自然间10%，但不应少于3间，每间不应少于2处
		混水墙、柱	8		
3	门窗洞口高、宽(后塞口)		±5	用尺检查	检验批洞口处的10%，且不应少于5处

续表

项次	项目		允许偏差(mm)	检验方法	抽检数量
4	外墙上下窗口偏移		20	以底窗口为准，用经纬仪或吊线检查	检验批的10%，且不应少于5处
5	水平灰缝平直度	清水墙	7	拉10m线和尺检查	有代表性自然间10%，但不应少于3间，每间不应少于2处
		混水墙	10		
6	清水墙游丁走缝		20	吊线和尺检查，以每一层第一皮小砌块为准	有代表性自然间10%，但不应少于3间，每间不应少于2处

6　石砌体工程

6.1　石砌体的主控项目有哪些？

石砌体主控项目有3条：

(1) 石材及砂浆强度等级必须符合设计要求。

抽检数量：同一产地的石材至少抽检一组。砂浆试块的抽检数量执行《砌体工程施工质量验收规范》(GB 50203—2002)第4.0.12条的有关规定。

检验方法：料石检查产品质量证明书，石材、砂浆检查试块试验报告。

(2) 砂浆饱满度不应少于80%。

抽检数量：每步架抽查不应少于1处。

检验方法：观察检查。

(3) 石砌的轴线位置及垂直度允许偏差，应符合表6-1的规定。

石砌体的轴线位置及垂直度允许偏差　　表6-1

<table>
<tr><th rowspan="4">项次</th><th rowspan="4" colspan="2">项　目</th><th colspan="7">允 许 偏 差 (mm)</th><th rowspan="4">检 验 方 法</th></tr>
<tr><th colspan="2">毛石砌体</th><th colspan="5">料 石 砌 体</th></tr>
<tr><th rowspan="2">基础</th><th rowspan="2">墙</th><th colspan="2">毛料石</th><th colspan="2">粗料石</th><th>细料石</th></tr>
<tr><th>基础</th><th>墙</th><th>基础</th><th>墙</th><th>墙、柱</th></tr>
<tr><td>1</td><td colspan="2">轴线位置</td><td>20</td><td>15</td><td>20</td><td>15</td><td>15</td><td>10</td><td>10</td><td>用经纬仪和尺检查，或用其他测量仪器检查</td></tr>
<tr><td rowspan="2">2</td><td rowspan="2">墙面垂直度</td><td>每层</td><td></td><td>20</td><td></td><td>20</td><td></td><td>10</td><td>7</td><td rowspan="2">用经纬仪、架线和尺检查或用其他测量仪器检查</td></tr>
<tr><td>全高</td><td></td><td>30</td><td></td><td>30</td><td></td><td>25</td><td>20</td></tr>
</table>

抽检数量：外墙，按楼层(或 4m 高以内)每 20m 抽查 1 处，每处 3 延长米，但不应少于 3 处；内墙，按有代表性的自然间抽查 10%，但不应少于 3 间，每间不应少于 2 处，柱子不应少于 5 根。

6.2 石砌体的一般项目有哪些？

石砌体的一般项目有 2 条：

(1) 石砌体的一般尺寸允许偏差，应符合表 6-2 的规定。

石砌体的一般尺寸允许偏差 表 6-2

<table>
<tr><th rowspan="4">项次</th><th rowspan="4" colspan="2">项 目</th><th colspan="7">允 许 偏 差 (mm)</th><th rowspan="4">检 验 方 法</th></tr>
<tr><th colspan="2" rowspan="2">毛石砌体</th><th colspan="5">料 石 砌 体</th></tr>
<tr><th colspan="2">毛料石</th><th colspan="2">粗料石</th><th>细料石</th></tr>
<tr><th>基础</th><th>墙</th><th>基础</th><th>墙</th><th>基础</th><th>墙</th><th>墙、柱</th></tr>
<tr><td>1</td><td colspan="2">基础和墙砌体顶面标高</td><td>±25</td><td>±15</td><td>±25</td><td>±15</td><td>±15</td><td>±15</td><td>±10</td><td>用水准仪和尺检查</td></tr>
<tr><td>2</td><td colspan="2">砌体厚度</td><td>±30</td><td>+20
-10</td><td>+30</td><td>+20
-10</td><td>±15</td><td>+10
-5</td><td>+10
-5</td><td>用尺检查</td></tr>
<tr><td rowspan="2">3</td><td rowspan="2">表面平整度</td><td>清水墙、柱</td><td>—</td><td>20</td><td>—</td><td>20</td><td>—</td><td>10</td><td>5</td><td rowspan="2">细石料用 2m 靠尺和楔形塞尺检查，其他用两直尺垂直于灰缝拉 2m 线和尺检查</td></tr>
<tr><td>混水墙、柱</td><td>—</td><td>20</td><td>—</td><td>20</td><td>—</td><td>15</td><td>—</td></tr>
<tr><td>4</td><td colspan="2">清水墙水平灰缝平直度</td><td>—</td><td>—</td><td>—</td><td>—</td><td>—</td><td>10</td><td>5</td><td>拉 10m 线和尺检查</td></tr>
</table>

抽查数量：外墙，按楼层(4m 高以内)每 20m 抽查 1 处，每处 3m，但不应少于 3 处；内墙，按有代表性的自然间抽 10%，但不应少于 3 间，每间不应少于 3 处，柱子不应少于 5 根。

(2) 石砌体的组砌形式应符合下列规定：

① 内外搭砌，上下错缝，拉结石、丁砌石交错设置；

② 毛石墙拉结石每 0.7m^2 墙面不应少于 1 块。

检查数量：外墙，按楼层(或 4m 高以内)每 20m 抽查 1 处，每处 3 延长米，但不应少于 3 处；内墙，按有代表性的自然间抽查 10%，但不应少于 3 间。

检验方法：观察检查。

6.3 石砌体的基本砌法有哪些？

石砌体的基本砌法有丁顺、顺斜、斜向、顺叠、人字、杂纹及弧纹等砌法。

(1) 丁顺砌法：丁顺砌法是一皮顶砌与一皮顺砌相同，一般是先丁后顺，上下皮竖缝相互错开 1/4 石长，这种石砌法用于条形基础，如图 6-1(*a*)。

(2) 斜向砌法：斜向砌法是各皮均呈 45°斜向砌筑，上下皮互成直角。这种砌法用于荷载较大的基础，如图 6-1(*b*)。

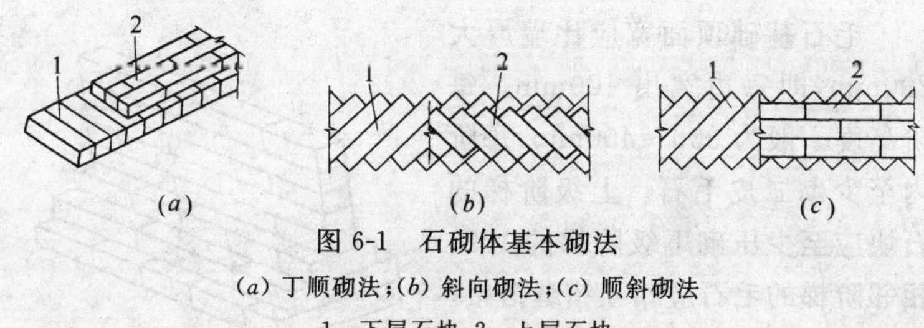

图 6-1　石砌体基本砌法

(*a*) 丁顺砌法；(*b*) 斜向砌法；(*c*) 顺斜砌法

1—下层石块；2—上层石块

(3) 顺斜砌法：顺斜砌法是斜砌与顺砌相间，可先斜后顺或先顺后斜，上下皮石料成 45°交叉叠砌，如图 6-1(*c*)。这种砌法用于基础。

(4) 顺叠砌法：顺叠砌法是各石块均顺向砌筑。在条石墙中，上下皮竖缝相互错开至少 1/3 石长，在块石墙中，上下皮竖缝要错开 1/2 石长。

(5) 人字砌法：人字砌法是每块石块均呈 45°倾斜砌筑，墙壁面构成人字花纹。这种砌法用于护坡、道路、挡土墙等。

(6) 杂纹与弧纹砌法：杂纹与弧纹砌法是按石材自然形状，大小搭配，相互吻合，一般每隔 50cm 要加砌丁石。这种砌法适用于毛石墙或卵石砌体。

6.4 石基础有哪几种？

石基础按材料分有毛石基础和条石基础；毛石基础按断面形状分有阶梯形和梯形两种（如图 6-2）。

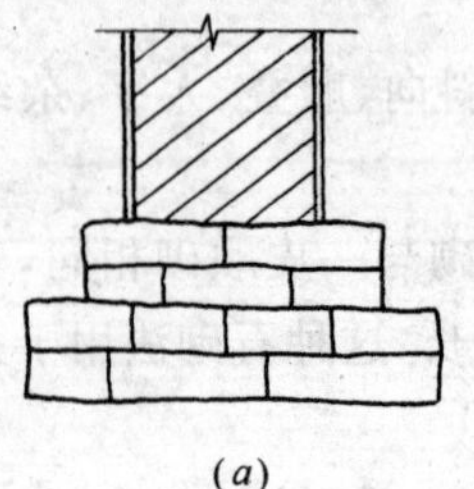

(a)

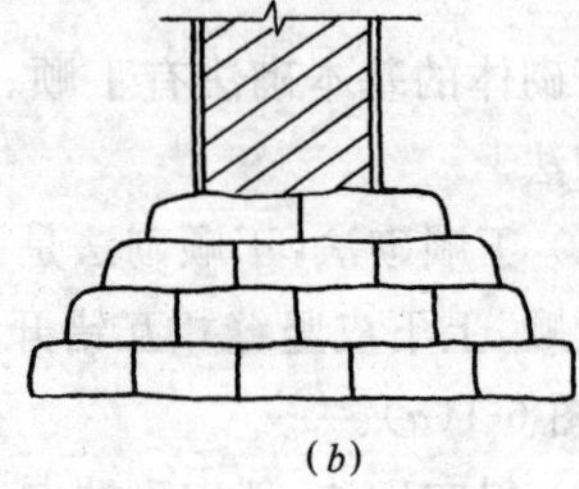

(b)

图 6-2　毛石基础

(a) 阶梯形；(b) 梯形

毛石基础顶面宽应比墙厚大 200mm，即每边宽出 100mm。每阶高度一般为 300～400mm，每阶内至少砌二皮毛石。上级阶梯的石块应至少压砌下级阶梯的 1/2，相邻阶梯的毛石应相互错缝搭接。每阶伸出宽度不宜大于 200mm，台阶宽高比不应小于 1∶1。梯形基础的高宽比也不应大于 1∶1。

图 6-3　条石基础

条石基础的断面一般呈阶梯形，每皮伸出宽度应不大于 200mm。第一皮宜用丁砌，第二皮顺砌，上下皮竖缝相互错开 1/4 石长（图 6-3）。

6.5 石基础施工时应注意哪些事项？

石基础施工时应注意以下几点：

(1) 基础砌筑时，应先检查基底的尺寸和标高，清除杂物。放出基础轴线及边线，立好皮数杆，标明退台高度及分层砌石高度。皮数杆之间要拉上准线。

（2）砌梯形基础，还应定出立线和卧线，立线控制基础的宽度，卧线控制每层高度及平整，并逐层向上移动（如图 6-4）。

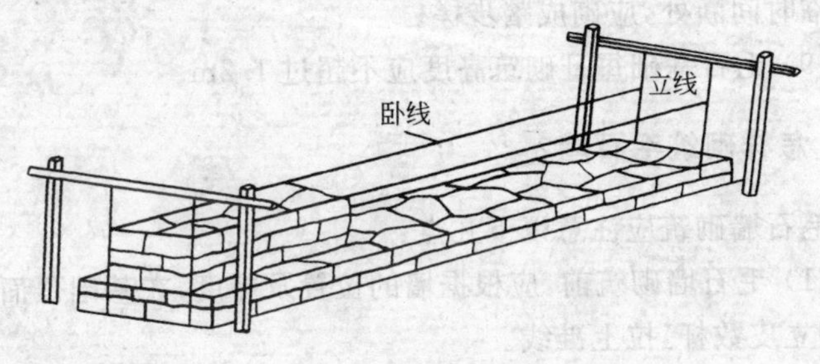

图 6-4 立线与卧线

（3）基础的砌筑要用坐浆法。石块大面朝下。角石应选用比较方正的石块，角石砌好后，再砌里、外面的石块，最后砌填中间部分。中间部分的石块应交错放置，尽量使石块间隙最小，然后将砂浆填在空隙中，再根据缝隙的形状和大小选用合适的小石块放入，用小锤冲击，使石块全部挤入缝隙中。禁止采用先放石块后灌浆的方法。

（4）毛石基础的灰缝厚度宜 20～30mm，石块间不得有相互接触现象。石块间较大的空隙应填塞砂浆后用碎石块嵌实，不得采用先摆碎石块后塞砂浆或干填碎石块的方法。砂浆饱满度不应小于 80％。

（5）毛石基础的扩大部分，如做成阶梯形，上级阶梯的石块应至少压下级阶梯的 1/2，相邻阶梯的毛石应相互错缝搭砌。

（6）毛石基础的最上一皮石块，宜选用较大的毛石砌筑。基础的第一层及转角处、交接处和洞口处，应选用较大的毛石砌筑。

（7）毛石基础必须设置拉结石。拉结石应均匀分布，相互错开，毛石基础每隔 2m 左右设置一块，拉结石的长度，如基础宽度小于 400mm，应与宽度相等；如基础宽度大于 400mm，可用两块拉结石内外反搭接，搭接长度不应小于 150mm，且其中一块长度不应小于基础宽度的 2/3。

（8）有高低台的基础，应从低处砌筑，并由高处向低处搭接。

当设计无要求时，搭接长度不应小于基础扩大部分的高度。毛石基础的转角处及交接处应同时砌筑，对不能同时砌筑而又必须留置的临时间断处，应砌成踏步槎。

（9）毛石基础每日砌筑高度应不超过 1.2m。

6.6 怎样砌筑毛石墙？

毛石墙砌筑应注意以下几点：

（1）毛石墙砌筑前，应根据墙的位置及厚度，在基础顶面上放线，并立皮数杆，拉上准线。

（2）毛石砌体所用的毛石应呈块状，其中部厚度不宜小于150mm。在转角处，应采用有直角边的石料，将其直角边砌在墙角一面，据长短形状横搭接砌入墙内，如图 6-5(*a*)。在丁字接头处，要选取较为平整的长方形石块，长短纵横砌入墙内，使其在纵横墙中，上下皮能相互咬槎，如图 6-5(*b*)。

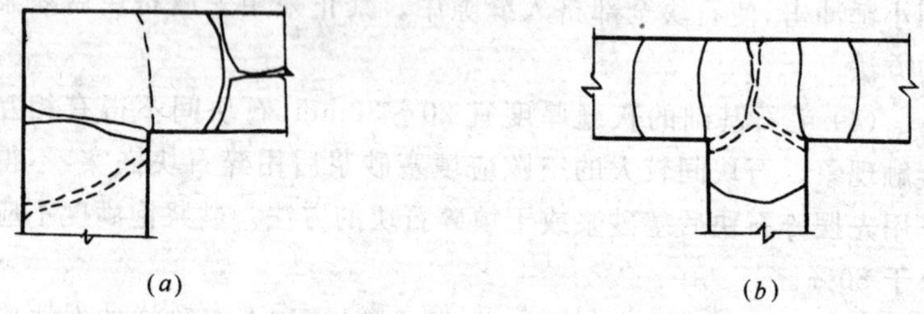

(*a*) (*b*)

图 6-5 纵横墙砌法

(*a*) 毛石墙转角；(*b*) 毛石墙纵横墙丁字接头

（3）毛石墙的第一皮及最上一皮石块应选用较大毛石砌筑，第一皮大面向下，最后一皮大面向上。使用石料大小应搭配，大面平放，外露表面要平齐，斜块朝内，逐块坐浆，先砌转角、交接处和门洞处，再向中间砌筑。

（4）砌筑时应内外搭砌，上下皮相互错缝，避免出现重缝、干缝、空缝、空洞以及刀口型、劈合型、桥型、马槽型、夹心型、对合型、分层型等不合理砌石类型（如图 6-6）。

（5）毛石墙每皮高度应控制在 250～350mm，砌筑时如毛石

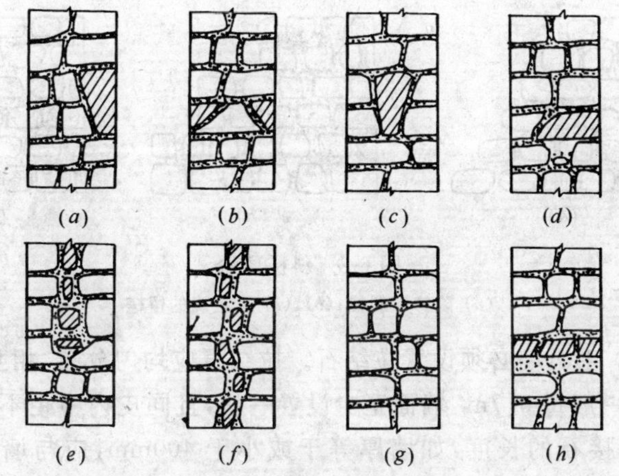

图 6-6　错误的砌石类型

(*a*)、(*b*) 刀口型；(*c*) 劈合型；(*d*) 桥型；(*e*) 马槽型；

(*f*) 夹心型；(*g*) 对合型；(*h*) 分层型

的形状和大小不一，难以每皮砌平，也可采取不分皮砌法，每隔一定主高度大体砌平(如图 6-7)。

图 6-7　毛石墙不分皮砌法

(*a*) 不分皮；(*b*) 大体分皮

(6) 毛石砌体的灰缝厚度宜为 20～30mm，石块间不得有相互接触现象。石块间较大的空隙应先填塞砂浆后用碎石块嵌实，不得采用先摆石块后塞砂浆或干填碎石的方法。砂浆的饱满应大于 80%。

(7) 毛石墙的转角处及交接处应同时砌筑，对不能同时砌筑的而又必须留置的临时间断处，应砌成踏步槎，如图 6-8(*a*)。

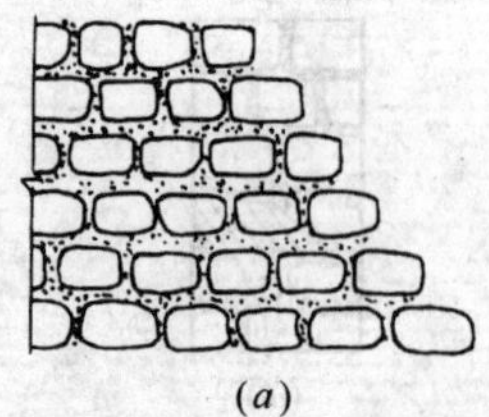
(a)

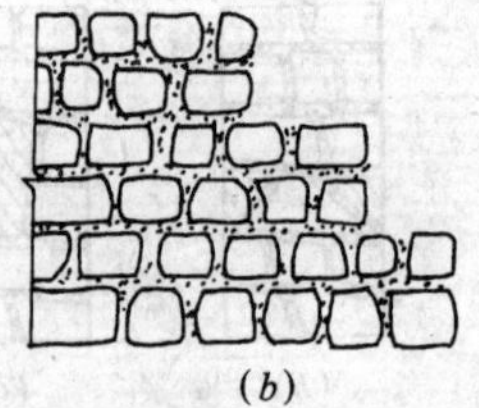
(b)

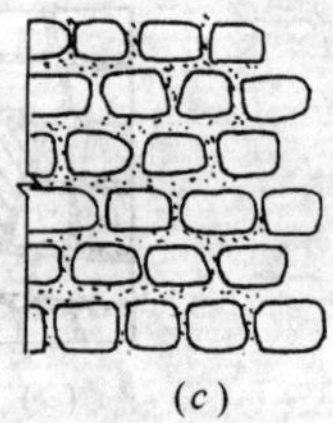
(c)

图 6-8 斜槎留法

(a) 阶梯形斜槎；(b)、(c) 不正确的留槎

(8) 毛石墙必须设置拉结石。拉结石应均匀分布，相互错开，毛石墙一般每 0.7m^2 墙面至少设置一块，且同皮内中距不应大于 2m。拉接石的长度，如墙厚等于或小于 400mm，应与墙壁厚相等；如墙厚大于 400mm，可两块拉接石内外搭接，搭接长度不小于 150mm，且其中一块的长度不应小于墙厚的 2/3。

(9) 毛石墙的每日的砌筑高度，不应超过 1.2m。

(10) 在毛石和实心砖的组合墙中，毛石砌体与砖砌体应同时砌筑，并每 4～6 皮砖之后 2～3 皮丁砖与毛石砌体拉结砌合(如图 6-9)。两种砌体间的空隙应用砂浆填满。

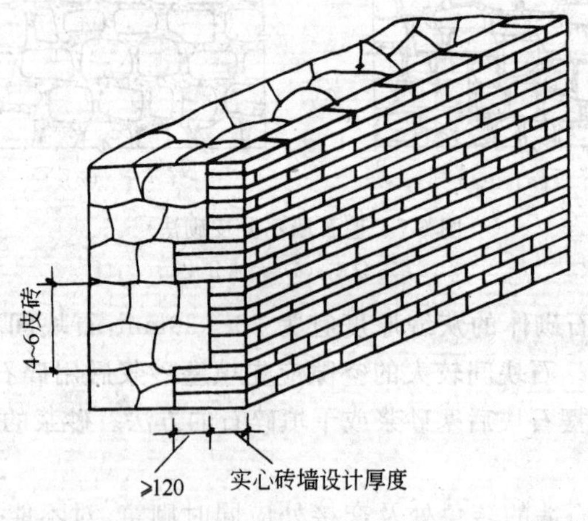

图 6-9 毛石和实心砖组合墙

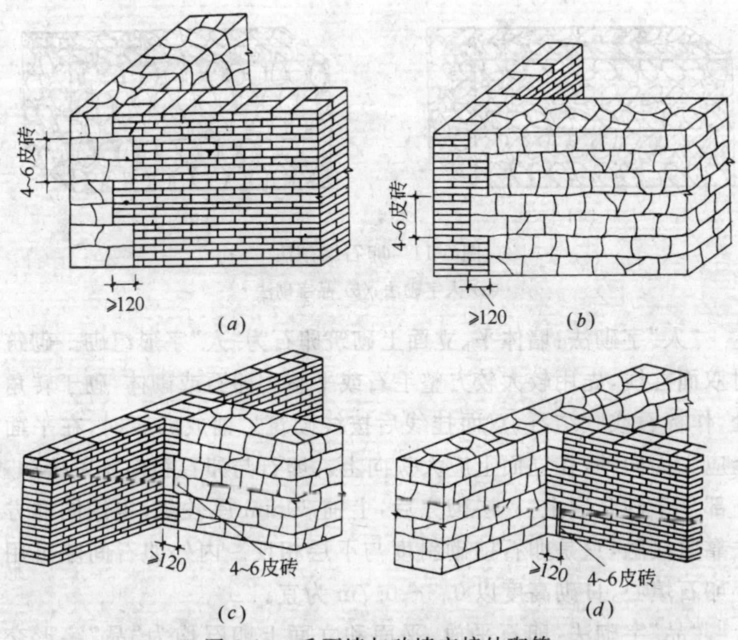

图 6-10　毛石墙与砖墙交接处砌筑

(*a*) 毛石墙和砖墙的转角处砌筑图；(*b*) 砖墙和毛石墙面转角处砌筑图；(*c*) 砖纵墙和毛石横墙交接砌筑图；(*d*) 毛石纵墙和砖横墙交接处砌筑图

(11) 毛石墙和砖墙的转角处和交接处应同时砌筑。转角处应自纵墙(或横墙)每 4～6 皮砖高度引出不小于 120mm 与横墙(或纵墙)相接，如图 6-10(*a*)、(*b*)；交接处应自纵墙每 4～6 皮砖高度引出不小于 120mm 与横墙相接，如图 6-10(*c*)、(*d*)。

6.7　怎样砌筑卵石墙？

卵石墙常用于 2～3 层民用建筑和工业辅助建筑的围护墙，及用于砌筑护坡、挡土墙等。

卵石应选用质地坚硬、表面洁净、具有一定强度的大卵石，一般长度在 100mm 以上，宽度为 50～100mm。卵石墙砌筑常用石灰炉渣砂浆和石灰黏土砂浆。

卵石墙的砌筑有人字砌法和品字砌法两种(如图 6-11)。

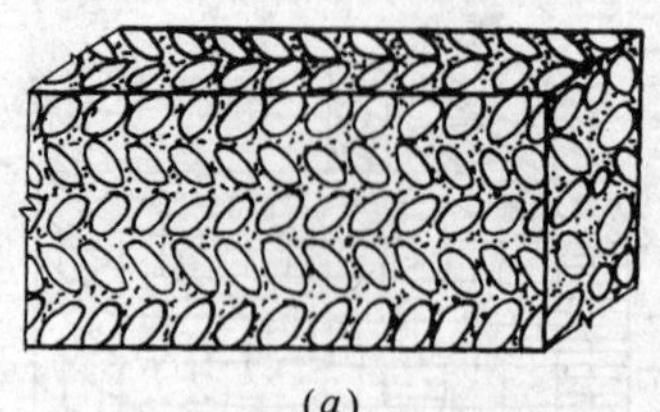

(a)

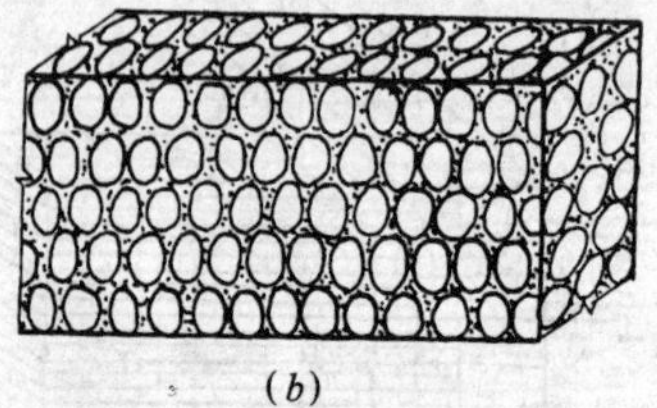

(b)

图 6-11 卵石墙砌法

(a) 人字砌法；(b) 品字砌法

"人"字砌法：墙体平、立面上砌筑卵石为"人"字形组砌。砌筑时双面挂线，先用较大较方整毛石或平整大卵石或砌体，砌于转角处，作标石或联结石，双面挂线后按线砌筑。铺放卵石时，在平面上应大面向外，在立面上应大头向上。卵石与卵石斜向靠紧接触，下部坐于砂浆层上，一层砌完后，上铺 30mm 厚砂浆，再用同样方法靠紧接触，只是卵石铺砌斜度与下层相反。内外卵石间隙可用小卵石填心，日砌高度以 0.5～0.7m 为宜。

"品"字砌法：卵石平放，平面和立面上卵石均为"品"字形交错。先用较大方整石块砌四大角兼作标石，然后双面挂线，卵石铺放大面向下，小头向内，先铺砂浆后砌卵石，并用碎石渣填平稳，使上下卵石接触。

卵石墙砌筑时应注意以下几点：

(1) 砌筑时，"人"字砌法平面应注意适当交错，每隔 1m 左右砌一块等厚的拉结石。"品"字砌法在水平方向每隔 1m、垂直方向每隔 0.5m 砌一块与墙等厚的拉结石，同时要经常注意校正墙身的垂直，使墙轴心受压，不得凸肚弯腰。

(2) 门窗过梁多用钢筋混凝土过梁或钢筋卵石过梁。钢筋卵石过梁的做法为，先铺 30mm 厚砂浆层，并埋入 3ϕ8 的钢筋，在上面用 1∶3 的水泥砂浆砌两皮卵石，钢筋锚入两端内不少于 300mm。门框要先立后砌。

(3) "人"字砌法，一般二层以上建筑应设高 150mm 的圈梁，或用高 300mm 的钢筋砖带，砖带用 M5 砂浆砌筑，内夹两层

2ϕ6～8的钢筋，承重砖柱与卵石墙连接时，每隔 500mm 放一层 ϕ6 拉结筋 2～3 根，伸入墙内 500mm。

(4) 卵石墙砌毕，上表面应适当覆盖，保持湿润，养护 5～7d。

(5) 卵石墙内墙抹面，一般用柴泥打底或石灰加煤灰打底，纸筋或麻刀石灰罩面。外墙"人"字砌法用 1∶1.5～2 的水泥砂浆或水泥石灰砂浆勾缝；"品"字砌法要和内墙一样抹灰，或露出卵石形成"清水"。

6.8 怎样砌筑料石墙？

料石墙的砌筑应注意下列事项：

(1) 施工前应根据设计要求编制石料规格数量表，进行配料加工。料石砌体所用料石，按其加工面的平整程度分为细料石、粗料石和毛料石。

料石各加工面的要求，应符合表 6-3 的规定；料石的加工允许偏差应符合表 6-4 的规定。

料石各面的加工要求　　表 6-3

料石种类	外露面及相接周边的表面凹入深度	叠砌面和接砌面的表面凹入深度
细料石	不大于 2mm	不大于 10mm
粗料石	不大于 20mm	不大于 20mm
毛料石	稍加修整	不大于 25mm

注：1. 相接周边的表面系指叠砌面、接砌面与外露面相接处 20～30mm 范围内的部分；

2. 如设计外露面有特殊要求，应按设计要求加工。

料石加工的允许偏差　　表 6-4

料石种类	允许偏差	
	宽度、厚度(mm)	长度(mm)
细料石	±3	±5
粗料石	±5	±7
毛料石	±10	±15

(2) 各种砌筑用料石的宽度、厚度均不宜小于 200mm，长度不宜大于厚度的 4 倍。

(3) 砌筑前，应根据灰缝及石料规格，设置皮数杆，拉准线。

(4) 料石砌体的灰缝厚度，应按料石的种类确定：细料石砌体不宜大于 5mm；粗料石和毛料石砌体不宜大于 20mm。

(5) 为使灰缝均匀，应量准尺寸或先干摆试砌，然后铺浆砌稳。砂浆铺设厚度应略高于规定厚度，其高出厚度：细料石宜为 3～5mm；粗料石、毛料石宜为 6～8mm。料石的竖缝，可在相邻两块石材砌好后用木棒补填砂浆，注意不得污染墙面。

(6) 料石基础第一皮应用丁砌层坐浆砌筑。阶梯形料石基础，上级阶梯的料石应至少压砌下级阶梯的 1/3。

(7) 料石砌体应上下错缝搭砌。砌体厚度等于或大于两块料石宽度时，如同皮内全部采用顺砌，每砌两皮后，应砌一皮丁砌层；如同皮内采用丁顺组砌，丁砌石应交错设置，其中心间距不应大于 2m。

(8) 在料石和毛石或砖的组合中，料石砌体和毛石砌体或砖砌体应同时砌筑，并每隔 2～3 皮料石层用丁砌层与毛石砌体或砖砌体拉结砌合。丁砌料石的长度宜与组合墙厚相同。

6.9 怎样用料石砌筑窗台板？

用料石砌筑窗台要注意以下几点：

(1) 用多块料石砌筑的窗台，其窗台石的规格、接缝与数量，应左右对称。

(2) 窗台石的宽度，应满压窗台或一半以上，并应挑出滴水。

(3) 窗台上表面应有泛水，下口留有滴水。如石料无泛水时，应在安装时将后面垫高 10～15mm。

(4) 窗台板两端伸入墙体的长度不应小于 100mm。在窗台板与其下部墙体之间(支座部分除外)应留有空隙，并应采用沥青麻刀等材料嵌塞。

6.10 用料石作过梁的规定有哪些？

料石过梁如图 6-12。

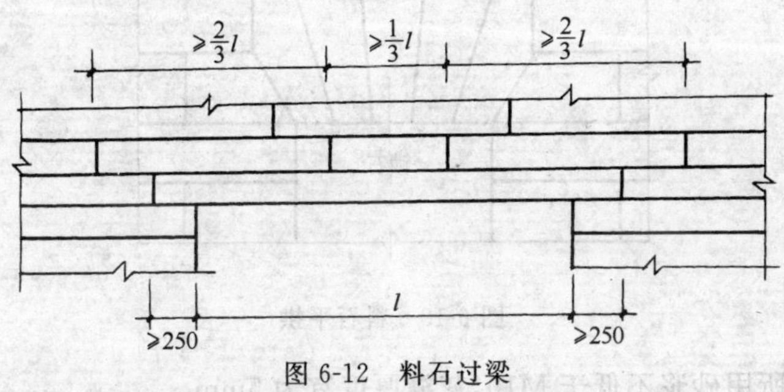

图 6-12 料石过梁

用料石作为梁一般应注意下列几点：

(1) 用料石作过梁，应按设计要求加工制作。如设计无具体规定时，厚度应为 200～450mm，净跨度不宜大于 1.2m，两端各伸入墙内长度不应小于 250mm，过梁宽度与墙厚相等，也可用双拼料石。

(2) 过梁的搁置支座，需用水泥砂浆满浆砌牢，石垫片垫稳。

(3) 过梁上继续砌墙时，过梁上第一皮石块，应从窗间墙上挑向窗洞，挑出石块长度不小于 2/3 过梁净跨，其正中石块不应小于过梁净跨的 1/3；第二皮石块的长度应跨过第一皮的接砌缝。这两皮石块的叠砌缝，宜坐浆，不得使用垫片。

6.11 用料石作平拱时，施工中应注意哪些事项？

料石平拱如图 6-13。

用料石作平拱时，施工中应注意下列事项：

(1) 用料石作平拱，应按设计图要求加工。如设计无规定，则应加工成楔形（上宽下窄），斜度应预先设计，拱两端部的石块，在拱脚处坡度以 60°为宜。平拱石块数应为单数，厚度与墙厚相等，高度为两皮料石高。拱脚处应修整加工，使与拱石相吻合。

(2) 砌筑时，应支设模板，拱模跨中必须预起拱，起拱度为跨度的 0.5％～1％。并以两边对称地向中间砌，正中一块锁石要挤

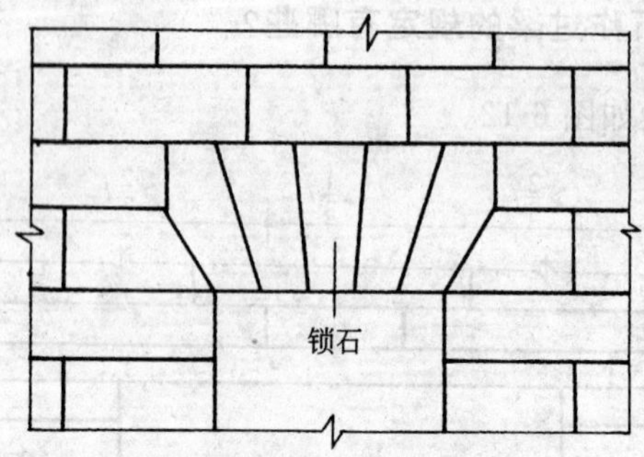

图 6-13 料石平拱

紧。所用砂浆不低于 M10,灰缝厚度宜为 5mm。

(3) 拆模时,砂浆强度必须大于设计强度的 70%。

6.12 用料石作圆拱时,施工中应注意哪些事项?

料石圆拱如图 6-14。

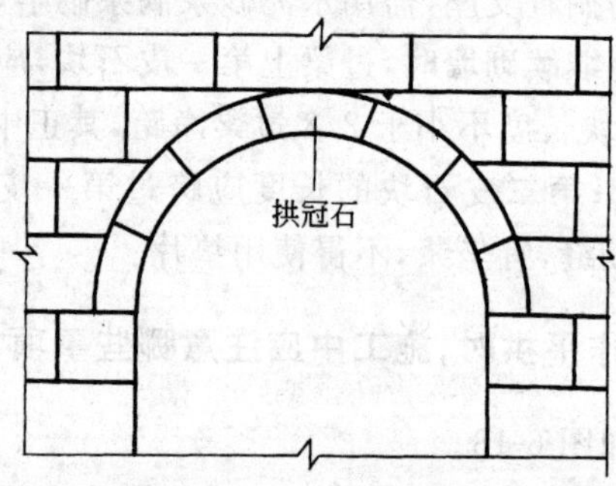

图 6-14 料石半圆拱

用料石作圆拱时,施工中应注意下列事项:

(1) 用料石作圆拱,石块应进行细加工,使其接触面吻合严密,形状及尺寸均应符合要求。

(2) 砌筑时应先支模,并由拱脚对称地向中间砌,正中一块拱冠石要对中挤紧。砂浆强度不低于 M10,灰缝厚度宜为 5mm。

（3）拆模时，砂浆强度必须大于设计强度的70％。

6.13 怎样砌筑毛石挡土墙？

毛石挡土墙如图6-15。

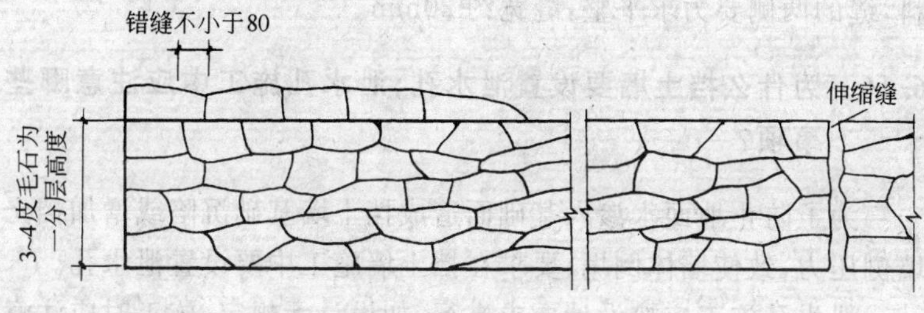

图6-15 毛石挡土墙立面

砌筑毛石挡土墙应注意下列几点：

（1）砌筑毛白挡土墙，应每3～4皮为一个分层高度，每个分层高度应找平一次。

（2）毛石挡土墙所用毛石的中部厚度不宜小于200mm。施工时宜大小搭配使用。

（3）毛石挡土墙外露面的灰缝厚度不得大于40mm，两个分层高度间的错缝不得小于80mm。

（4）砌筑毛石挡土墙，应按设计要求收坡或收台，设置伸缩缝和泄水孔，但干砌挡土墙可不设泄水孔。

（5）毛石挡土墙的砌筑尚应符合毛石砌体的有关规定。

6.14 怎样砌筑料石挡土墙？

砌筑料石挡土墙应注意下列几点：

（1）料石挡土墙宜采用同皮内丁顺相间的砌筑形式。当中间部分用毛石填砌时，丁砌料石伸入毛石部分的长度不应小于200mm。

（2）料石挡土墙，应按设计要求收坡或收台，设置伸缩缝和泄水孔，但干砌挡土墙可不设泄水孔。

(3) 料石挡土墙的砌筑尚应符合料石砌体的有关规定。

6.15 挡土墙怎样设置伸缩缝?

挡土墙一般每隔 10～20m 设置一道,缝内嵌填柔性防水材料,缝的两侧要力求平整,缝宽约 20mm。

6.16 为什么挡土墙要设置泄水孔,泄水孔施工中应注意哪些事项?

为了防止地面水渗入基础而造成挡土墙基础沉陷或增加挡土墙侧压力,致使墙体倒塌,要求在挡土墙施工中要设置泄水孔。

泄水孔施工应按设计要求进行,如设计无规定,施工时应注意下列事项:

(1) 泄水孔应均匀设置,在每米高度上间隔 2m 左右设置一个泄水孔。

(2) 泄水孔宜采取抽管方法留置。

(3) 泄水孔周围的杂物应清理干净,并在泄水孔与土体间铺设长宽各为 300mm、厚 200mm 的卵石或碎石作疏水层。

6.17 挡土墙内侧回填土怎样施工?

挡土墙内侧的回填土质量是保证挡土墙可靠性的重要因素之一,回填时应注意下列事项:

(1) 土方回填前清除底部的垃圾、树根等杂物,抽除底部积水、淤泥,验收底部标高。如在耕植土或松土上填方,应在压实后再进行。

(2) 对填方土料应按设计要求验收后方可填入。

(3) 挡土墙内侧的回填土必须分层夯填,分层厚及压实遍数应根据土质,压实系数及所用机具确定,一般取 200～350mm。

(4) 填方施工过程中应检查排水措施、每层填筑厚度、含水量控制、压实程度。

(5) 墙顶土面应有适当坡度使水流向挡土墙外侧面。

6.18 如何检查确定石砌体中砂浆的饱满度?

石砌体是由石块和砂浆砌筑而成,砂浆饱满度的大小,将直接影响石砌体的力学性能、整体性能和耐久性能的好坏。因此,《砌体工程施工质量验收规范》(GB 50203—2002)中第 7.2.2 条明确规定“砂浆饱满度不应小于 80%”。由于毛石形状不规则,棱角多,不宜采用砖砌体中使用的百格网法来检查石砌体的砂浆饱满度。《砌体工程施工质量验收规范》(GB 50203—2002)中 7.2.2 条规定了石砌体中砂浆饱满度采用“观察检查”的检查方法。抽检数量:每步架抽检不少于一处。

6.19 石砌体的勾缝形式有哪些种?

石砌体勾缝形式常见的有平缝、半圆凹缝、平凹缝、平凸缝、半圆凸缝、三角凸缝等(如图 6-16)。常用的有平缝和凸缝。

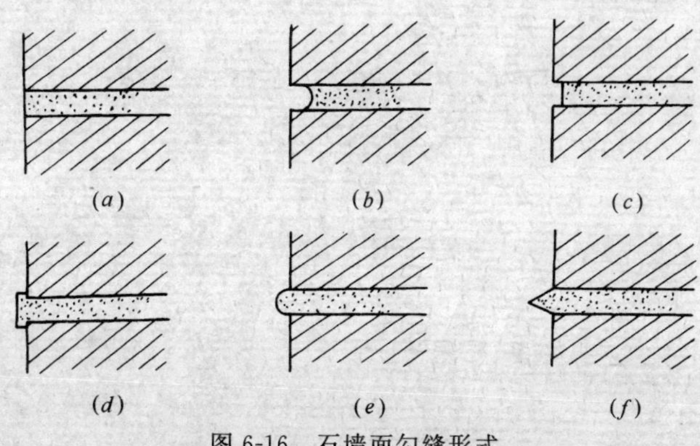

图 6-16 石墙面勾缝形式

(a) 平缝;(b) 半圆凹缝;(c) 平凹缝;
(d) 平凸缝;(e) 半圆凸缝;(f) 三角凸缝

6.20 怎样进行石砌体的勾缝?

石砌体勾缝应注意下列几点:

(1) 勾缝前先进行刮缝,刮缝深度 15mm 左右,并浇水冲去浮灰，使灰缝充分湿润。

（2）勾缝用1∶1.5的水泥砂浆，砂浆稠度以勾缝镏子挑起不落为宜。也可采用混合砂浆或掺入麻刀、纸筋等的其他砂浆。勾缝按自上而下的顺序进行，先勾平缝，后勾立缝。勾缝完毕约1h后，用扫帚对墙面进行清理。

（3）勾平缝时，砂浆应压实，表面光滑，缝条应均匀一致，深浅相同，十字、丁字形搭接处应平整通顺。

（4）勾凸缝时，随后再抹一层砂浆，用小抹子压实压光，形成宽窄一致的凸缝。

（5）毛石墙面勾缝应保持砌筑时的自然缝。

7 配筋砌体工程

7.1 配筋砌体工程验收为什么还要满足砖砌体工程或混凝土小型空心砌块砌体工程的要求？

配筋砌体工程是指在砌体中配置有一定数量（体积配筋率不小于0.07%）钢筋的砌体工程，它是相对于无筋砌体而言的。随着我国经济的发展，建筑工程抗震设防要求的提高和砌体工程材料应用的发展变化，配筋砌体的应用也越来越广泛，配筋的形式也发生了很多变化，过去常用的钢筋砖圈梁及钢筋砖过梁等已很少采用，现在应用的配筋砌体构件主要是网状配筋砌体柱、水平钢筋砌体墙，砖砌体和钢筋混凝土面层或钢筋砂浆面层组合砌体柱、墙，砖砌体和钢筋混凝土构造柱组合墙、配筋砌块砌体剪力墙等。

《建筑工程质量检验评定标准》（GBJ 301—88）中第六章砖石工程的检验评定内容是依据《砖石工程施工及验收规范》（GBJ 203—83）编制的，没有涉及配筋砌体的内容。而《砌体工程施工及验收规范》（GB 50203—98）已经将砌砖工程、混凝土小型空心砌块工程和配筋砌体工程分列成章，但又未形成检验评定标准，这次新的砌体工程施工质量验收规范是在原检验评定标准和施工及验收规范的基础上修订而成的，综合了两本标准中关于验收的内容，取消了施工和评定方面的内容，形成了全新的规范体系。

《砌体工程施工质量验收规范》（GB 50203—2002）在砌体的分类划分上仍然沿用了1998年版施工及验收规范的五类划分方法，即划分为砖砌体工程、混凝土小型空心砌块砌体工程、石砌体工程、配筋砌体工程和填充墙砌体工程。这五类砌体中除配筋砌体以外，其余四类都是根据砌体材料类型来划分的，因而施工质量验收标准反映的都是该类砌体的共性要求。而配筋砌体是砖砌体或混凝土小型空心砌块砌体的一种特殊型式，其特殊性就在于配置有钢筋，因而对配置的钢筋及相关或相邻的砌体的施工质量就有一些特殊的要求。在砌体工程施工质量验收标准中，配筋砌体工程这一章列出的施工技术要求和质量验收标准都是与配筋相关的特殊要求，并未涉及砌体的共性要求，如果再把配筋的该类砌体的共性质量要求列入，则必然显得重复和累赘。因此，配筋砌体验收时，不仅要满足配筋砌体章节中的主控项目和一般项目的规定，同时还要满足砖砌体工程或混凝土小型空心砌块砌体工程章节中主控项目和一般项目的规定。配筋砌体工程验收时，应同时使用配筋砌体工程检验批质量验收记录和砖砌体工程检验批质量验收记录或混凝土小型空心砌块砌体工程检验批质量验收记录二种验收用表。

7.2 构造柱相邻砌体砌筑的要求是什么？

在房屋建筑工程的砌体工程中，为了加强砌体结构的整体性，提高结构抗震性能，根据工程所处的地理位置和抗震设防烈度的不同要求，设计时常在外墙四角、纵横墙交接处、楼（电）梯间的四角、较大洞口两侧等部位设置钢筋混凝土构造柱，这是在大量震害调查研究基础上采取的一项构造措施。

钢筋混凝土构造柱与砖砌体连接部位的联系和结合状况是确保构造柱发挥其作用的关键因素之一。设计施工时，一般采取设置拉结钢筋和将构造柱相邻砌体砌成大马牙槎的措施。

构造柱相邻砌体砌筑时要控制好以下五个方面：

（1）搁准底。构造柱相邻墙体砌筑时，控制好墙体第一层砖靠构造柱边的位置十分重要，它关系到构造柱的轴线位置和柱层间位移。240mm 厚墙一般以砌筑平面的墙体轴线为准，按构造柱设计截面尺寸边线外退 60mm 留槎砌筑。当外墙厚为 370mm，构造柱设计为暗柱时，沿墙轴线方向的一边，同样外退 60mm 留槎砌筑，垂直轴线方向则在保持外墙面平整的条件下，基本与构造柱边线齐平，不留槎砌筑，如图 7-1 所示。

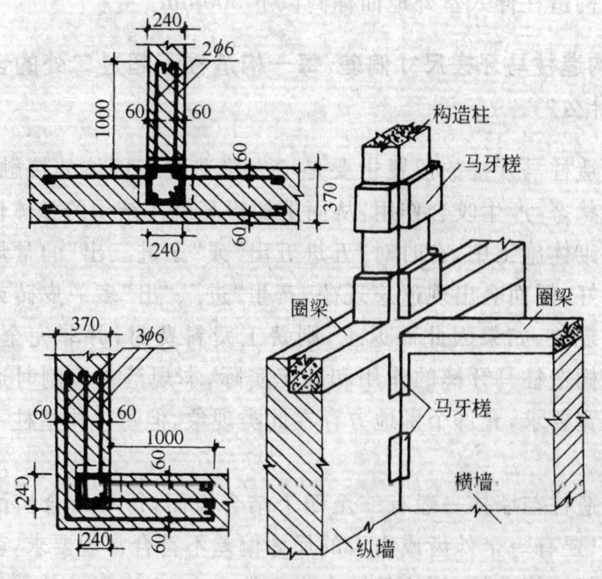

图 7-1　构造柱位置示意图

(2) 马牙槎留置要先退后进，这样，可以保证构造柱底部和圈梁等构件有较大的接触面，有利于加强连接节点，也有利于保证结合部位混凝土的施工质量。

马牙槎的高度，规范要求≤300mm，施工中一般按上限要求控制。习惯上执行“五进五出”或“三进三出”的砌筑方法。即对于普通砖砌体来讲，先收进五皮砖再伸出五皮砖；对于多孔砖砌体来说，先收进三皮砖再伸出三皮砖，以底砖为准，伸出长度为 60mm。

(3) 正确留置拉结钢筋。构造柱相邻砌体砌筑时，规范要求应沿高每 500mm 设置 2φ6 的水平拉结钢筋，每边伸入墙内不宜小于 1.0m，遇有洞口时，则伸至洞边，距墙边距离为 60mm。

(4) 控制好马牙槎外齿边的垂直度，这是确保构造柱截面尺寸的关键。施工中首先要搁准第一层伸出砖的位置，然后按砌筑阳角的类似方法砌筑，保持垂直。

(5) 构造柱可不必单独设置柱基，但在基础砌体砌筑时，应保证底层构造柱伸入室外地面标高以下 500mm。

7.3 构造柱马牙槎尺寸偏差，每一构造柱不超过二处的含义是什么？

构造柱马牙槎的留置主要是增大构造柱与墙体的接触面，改善结合状态，产生咬合作用，从而更加提高砌体结构的整体性能。

在砌体施工中，有时对“五进五出”或“三进三出”的常规要求掌握不好，偶而会出现遗忘现象，产生“进”、“出”多一皮砖或少一皮砖的现象，如果因此而返工，则费工费料费时，并非完全必要。考虑到构造柱马牙槎的作用和施工实际，本规范在编制时适当给予了放宽要求，允许个别地方存在此类现象，但每一构造柱不得超过二处。

构造柱与墙体一般有二至四个结合齿面，每一结合齿面的马牙槎，只要有一个外齿或内齿的尺寸偏差不符合常规要求，就算是一处。每一构造柱，不论其结合齿面的多少，出现尺寸偏差的齿数都不得超过二处。

7.4 构造柱中心线位置偏移如何确定？

钢筋混凝土构造柱为现浇构件，根据砌体结构墙体厚度的不同、构造柱设置位置的不同以及构造柱设计截面尺寸的不同，一般说来，构造柱可分为明柱和暗柱二类。所谓明柱是指构造柱至少有一个表面外露的构造柱。暗柱是指没有一个完整表面外露的构造柱，只有在马牙槎部位局部槎齿混凝土外露。

构造柱中心线一般指其截面中心线。由于构造柱一般都与圈梁一起浇筑，构造柱混凝土浇筑成型以后，无论暗柱或明柱都难以测定其中心线位置。因此，对暗柱来说，施工后就不再测其各项尺寸允许偏差数据，而只能通过在砌体施工过程中对构造柱的截面尺寸进行控制。

对于明柱来说，可以选择其一个外露面进行间接量测。具体可选用以下的量测方法来确定其中心线位置的偏移程度。以底层圈梁上平面处构造柱外露表面边长中点为基准，采用经纬仪或其他测量仪器观测，或采用吊线的方法量测，看所测楼层顶部圈梁下平面处构造柱外露表面边长中点对基准点的偏差，该偏差即为该层构造柱的中线位置偏移值。

7.5 构造柱层间错位的含义是什么？

构造柱层间错位是指相邻的结构层间构造柱在圈梁上下面部位中心线位置相错不重合的现象。

在《设置钢筋混凝土构造柱多层砖房抗震技术规程》(JGJ/T 13—94)中，第 3.1.4 条规定构造柱应沿整个建筑物高度对正贯通，不应使层与层之间构造柱相互错位。这是针对设计而言的。这里所说的错位的含义是指构造柱在相邻两设计平面中的位置不在同一轴线位置。贯通的意思是不应出现跳层现象。这都是从保证多层砌体房屋沿高度方向具有连续约束的要求出发来规定的。

在《砌体工程施工质量验收规范》(GB 50203—2002)中，第 8.2.4 条中对构造柱位置层间错位限制的要求，是在构造柱设置在同一轴线位置，上下贯通的情况下，对构造柱施工质量层间错位的控制。

构造柱施工与普通钢筋混凝土柱的施工工艺有所不同。

普通钢筋混凝土柱施工一般是先绑扎柱钢筋后，支柱模校正，再浇筑柱混凝土，或者柱混凝土与梁、板等一起浇筑。柱截面尺寸及中心线位置取决于柱模板的尺寸及柱模板在混凝土浇筑前的垂直度。

构造柱施工则不一样，虽然也要先绑扎构造柱钢筋，但是，构造柱的截面尺寸主要取决于构造柱相邻砌体马牙槎的砌筑位置，砌体一旦砌成，则构造柱截面也就基本确定。构造柱柱顶中心线的位置也随柱顶马牙槎的砌筑完成和墙体的垂直度而基本确定，难以再进行校正。因此，构造柱的截面和中心线的位置在很大程度上依赖于砌体的砌筑质量。

正因为如此，常常出现构造柱在两相邻结构层间圈梁上下面部位中心线位置相错的现象。要控制好构造柱层间错位必须首先控制好下层构造柱顶相邻砌体马牙槎的砌筑位置准确。

7.6 构造柱的垂直度如何进行量测?

钢筋混凝土构造柱垂直度量测方法应分别针对明柱和暗柱两种情况进行。

明柱至少有一个表面外露，暗柱则没有一个完整的表面外露，只在马牙槎部位有局部槎齿混凝土外露。

暗柱的垂直度无法进行量测，只能通过控制柱体相邻砌体的垂直砌筑水平来进行间接的控制。

明柱的垂直度一般选择其一个外露表面来进行量测。

在《设置钢筋混凝土构造柱多层砖房抗震技术规程》(JGJ/T 13—94)中，对构造柱的每层垂直度的检查方法规定的是采用吊线法进行检查。吊线法检查量测得的是构造柱全高范围内的垂直度偏差，是以构造柱顶面(圈梁底)和构造柱底部(楼面)部位同一铅垂面处柱面与垂线间的距离相比较而确定的。采用吊线法量测一般需要二人配合才能进行。

在《砌体工程施工质量验收规范》(GB 50203—2002)中，对构造柱的每层垂直度的检查方法规定的是采用 2m 托线板进行检查。2m 托线板检查方法量测得的是柱面某 2m 范围内的垂直度偏差。采用托线板量测垂直度一个人即可完成量测工作。

为什么在这次新的《砌体工程施工质量验收规范》中要改变《设置钢筋混凝土构造柱多层砖房抗震技术规程》规定的吊线法量测每层构造柱垂直度的检查方法呢？这是因为：

① 2m 托线板量测垂直度的检查方法，是一种习惯常用的检查方法，无论在模板安装工程、装配式大墙板安装工程上，还是在现浇混凝土结构柱墙、砌体工程上，都是通用的检查每层垂直度的检查方法。构造柱既是现浇混凝土柱，又是和砌体工程紧密相连的，因此，采用通用的统一的检查方法是合适的，有利于采用相同

的评价方法来衡量类似的构件和相近的结构部位的施工质量。保持评价方法的一致性。

② 在设置构造柱的多层砖房施工现场，一般配备一名质量检查人员。采用托线板检查方法，质量检查人员本人即可完成量测工作。如果采用吊线法检查，那么就需要有人配合质量员进行检查量测，而这种检查量测又是短暂的，会造成工作安排的不便和人力的浪费。

③ 每层垂直度的量测一般都在检验批验收时进行。每一楼层砌体结构施工可能会划分成若干个施工段(检验批)，而同一施工段砌体工程的垂直度和构造柱的垂直度检查并不能同时进行，采用相同的检查方法可以用同一工具在不同的施工段上交叉检查。

④ 2m 托线板检查方法和吊线法检查量测的范围虽然不一样，但基本上可以反映被量测体垂直度的基本状况，在少数情况下量测结果较吊线法略偏小，质量要求略有放宽。但构造柱的成型工艺和普通钢筋混凝土柱的成型工艺不同。普通钢筋混凝土柱可以在成型前对模板采取校正措施，成型中还可采取一定的补救措施来保证柱的垂直度要求。而构造柱的垂直度首先受制于砌体的垂直度，砌体一旦成型不宜也不易将其校正，加之混凝土施工后还可出现垂直度的偏差。因此，对构造柱垂直度要求略有放宽也是适宜的。

7.7 构造柱全高垂直度量测在什么情况下进行?

构造柱垂直度一般情况下只在配筋砌体工程检验批验收时量测每层的垂直度，砌体工程施工质量验收规范规定的允许偏差为10mm。

《建筑工程施工质量验收统一标准》中规定：分部(子分部)工程质量验收合格的标准之一是地基与基础、主体结构和设备安装等分部工程有关安全及功能的检验和抽样检测的结果应符合有关规定。

设置钢筋混凝土构造柱多层砖房其主体结构为砌体结构，其中，构造柱对砌体起约束作用，使之有较高的变形能力和延性，能够提高砌体的抗剪强度，因此和结构的安全性能相关。所以，在主体结构分部工程或砌体结构子分部工程验收时，应该对构造柱全高范围内的垂直度进行抽样检测，其测量结果应符合《砌体工程施工质量验收规范》表 8.2.4 中的相关规定。具体地说，构造柱全高小于等于 10m 时，垂直度允许偏差为 15mm；构造柱全高大于 10m 时，垂直度允许偏差为 20mm。

构造柱全高范围内垂直度量测方法，可采用经纬仪、吊线和尺量检查，也可以采用其他测量仪器或测量方法进行检查。

7.8 构造柱拉结钢筋竖向位移不超过 100mm 的含义是什么？

构造柱在多层砖砌体结构中，通常设置在震害较重、连接构造比较薄弱和应力集中的部位。

构造柱主要是对砌体起约束作用，使砌体能够具有较高的变形能力和延性。构造柱这种性能的发挥固然与其和圈梁的共同作用及构造柱自身设计状况有关，但同时也和构造柱与墙体的拉结钢筋的设置有关。

《设置钢筋混凝土构造柱多层砖房抗震技术规程》(JGJ/T 13—94)中，在一般规定的基本要求和构造措施中都明确规定，构造柱与墙连接处应沿墙高每 500mm 设置 2ϕ6 水平拉结钢筋，每边伸入墙内不宜小于 1.0m。

由于构造柱的拉结钢筋必须在砌体砌筑时提前预埋，拉结钢筋埋置的操作者是瓦工师傅，能否严格按墙高每 500mm 设置一层，主要取决于瓦工师傅操作的精心程度。在实际的施工实践中，由于通常构造柱相邻砌体大马牙槎的尺寸为 300mm(五皮普通砖或三皮多孔砖)，比较有规律性，而要求拉结筋设置的间距为 500mm(八皮普通砖或五皮多孔砖)，二者之间就出现了砖层要求模数的不协调，产生拉结钢筋层在马牙槎中的位置多变的状况，这种情况常常给瓦工的施工操作带来不便，必须经常数砌筑层数才能保证拉结筋的正确留置。有时候，瓦工砌筑紧张或稍不精心，就可能出现错层的现象。还有的时候，由于施工组织方面的原因，拉结钢筋不能及时供应到瓦工砌筑位置或供应的拉结筋规格不符合砌筑位置的要求，瓦工为赶线而不能停砌待料，只能放弃设置拉结钢筋，从而造成后来再设置时出现错层。这种种情况都是在施工实践中经常可能出现的，是难以完全避免的。如果一经出现这种拉结钢筋位置错层现象就返工重砌，则可能会造成工料的一定损失，并非是最好的处置办法。根据拉结钢筋的作用来分析，从实际出发，允许在不大的范围内个别位置出现拉结钢筋位置错层现象是合理的，也是切合实际的。

因此，在配筋砌体工程施工质量验收时，规定拉结钢筋的竖向位移不应超过 100mm，这是相对于拉结钢筋的标准间距 500mm 而言的。也就是说拉结钢筋沿墙高埋设位置的偏差只允许超过一皮砖，100mm 的规定既照顾到了普通砖模数的要求，也照顾到了多孔砖模数的要求。从管理上来说，这一要求的含义就是即使在某一砌体层位置遗忘了埋设拉结钢筋，那么在下一层块体砌筑时就必须埋设，否则就必须返工，不允许一错再错。同时，规范又规定每一构造柱出现拉结钢筋竖向位移的地方不应超过两处。“处”的含义是指构造柱每一面相邻砌体砌筑时出现拉结钢筋位置偏移的地方。例如，某构造柱位于纵横墙交接处，在纵墙砌筑时，当某一砌筑层漏放拉结筋时，常常在构造柱两侧同时漏放，这种情况拉结钢筋出现位移的“处”数应是二处，而不是一处。

拉结钢筋埋设位置正确性检查验收，应该在砌体检验批砌筑完成后，构造柱支模前进行。

7.9 预埋的拉结钢筋为什么不得任意反复弯折？

首先，从钢筋的基本力学性能来看，在弹性范围内，钢筋受力变形后，一旦外力消失，钢筋会恢复到原来的状态。但是，如果钢筋受力产生的变形过大，超出了弹性范围，进入塑怀状态，外力消失后，不仅会存在一些残余变形，而且钢筋的屈服强度和极限强度也会随之有所提高，塑性性能降低。如果反复受力，钢筋会变得越来越脆。钢筋冷加工即利用这一原理。

预埋的拉结钢筋一般都采用 HPB235 级光圆钢筋，直径一般采用 ϕ6mm，较细。砌入砌体后，外露部分如果弯折时，其弯折点的位置一般发生在墙面附近。在弯折时，钢筋的一面受压，一面受拉，在弯折点处，较细的钢筋会因弯折曲率过大在弯折点处产生较大的拉压变形，从而使钢筋在弯折点处的物理力学性能发生变化。如果任意进行反复弯折，等于给钢筋在弯折部位进行反复冷加工，大大降低该处钢筋的塑性，甚至产生脆断现象，影响拉结钢筋作用的发挥。

其次，拉结钢筋作用的发挥，主要是通过拉结钢筋与砂浆之间的粘结力来传递拉结力的。砌体砌筑以后，砂浆强度的增长有一个较长的过程。在砂浆强度较低的情况下，钢筋和砂浆之间的粘结力必然也较低。混凝土构造柱留置的拉结钢筋发生弯折问题，一般在某一砌体施工段施工过程中，均处于砌筑砂浆凝结硬化、强度增长的早期阶段，因此，此时弯折钢筋，可能会在一定长度范围内，影响钢筋周围砂浆强度的增长，影响粘结力。而且，钢筋弯折时可能产生的传动和位移，也会使一定长度范围内的钢筋和砂浆间产生间隙，使已经形成的粘结力遭到破坏。所以反复弯折留置端钢筋对埋入端钢筋与砂浆间的粘结力的形成和发展是有影响的，应该予以避免。

留置于框架柱内用于填充墙的拉结钢筋同样也不得任意弯折。

当然，在实际施工过程中，有时对某些部位的拉结钢筋难免要进行弯折，但是应该注意，一是要避免反复弯折；二是弯折的曲率半径应尽量大些；三是弯折部位应尽量离埋入部分边缘远些。

7.10 构造柱浇灌混凝土前，为什么要对留槎部位和模板浇水湿润？

在过去完全使用普通木模板的年代里，钢筋混凝土结构或构件混凝土浇灌前，对木模板进行浇水湿润是施工常识。浇水湿润木模板主要起到二个作用:一是木模板湿润后,混凝土浇灌时可以减少对混凝土中水份的吸附量,减少模板对混凝土的粘结,防止混凝土掉皮,也利于拆模,特别是在模板面未经刨光处理的情况下更是如此;二是木模板湿润后,通过湿胀作用,可以使木模板的拼缝严密,防止或减少混凝土浇灌时漏浆的发生。

随着模板施工技术的进步,现今,模板材料的种类已大大发展,除普通木模板以外,使用较多的有普通小钢模、钢制大模板;酚醛树脂复面或不复面的多层胶合板模板;竹胶板模板等等,这类模板一般不吸水或吸水率相对很小,这类模板用于混凝土工程施工时,一般不需浇水湿润,只须涂刷隔离剂即可。

当前,在砌体工程构造柱混凝土施工中,局部模板的使用主要有普通小钢模或者多层胶合板、竹胶板模板,少数工程也有采用普通木模板的情况,这部分模板所占比重不大。

由于构造柱的特殊性,其混凝土成型,除局部利用模板外,绝大部分是依靠砖砌体的马牙槎来成型的。

我们知道,砖是一种吸水率较大的建筑材料。尽管砌体工程砌筑时,要求对砖提前 2d 浇水湿润,但在施工实践中,这一点有时往往执行得不够好,常常达不到要求的湿润程度。砖在砌筑以后,与构造柱相邻的大马牙槎砌体面全暴露于空气中,随着时间的推移,大马牙槎砖面的含水会不断蒸发,失水干燥,使大马牙槎砖面的含水率逐渐降低,这种情况,在气候干燥地区和炎热天气情况下更突出,以致较短的时间内可能达到基本干燥的程度。而砌体砌筑以后又不可能立即浇灌构造柱混凝土。因此,构造柱大马牙槎砖面吸水性较砌筑时提高是必然的。其吸水性能一般大于普通木模板。

易于吸水的大马牙槎面如果不进行浇水湿润,在构造柱混凝土浇筑过程中,混凝土中的水份在与砖面接触部位可能会被很快吸走,这样,一方面会影响该部位混凝土中水泥的水化,影响强度的生成和发展,加大构造柱混凝土干缩量;另一方面,又由于砖面的吸水,对混凝土浆体产生一定的吸附作用,加大了砖砌体表面和混凝土浆体界面间的阻力，降低了混凝土浆体在砖面上的流动性能，使混凝土在浇筑过程中不容易充填到各个角落，特别在混凝土坍落度较小、流动性较差的情况下更是如此，从而影响到构造柱的成型。

施工实践中大量事实证明：凡是在构造柱混凝土施工前，对留槎部位和模板能注意很好浇水湿润的，构造柱混凝土和砌体大马牙槎间的结合就很严密，强度色泽趋一致。否则，容易造成构造柱混凝土未填实全部马牙槎和结合部位混凝土强度不足的现象，有时甚至还会在混凝土和砖界面间出现竖向的裂缝。

7.11 墙体刚砌完的构造柱部位，立即浇灌混凝土适合吗？

我们知道，任何一个混凝土构件的成型，都要经过混凝土从流态（或半干硬松散状态）到固态这样一个凝结硬化的转变过程，其成型尺寸主要取决于成型过程中模板的尺寸。如果模板尺寸准确，混凝土构件成型尺寸就准确，如果模板尺寸不标准或者变动，混凝土构件成型尺寸也就不标准。

模板尺寸和位置的准确性，除了和支模质量控制程度有关以外，还和模板自身的强度、刚度以及支撑的稳定性能等因素有关。强度不足，刚度较差，或者支撑不稳定的模板系统，在混凝土浇筑过程中，由于受到各种力（混凝土重力、侧压力、冲击力、振捣力等）的作用，很容易产生变形、变位，因而造成混凝土最终成型尺寸的变化。

混凝土构造柱是一种较特殊的现浇构件，其成型模板系统也具有特殊性，大部分成型面是利用墙体形成的，只有小部分成型面是利用各种材质的模板支设形成的。这小部分模板的支模方法，一般也是利用墙体作模板内支撑，采用工具或夹具或钢管扣件相夹而成的，因此，墙体在构造柱混凝土成型过程中起着很重要的作用。

砌体强度的发展随砂浆强度的增长而增长，刚砌完的墙体，由于砂浆尚未凝结硬化，砌体强度很低，特别是抗侧移的能力较弱，如果立即浇灌混凝土，在各种力的综合作用下，或者有时候支模方法不当，很容易使墙体产生局部变位或倾斜，最终导致构造柱成型后的垂直度、平整度等产生变化，超出标准规定，因此，墙体刚砌完的构造柱部位，立即浇灌混凝土是不适宜的。

在工程施工实践中，我们注意到有这样的现象，有时墙体刚砌完时垂直度较好，很快浇筑物构造柱混凝土，在拆模后发现构造柱部位及附近墙体垂直度发生了变化。所以，这一问题应该得到重视。

7.12 什么是去石水泥砂浆？

混凝土的组成材料通常有石子、砂、水泥、掺合料、外加剂、水六大类，水泥砂浆的组成材料一般有砂子、水泥、掺合料、外加剂、水五大类，二者不同之处主要在于有无石子。

在浇筑混凝土竖向构件时，规范一般要求先浇筑一层水泥砂浆，以改善混凝土结合部位的结合状况和混凝土浇筑过程中的均匀性。但是，具体采用什么样的水泥砂浆并未明确提出。为了保持混凝土质量的一致性，在施工实践中，一般采用与浇筑部位混凝土配合比相同，仅仅在拌制过程中不加入石子而制成的水泥砂浆，铺垫在拟浇筑的竖向构件的底部。这种与混凝土配合比相同，仅仅在拌制过程中不加入石子而制备成的水泥砂浆就称为去石水泥砂浆。

7.13 浇筑每一段构造柱混凝土之前，为什么应在结合处注入适量与构造柱混凝土相同的去石水泥砂浆？

浇筑构造柱混凝土之前，一般都应在构造柱底结合部位注入与构造柱混凝土相同的去石水泥砂浆。去石水泥砂浆的注入厚度一般控制在 2cm 左右。去石水泥砂浆的注入，不仅可以改善新浇筑的构造柱混凝土和下段构造柱老混凝土的结合状况，而且可以改善混凝土在浇筑过程中的均匀性，防止或减少构造柱烂根现象。

构造柱混凝土施工时，在开始下料的过程中，由于构造柱内与墙体拉结钢筋的存在，使本来不大的下料空间被拉结筋分割成许多小块，给混凝土的下落形成了层层障碍，部分混凝土不能直接下落到位置，经多层反复阻挡后，混凝土中的一些砂浆被粘附在拉结钢筋上，而石子直接跌落到底部，这样，使构造柱底部混凝土的浆骨比就产生了变化，粗骨料比较明显增加，降低了构造柱混凝土的均匀性。同时，混凝土竖向构件在浇筑与振捣过程中，由于重力作用，较粗的骨料也容易下沉到浇筑层底部。如果不注入适量去石水泥砂浆，新老混凝土的结合面会由于石子过多砂浆偏少而结合不好，注入去石水泥砂浆后，还可以弥补底部混凝土水泥砂浆量的不足。特别是在柱根部模板密封不严，易出现漏浆的情况下，有利于克服构造柱烂根的质量通病。

7.14 落地灰、砖渣等杂物在浇灌构造柱混凝土前为什么要清理干净？

与构造柱相邻的墙体在砌筑过程中，不可避免地要跌落下来一些砂浆；瓦工师傅在砍砖的过程中也难免有一些砖渣蹦落在构造柱底部。这些杂物如果在构造柱混凝土施工前不清除干净的话，混凝土施工后，必然在构造柱根部形成夹渣层，使上下层构造柱的连接部位出现薄弱层，甚至产生构造柱混凝土断开不连续的现象，从而影响构件受力，影响构造柱作用的发挥，所以一定要清理干净。

构造柱落地灰、砖渣等杂物的清理一般在模板封闭加固前进行。首先，要将构造柱拉结筋、箍筋上残留的砂浆以及大马牙槎上未清理干净的砂浆清理下来，然后，再将构造柱底部彻底清理干净，最后封闭模板。

7.15 构造柱混凝土施工振捣时，为什么要避免触碰墙体？

在《设置钢筋混凝土构造柱多层砖房抗震技术规程》(JGJ/T 13—94)和《砌体工程施工质量验收规范》(GB 50203—2002)中都明确规定：振捣时，应避免触碰墙体，严禁通过墙体传震。

构造柱混凝土和其他竖向混凝土现浇构件施工的不同之处在

于构造柱混凝土成型条件不同，其大部分成型面是依靠砌体来成型的。由于构造混凝土施工的时候，砖砌体刚砌不久，虽然说砂浆已凝结硬化，但是，砂浆和块材之间的粘结力刚刚开始形成，此时砌体的强度还很低，如果触碰墙体或通过砖墙来传震，使墙体受到剧烈的振动，会使砂浆和块材之间已经形成的粘结力受到破坏。同时，水泥的硬化、砂浆强度和砌体强度的发展也会受到影响。砌体受力性能受影响较大的是抗剪性能，而抗剪性能较差恰恰又是砌体结构的一大弱点。

所以，构造柱混凝土浇筑振捣时应尽量避免触碰墙体，一旦发生触碰墙体的情况，应立即改变振动棒的振动位置，不能久碰，更不能通过墙体传震。

7.16 什么是钢筋的锚固长度？

钢筋的锚固长度这一概念来源于钢筋混凝土结构。

钢筋与混凝土是两种力学性能完全不同的材料，它们至所以能结合成一体，成为一种材料，共同承受外荷载的作用，主要是因为钢筋与混凝土之间存在着粘结力，有时也称之为握裹力。

此外，钢筋与混凝土两者有着相近的温度膨胀系数。钢筋的温度膨胀系数为 0.000012，混凝土的温度膨胀系数为 0.00001～0.000014。这样，当外界温度变化产生热胀冷缩时，不会因两种材料胀缩不一样产生温度应力而破坏粘结力，这是这二种材料可以结合成一体使用的基本条件。

在钢筋混凝土中，钢筋与混凝土之间的粘结力是由下列因素产生的：

①混凝土在硬化过程中产生收缩，体积缩小，混凝土将钢筋压紧，钢筋如要滑动时，钢筋与混凝土之间产生的摩阻力阻止滑动。

②混凝土中的水泥浆与钢筋两种物质之间存在着胶粘力。

③对于变形钢筋（外观有肋或螺纹的非光圆钢筋），混凝土与钢筋之间还存在着机械咬合力，所以变形钢筋的粘结力要比光圆钢筋大。

所谓钢筋的锚固长度的含义是指：在钢筋锚固拉拔试验中，当拉拔露在混凝土外的钢筋时，钢筋被拉断，而埋在混凝土中的钢筋仍然与混凝土粘结良好，粘结力未受破坏，此时，钢筋在混凝土中的最小埋置长度，即是钢筋的锚固长度。如我们通常所说的，钢筋的锚固长度是多少倍钢筋的直径。

从广义上来说，钢筋的锚固长度是泛指钢筋伸入受力计算不需要的截面以外的埋设长度，如该埋设长度不符合锚固长度要求时，应采取其他锚固措施。

在配筋砌体中，与钢筋混凝土不同的是：钢筋接触的不是混凝土而是砂浆，但钢筋与砂浆之间的粘结力的形成因素基本与钢筋混凝土相同。

因此，在砌体工程中，钢筋的锚固长度的含义同样是指：拉拔试验中，露在砂浆外的钢筋被拉断，而埋在砂浆中的钢筋仍然与砂浆粘结良好，粘结力未受破坏，此时，钢筋在砂浆中的最小埋置长度即是砌体工程中所说的钢筋锚固长度。广义上，也指受力不需要截面以外的钢筋在砂浆中的埋设长度。

7.17 什么是钢筋的搭接长度？

在钢筋混凝土工程或配筋砌体结构工程中，由于钢筋长度不够，或者施工需要，或者直径改变，需要在长度方向将两根钢筋连接起来，以传递拉力或压力，或者有时传递拉力、有时传递压力。连接部位即称为钢筋的接头。

钢筋在长度方向连接方法可分四类：即绑扎连接、焊接连接、机械连接和化学材料连接。

在绑扎连接接头部位，两根接头钢筋之间的力的传递主要不是由钢筋直接传递的，而主要是借助于与钢筋与混凝土或砂浆之间的粘结力来实现的，当然绑扎接头钢筋捆绑在一起，混凝土或砂浆成型后，其接触部位的摩擦力或机械咬合力也可以直接传递一部分力。两根接头钢筋之间力的传递是一个渐近的过程。

因此，在绑扎连接接头中，二根接头钢筋必须交错相搭一部分长度，以确保每一根接头钢筋形成的粘接力满足力的传递的要求。这种两根接头钢筋交错相搭的长度即称为钢筋的搭接长度。

钢筋的搭接长度，根据钢筋外形的不同、混凝土或砂浆强度等级的不同、受力性质的不同而有不同的要求。

钢筋连接后，其连接部位的性能总不如原材。因此，对绑扎连接接头的使用在规范中根据各种情况都作了一定的限制。如接头的使用部位，同一接头区段长度内接头钢筋的面积百分率等。同时，对绑扎连接接头的施工要求和搭接长度的调整都作出了相应的规定。

7.18 砌体灰缝中钢筋的锚固及搭接长度为什么比混凝土工程中要长?

钢筋的锚固长度取决于钢筋与混凝土或砂浆之间的粘结力。粘结力大，要求锚固长度就短；粘结力小，要求锚固长度就长。

粘结力由以下三个因素形成：

一是水泥凝结硬化过程中，产生收缩，使混凝土或砂浆的体积缩小，对钢筋产生压紧，钢筋如果要滑动，使钢筋与混凝土或砂浆间产生摩阻力。

二是水泥水化后，水泥浆与钢筋间存在的胶粘力。

三是变形钢筋与混凝土或砂浆间存在的机械咬合力。

根据钢筋与混凝土或砂浆间粘结力形成的三个因素，从以下几个方面来分析钢筋与混凝土和钢筋与砂浆之间粘结力的大小。

(1) 强度。强度愈高，水泥用量愈大，水灰比愈小，体积收缩愈大，粘结力愈大。混凝土的强度一般高出砂浆强度几倍，混凝土中水泥用量也是砂浆中水泥用量的一倍左右，水灰比又相对较小，所以，混凝土因水泥水化而产生的收缩量相对大一些，产生的水泥凝胶相对多一些，因而抵抗钢筋滑动产生的摩阻力和胶粘力要大。

(2) 密实度。混凝土要振动后成型，而砂浆不经振动，砌体砌筑时只是摊铺，或略受到挤揉，所以，混凝土的密实度要高于砂浆。越密实，其抵抗滑移的能力就越大。

(3)保护层厚度。保护层厚度对粘结力的发挥有一定的影响,保护层过薄,则不能充分发挥出粘结力作用。混凝土中钢筋保护层厚度至少要在15mm以上,而砌体灰缝中的钢筋,由于受到灰缝厚度的限制,一般只能在2～4mm之间。所以,混凝土中钢筋粘结力的发挥要比砂浆中钢筋粘结力的发挥要好。

从以上分析可以看出:钢筋与砂浆间的粘结力要比钢筋与混凝土的粘结力小,因此,钢筋在砌体灰缝中的锚固长度就要长一些。

钢筋的搭接长度也与粘结力密切相关。同理,钢筋在砌体灰缝中的搭接长度自然也比在混凝土中的搭接长度要长一些。

一般情况下,钢筋的搭接长度要比其锚固长度长5倍直径。

7.19 什么是配筋砌块砌体剪力墙?

在中高层砌块砌体建筑结构中,在结构的某些墙体部位,在水平灰缝中配置钢筋网片,砌块孔洞中配置竖向钢筋并用混凝土填实,承受竖向和水平作用的墙体即是配筋砌块砌体剪力墙。

7.20 专用小砌块灌孔混凝土是什么样的混凝土?

专用小砌块灌孔混凝土是指符合建材行业标准《混凝土小型空心砌块灌孔混凝土》(JC861—2000)要求的混凝土。

灌孔混凝土是指由水泥、骨料、水以及根据需要掺入的掺合料和外加剂等组分,按一定的比例,采用机械搅拌后,用于浇筑混凝土小型空心砌块砌体芯柱或其他需要填实部位孔洞的混凝土。

混凝土小型空心砌块灌孔混凝土用Cb标记,强度分为Cb20、Cb25、Cb30、Cb35、Cb40五个等级,各等级的抗压强度相应于C20、C25、C30、C35、C40混凝土的抗压强度指标。

灌孔混凝土粗骨料的最大粒径要求不大于16mm。各组分材料的性能要求均同普通混凝土。其拌制工艺要求,先加粗细骨料、掺合料、水泥干拌1min,再加水湿拌1min,最后加外加剂搅拌,总的搅拌时间不宜少于5min。

灌孔混凝土的工作性能要求坍落度不小于180mm，不离析，不泌水。施工现场检验项目为坍落度和抗压强度。

7.21 为什么配筋砌体剪力墙要采用专用小砌块砌筑砂浆砌筑？

混凝土小型空心砌块砌体，由于小砌块的壁和肋较窄，砌筑后上下层块材的投影接触面较小，即使灰缝砂浆比较饱满，块材间通过砂浆粘结的水平灰缝面积相对较小，所以抗剪强度较低是小砌块砌体的一个弱点。为了克服这一弱点，一般采取一些构造措施来予以加强。

混凝土小型空心砌块砌筑砂浆是砌块建筑的专用砂浆。它有专门的标准，该标准是根据我国砌块建筑设计和施工实践经验及科研成果，并参考《砌筑砂浆配合比设计规程》(JGJ/T 98—1996)及美国《砌筑用砂浆标准》(ASTMC 270—1991)编制的，具有理论和实践基础。专用砂浆其技术性能和施工操作性能都较好，与传统使用的砌筑砂浆相比，可使砌体的砌缝砂浆饱满，粘结性能好，能减少墙体开裂和渗漏，增强抗震性能，提高砌块建筑的施工质量。

一般低层或多层混凝土小型空心砌块砌体建筑，通过构造措施，可以满足抗震性能要求，所以，在《砌体工程施工质量验收规范》(GB 50203—2002)第六章混凝土小型空心砌块砌体工程的一般规定中，第6.1.4条规定，施工时所用的砂浆宜选用专用的小砌块砌筑砂浆。"宜"字是表示赞成，但是是允许选择的。专用砂浆施工成本较高，是否选用要视情况而定。

对于配筋的砌块砌体剪力墙来说，一般在中、高层砌块建筑中应用，是这类建筑中的关键抗震构件，其抗震性能如何至关重要。

配筋砌块砌体剪力墙由于配有各种形式的钢筋，不仅要求块材之间的粘结要好，而且砂浆和钢筋间的粘结性能也要好，才能充分发挥配筋的作用。专用小砌块砌筑砂浆的良好粘结性能是保证砌块砌体剪力墙结构性能的一个重要因素。因此，在《砌体工程施工质量验收规范》(GB 50203—2002)第8章配筋砌体工程的一般规定中，第 8.1.4 条规定，配筋砌块砌体剪力墙应采用专用的小砌块砌筑砂浆。这里用的是“应”字而不是“宜”，一般不允许选择，即使施工成本略高，也得应用，这是保证砌块砌体剪力墙施工质量的重要环节。

7.22 为什么配筋砌块砌体剪力墙要采用专用小砌块灌孔混凝土灌芯？

配筋砌块砌体剪力墙一般应用在中高层砌块砌体建筑。是该类建筑中的重要抗震构件。在配筋砌块砌体剪力墙中，根据抗震设计的需要和构造要求，一般在墙的转角、端部和墙体孔洞的两侧以及墙体的中间要配置竖向钢筋；有的按壁式框架设计的窗间墙也要配足量的竖向钢筋；有的在边墙还要设置边缘构件；有的还设有连梁等等，这些配置在砌块孔洞中的竖向配筋都要求有良好的粘结锚固，特别是钢筋接头采用绑扎搭接接头和非接触搭接接头时。

专用小砌块灌孔混凝土有专门的标准。该标准根据我国砌块建筑设计和施工实践经验及科研成果，并参考《普通混凝土配合比设计规程》(JGJ/T 14—1995)及美国《砌体灌注料标准》(ASTMC 476—1995)制定而成的，具有理论和实践基础。这种灌孔混凝土具有良好的技术和施工性能，对钢筋的锚固性能好，在砌块孔洞较小，又配有钢筋的情况下，易灌实孔洞，保证混凝土的浇筑质量。

因此，在《砌体工程施工质量验收规范》(GB 50203—2002)，对一般的混凝土小型砌块砌体工程，规定浇灌芯柱混凝土宜选用小砌块灌孔混凝土，当采用普通混凝土时，其坍落度不应小于 90mm。这里仍然用的是“宜”字。而在配筋砌块砌体剪力墙中，则明确规定应采用专用的小砌块灌孔混凝土，不允许进行选择。这是从配筋砌块砌体剪力墙在抗震中的作用出发，确保砌块砌体结构的抗震性能规定的，是保证砌块砌体剪力墙施工质量的又一重要环节。

7.23 什么是芯柱?

芯柱是指在砌块内部空腔中插入竖向钢筋，并浇灌混凝土后形成的砌块砌体内部的钢筋混凝土小柱，如图 7-2 所示。

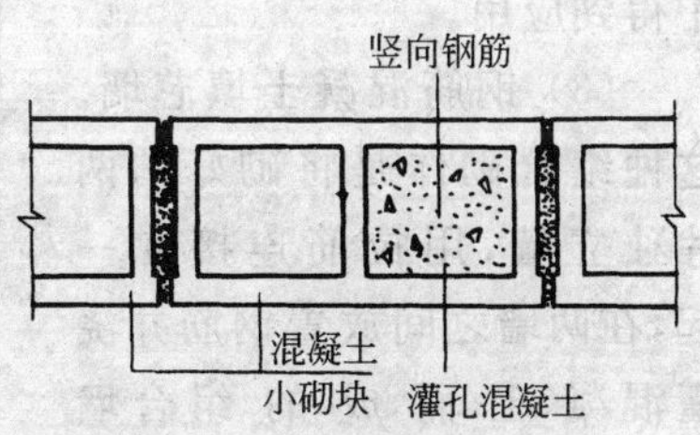

图 7-2 砌块建筑芯柱部位示意

芯柱一般设置在混凝土小型空心砌块砌体结构的纵横墙交接处、砌体的转角处，以及一些较长墙体的中间部位。芯柱设置是混凝土小型砌块砌体工程的一项重要的构造措施。

芯柱的设置，不仅对提高混凝土小型空心砌块砌体结构的整体性能有着重要作用，更主要的是提高砌块砌体结构的抗剪性能。

7.24 什么是组合砖砌体构件?

组合砖砌体构件是指由砖砌体和现浇钢筋混凝土构件组合在一起，通过拉结钢筋(箍筋)加强连接，共同工作受力的组合构件。

组合砖砌体构件通常有以下四种型式：

(1) 组合砖砌体柱。由砖砌体和钢筋混凝土面层或钢筋砂浆面层组合而成。根据柱尺寸状况有图 7-3(*a*)、(*b*)、(*c*)三种类型。

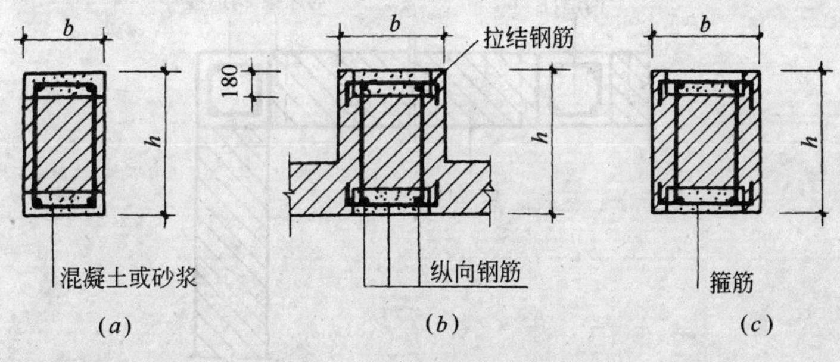

图 7-3 组合砖砌体柱截面

(2) 组合砖砌体墙。由砖砌体和钢筋混凝土面层或钢筋砂浆面层组合而成。如图 7-4 所示。这种形式常在加固工程中得到应用。

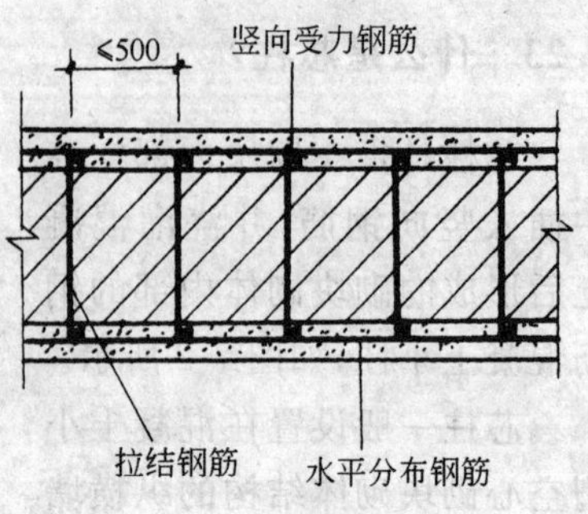

图 7-4　组合砖砌体墙截面

(3) 钢筋混凝土填芯墙。这种组合砌体是将砌好的两片独立墙，用拉筋连接在一起，在两墙之间放置钢筋并浇灌混凝土而成的组合墙体，如图 7-5 所示。这种形式的组合墙体在我国应用极少。

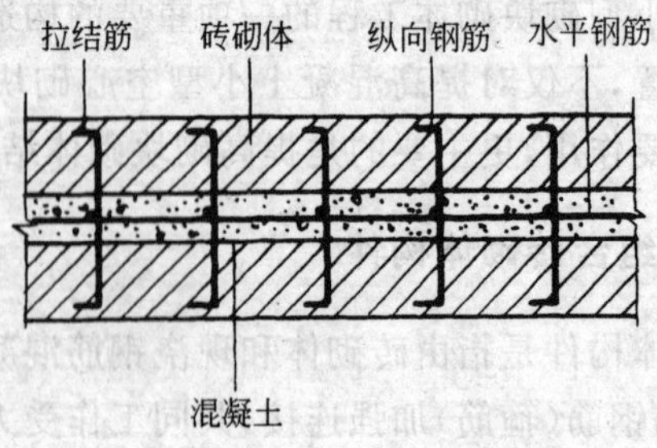

图 7-5　钢筋混凝土填芯墙截面示意

(4) 砖砌体和钢筋混凝土构造柱组合墙，如图 7-6 所示。

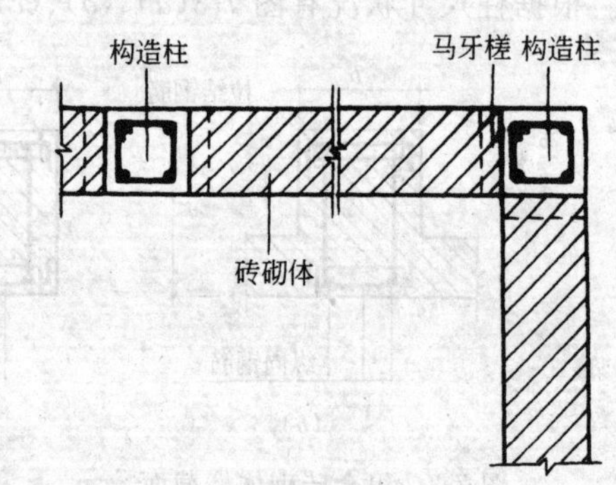

图 7-6　砖砌体构造柱组合墙截面示意

7.25 为什么要把钢筋列为主控项目进行控制？

按照《建筑工程施工质量验收统一标准》(GB 50300—2001)的解释，主控项目是建筑工程中对安全、卫生、环境保护和公众利益起决定性作用的检验项目。

配筋砌体工程一般都属于主体结构工程，涉及到建筑物的安全问题，是施工中需要进行重点控制的工程部位。

普通砌体工程，由于其自身的弱点，常常不能满足结构受力的需要和抗震设防的要求。通过各种形式配置钢筋以后，可以提高砌体结构的承载能力和抗震性能。例如：网状配筋砖砌体可以提高承压能力；组合砖砌体的面层或填心混凝土墙对砌体的约束作用，也可提高砌体的承载力；构造柱和圈梁形成的"弱框架"，使砌体受到约束，可以改善墙体延性，提高承载能力；配筋砌块砌体的力学性能则与钢筋混凝土的性能非常相近。由此可见，钢筋对配筋砌体的力学性能影响还是很大的，是配筋砌体中重要的工程材料。在砌体结构设计规范中，各种配筋砌体中的钢筋都参与了承载力和抗震设计的计算，是配筋砌体中的一种重要受力材料。

配筋砌体中所用的钢筋和钢筋混凝土中所用的钢筋相比较，有其自身的特点。由于受到灰缝和孔洞的限制，钢筋的规格一般比较小，钢筋的级别相对低一些，连接钢筋的作用要大一些，钢筋的设置数量要少一些，因此，配筋砌体中的钢筋和钢筋混凝土中的钢筋同等重要。

除此之外，配筋砌体中钢筋施工工艺还有其特殊之处，主要表现在以下几个方面：

(1) 钢筋混凝土工程中，墙、柱钢筋的安装是先支部分支模板后绑扎钢筋或者先绑扎钢筋后再支模板。而配筋砌体中，有些钢筋在砌体施工中同时埋设，有些钢筋在砌体施工完成后再插入，施工难度相对大些。

(2) 配筋砌体中的部分钢筋，埋入砌体后，具有不可拆换性，可调整性也相对较差。

(3) 配筋砌体中的纵向钢筋接头，一般采用搭接或非接触搭接接头，接头的位置多数具有相对固定性，一般在楼面以上部位，不像钢筋混凝土中钢筋成型后，易检查，易发现问题，易于采取纠正措施。施工质量控制要随时进行。

综上所述，无论从钢筋在配筋砌体中的作用来看，还是从配筋砌体中钢筋的设置和施工特点来看，钢筋都占有重要的位置，对结构受力性能有较大的影响。因此，将钢筋作为主控项目来进行控制是适宜的。

7.26 构造柱混凝土施工试块留置组数如何确定?

构造柱混凝土的设计强度等级一般不高，和圈梁或现浇楼板的混凝土强度等级常常相同。

在《砌体工程施工质量验收规范》(GB 50203—2002)中规定：构造柱、芯柱等每类构件每一检验批砌体至少应做一组试块。

应该注意，在上述规定中，构造柱混凝土施工试块留置是以砌体的检验批为基础的，而不涉及构造柱的多少和混凝土量的大小。因为每一检验批砌体完成检验合格后，必然要进入下一道施工工序，即构造柱、圈梁、现浇板等施工，不可能等每层砌体全砌完后再施工构造柱。否则，就不符合科学组织施工的原则。这里贯彻了上道工序不验收，不得进入下道工序的原则。每一检验批砌体中，虽然所含构造柱数量不会很多，但应有试块留置，以便评判该检验批中构造柱的混凝土质量。

在施工中，由于工程设计不同，各地的施工习惯和方法不同，有时构造柱混凝土单独进行施工，有时和圈梁混凝土同时施工，也有时和圈梁、现浇板等一起施工。因此，同一砌体检验批中混凝土的施工工程量和施工时间往往不同。根据混凝土工程试件留置的基本规定，每拌制 100 盘且不超过 $100m^3$ 的同配合比混凝土，取样不得少于一次和每工作班取样不得少于一次的要求，所以砌体施工质量验收规范的上述规定中强调至少应做一组标准养护试块。

施工中需要注意：如果构造柱混凝土不是单独进行施工的，在混凝土试件委托单和试验报告单中，工程应用部位应含某层某施工段构造柱。

7.27 芯柱混凝土施工试块留置组数如何确定？

混凝土小型空心砌块的强度等级不高，一般不超过 C20，芯柱灌孔混凝土的强度等级一般也不低于 C15。灌孔混凝土的强度等级一般和圈梁的混凝土强度等级一致。

在《砌体工程施工质量验收规范》(GB 50203—2002)中规定，芯柱混凝土验收主控项目中，对混凝土强度等级的抽检，是以每一检验批砌体为基础的，每检验批砌体至少抽一组，并不涉及芯柱的数量与芯柱混凝土量的大小。

由于混凝土小型空心砌块施工和普通砖砌体施工略有差别，混凝土小型空心砌块的日砌筑高度限制在 1.5m 以内，因此，在施工组织中，每一检验批的砌体工程量会相对大一些。同时，芯柱混凝土施工时，还要求砌块砌体砌筑砂浆的强度要达到 1MPa 以上。所以芯柱混凝土施工和构造柱略有不同。

施工中，芯柱混凝土一般与圈梁同时浇筑，此时，芯柱与圈梁的混凝土总量一般不会超过 100 盘或 $100m^3$，混凝土试块统一留置，留置一组标准养护试件即可。如为现浇楼盖，芯柱和圈梁、楼板等一起浇筑时，则按混凝土结构施工取样规定，每 100 盘组不超过 $100m^3$ 的同配合比混凝土每工作班取样一次，至少留置一组标准养护试件，是否需要留置同条件试件可根据实际需要确定。芯柱混凝土如设计强度等级较高，需单独浇筑时，应单独制作试件，取样频率为每检验批不超过 $25m^3$ 灌孔混凝土。

无论何种施工方法，混凝土取样后，试件委托单和试验报告中均应在应用部位栏注明芯柱内容。

7.28 组合砖砌体构件施工中，混凝土或砂浆试块如何留置？

组合砖砌体构件，虽然有几种形式，但每一类型的组合砖砌体中，混凝土的工程量均不大，但有的施工难度相对大些，施工速度相对慢些。

在《砌体工程施工质量验收规范》中，对组合砖砌体构件混凝土或砂浆的强度等级的抽检，同样也是以每一检验批砖砌体为基础的。因此，每一检验批组合砖砌体中，混凝土或砂浆的取样一般留置一组标准养护试块。

对于组合砖砌体墙，多应用于加固工程，根据《混凝土结构工程施工质量验收规范》(GB 50204—2002)对结构实体检验的要求，组合砖砌体墙还应留置同条件养护试件。同条件养护试件的留置方式和取样数量由监理(建设)方和施工方共同商定，其强度试验日期和试件强度代表值的确定，按《混凝土结构工程施工质量验收规范》(GB 50204—2002)附录D"结构实体检验用同条件养护试件强度检验"中的有关规定执行。

7.29 配筋混凝土小型空心砌块砌体芯柱的截面为什么不得削弱？

芯柱设置是混凝土小型空心砌块砌体的一项重要的构造措施。芯柱对提高混凝土小型空心砌块砌体的整体刚度和抗震性能有着重要的作用。

混凝土小型空心砌块由于生产工艺的要求，其壁和肋的厚度并不是一致的，壁厚一般从30～50mm，肋厚一般从25～30mm。因此，构成芯柱的空腔面积也就不等，最小截面为120mm×120mm。芯柱通长可以说是一个四棱台的连接体，并不是一个等截面的柱体。小砌块在生产中，由于芯模结合不严，可能会使底部水泥砂浆流出，硬化后形成突出小砌块空腔内壁的片状突出物，类似于普通混凝土预制板生产时的底部"飞边"，这就使原本已很小的砌块内空腔的最小断面处再度减少面积。如果这些有"飞边"的小砌块应用于芯柱部位而不清除的话，那么，就会使芯柱截面受到削弱，形成薄弱截面，影响芯柱作用的发挥。

可能造成芯柱截面削弱的另一种情况是：由于芯柱截面小，芯柱成型的砌块内腔壁不平整，有台阶存在，混凝土浇灌时，如坍落度、配合比等不合适，容易造成芯柱不密实部位，甚至出现断柱现象，这是一种严重削弱截面的情况。

芯柱截面削弱的还有一种情况是：在预制楼盖处，如果预制板端不处理或处理不合适或安装位置不当，也会造成芯柱截面削弱。

不论在何处削弱芯柱截面，都会影响混凝土小型空心砌块砌体的整体刚度和抗震性能，所以，施工中应予注意，不得削弱。

7.30 装配式楼盖混凝土小型空心砌块砌体如何保证芯柱在楼盖处贯通？

芯柱是混凝土小型空心砌块砌体的重要构造措施，保证芯柱贯通和断面不削弱是施工中应该重视的问题。

保证装配式楼盖中混凝土小型空心砌块砌体芯柱在楼盖处贯通的处理办法通常有两种：

(1) 在芯柱部位设置现浇钢筋混凝土板带。按芯柱设置的位置，在进行楼面预制板布置时，有芯柱的位置不布置预制板，采用现浇板。待预制板安装后，再支模布筋浇筑混凝土，芯柱混凝土可以和板一起浇筑。这种处理方法，如果在砌块砌体墙中部设有芯柱或芯柱较多的话，会造成较多的现浇板带，给施工带来不便。

(2) 采用预制板板端留缺口的办法。也就是说，在预制板布置完后，将有芯柱位置的板，在板端芯柱位置留出缺口，缺口处伸出钢筋锚入芯柱，缺口处混凝土和芯柱同时浇筑。

采取板端留缺口的办法，可以使楼盖预制板一次安装完毕，不必设现浇板带，减少现浇量。但必须对楼板的布置方案进行认真的设计研究，以保证施工安全和的顺利进行。

布板设计应注意以下几点：

(1) 要保证楼板必要的支承面和支承长度，确保楼板安装安全。

(2) 要不致于出现过多的板型(缺口位置不同，板型应另行标注，以便识别），造成预制板安装时找板、调运等困难。

（3）要注意设计排板留有余地，楼板安装保持准确位置。楼板生产中可能存在旁弯、飞边等现象，如完全按理论尺寸排板，不留余量，安装时可能造成错位，使预留的缺口和芯柱位置相错，造成芯柱断面在楼盖处削弱。楼板安装要注意调整板缝，确保预留缺口和芯柱位置重合。

7.31 砌体水平灰缝内钢筋要求居中置于灰缝中的含义是什么？

配筋砌体工程验收，一般项目中规定，设置在水平灰缝内的钢筋，应居中置于灰缝中。

这句话的含义是设置在水平灰缝内的钢筋应放在灰缝层厚度方向的中间，而并不是指放在灰缝层面的中间（墙体中部），如图 7-7 所示。也就是说，钢筋在放置时，不能紧贴下层块材表面，也不能浮放在砂浆层表面和上层块材相贴，应保持钢筋上下面的砂浆厚度一致，如图中尺寸 a 所示。

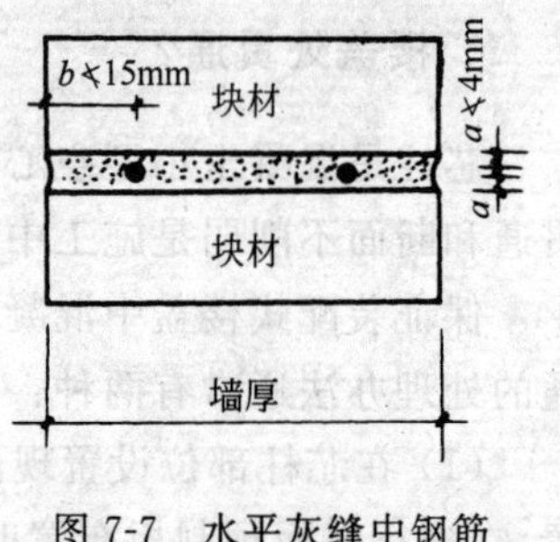

图 7-7 水平灰缝中钢筋位置示意图

7.32 为什么要求水平灰缝厚度应大于埋于灰缝内钢筋直径 4mm 以上？

砌体的水平灰缝厚度对砌体的抗压强度有明显的影响，总的趋势是随着水平灰缝厚度的增加而降低。

为了将水平灰缝厚度对砌体抗压强度的影响控制在一定的范围以内，规范规定水平灰缝厚度宜为 10mm，不应小于 8mm，也不应大于 12mm。

在配筋砌体中，由于灰缝中有钢筋存在，水平灰缝的厚度必须要加大些。在我国，一般情况下，砌体中的配筋不作防腐处理，只要求钢筋埋于灰缝中，通过砂浆来保护钢筋，同时保持钢筋和砂浆之间的粘结力，保证锚固效果。水平灰缝有一定厚度后，才能有效地避免钢筋和块材直接接触，影响砂浆和块材的粘结面和粘结力。

但是，在配筋砌体中，水平灰缝厚度也不能过厚。一般情况下，水平灰缝中的配筋采用 ϕ6 的钢筋，如属单根式或连弯钢筋网配筋形式，12mm 的灰缝还能为钢筋两面提供 3mm 的保护层。如果采用方格网状配筋形式，存在纵横钢筋重迭的问题。方格网状配筋一般采用冷拔钢丝或冷轧带肋钢筋，直径一般为 4mm，钢筋重迭后，总厚度达到 8mm，12mm 灰缝只能为钢筋网两面提供 4mm 的保护层。所在过去的施工及验收规范中，规定配筋的水平灰缝厚度不宜超过 15mm。

要求水平灰缝厚度大于埋于灰缝内钢筋直径 4mm 以上，是对钢筋砂浆保护层的最低要求，同时，也兼顾到了采用方格网状配筋形式重迭钢筋厚度加大的情况。

7.33 砌体外露面砂浆保护层的厚度不小于 15mm 的含义是什么？

这一要求是《砌体工程施工质量验收规范》(GB 50203—2002)中第 8.3.1 条内的一句话，是针对配筋砌体工程中水平灰缝内钢筋而言的。

外露面是指砂浆的一面暴露在外的面，实际上就是砌体水平灰缝在表面显露的一面。外露面砂浆保护层是指砌体水平灰缝中的钢筋靠砌体表面一侧的砂浆保护层。砌体外露面砂浆保护层厚度是指水平灰缝中钢筋外缘距砌体水平灰缝外露面的距离，一般用钢筋外缘至砌体表面的距离来替代。如图 7-7 中的尺寸 b。

外露面砂浆保护层厚度不小于 15mm 的要求是从正常使用条件下，水平灰缝中的钢筋能够得到有效的防腐来考虑的。

7.34 如何检查水平灰缝厚度大于灰缝中钢筋直径 4mm 以上？

对于水平灰缝内设置钢筋的灰缝厚度的检查，可按以下步骤进行：

(1) 首先检查设计图纸，查清水平灰缝内设置的钢筋形式，是单独配筋、连弯钢筋网配筋，还是方格网钢筋配筋，进而确认配筋的直径或总厚度。

(2) 检查配置钢筋的水平灰缝的具体位置，除了网状配筋的砌体，配筋不外露，需要通过灰缝厚度观测，或剔缝检查，或采用相关仪器测定确认埋置钢筋的水平灰缝外，其余组合砖砌体构件水平灰缝中的钢筋，在浇灌混凝土或砂浆面层前均外露，可直接观察出配置钢筋的水平灰缝。

(3) 在检验批内，按规定数量抽检三个构件（柱或墙），每个构件检查三处位置，用尺具体测量水平灰缝的实际厚度，减去埋设钢筋直径或交叉钢筋的总厚度，看是否达到 4mm 以上（含 4mm）。

7.35 如何检查灰缝中钢筋距砌体外露面砂浆保护层的厚度？

水平灰缝中钢筋距砌体外露面砂浆保护层厚度的检查根据不同类型砌体采用以下方法：

(1) 网状配筋砌体。

观察或测定配筋的水平灰缝层位置，将配筋的水平灰缝层由表面向里逐步剔除部分砂浆，直至发现顺墙面方向的钢筋网钢筋，再用钢板尺直接量测钢筋至墙面的距离进行判定。

(2) 组合砖砌体构件。

在混凝土或砂浆面层施工前，直接用钢板尺量测水平灰缝中外露距墙面的距离。

(3) 配筋砌块砌体剪力墙。

检查方法同网状配筋砌体。

7.36 钢筋防腐保护合格的要求是什么？

在我国，钢筋防腐保护的主要办法是采用在钢筋表面外涂涂料的办法。

涂料施工的方式基本有三种：

(1) 手工涂刷。人工将涂料刷在钢筋表面，这种方式涂层厚薄不匀，易流堕，易漏刷，涂料消耗多。

(2) 喷涂。采用喷涂工具(喷枪、喷壶等)将涂料成气雾状喷在钢筋表面，翻动钢筋，喷全表面，一般成批进行。这种方式涂层相对较均匀，较薄，不易流淌。

(3) 浸沾。涂料放在一定的容器中，将钢筋浸入涂料内，使钢筋表面沾满涂料后取出。这种方式涂层比较均匀，无漏涂处，涂料也较节约。既可单根也可成批进行。

置于砌体灰缝中的钢筋防腐保护合格的基本要求是：涂料种类符合设计要求；钢筋无漏刷漏涂处；涂层干燥后无起皮脱落现象。

钢筋的防腐保护不像钢结构的防腐保护那么严格，对防腐层的厚度，设计一般不作要求。

7.37 什么是网状配筋砌体?

网状配筋砌体是指在砌体的水平灰缝中配置方格式或连弯式钢筋网的砖砌体。

7.38 网状配筋砌体的配筋常采用什么形式和钢筋规格?钢筋网的设置和竖向间距有何要求?

网状配筋砌体的配筋形式、网格尺寸和钢筋网的竖向间距等均由设计选定采用。

网状配筋砌体的配筋形式常采用方格网配筋和连弯钢筋网配筋二种形式。方格网配筋主要用于砖砌体柱或墙；连弯钢筋网配筋则主要用于砖砌体柱。如图 7-8 所示。

根据《砌体结构设计规范》(GB 50003—2001)的规定：采用网状配筋的砖砌体构件，当用方格网配筋时，钢筋的直径宜采用 3～4mm，钢筋网中钢筋的间距不应大于 120mm，也不应小于 30mm；当采用连弯钢筋网时，钢筋的直径不应大于 8mm，在放置灰缝中时，网的钢筋方向应互相垂直，沿砌体高度交错设置。

钢筋网沿砌体高度的竖向间距不应大于五皮砖，并不应大于

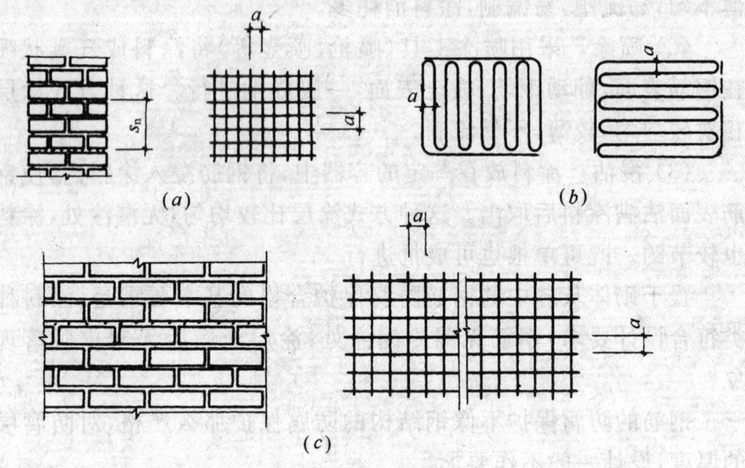

图 7-8 网状配筋砌体

(a)用方格网配筋的砖柱；(b)连弯钢筋网；(c)用方格网配筋的砖墙

400mm。

配置的网状钢筋应设置在水平灰缝厚度的中间，水平灰缝的厚度应保证钢筋上下至少各有 2mm 厚的砂浆层。

7.39 为什么要在砌体中配置网状钢筋？

砌体结构的特点是能够承受较大的压力。但其抗拉和抗剪强度较低，所以多用于房屋建筑中的墙和柱等受压部位。

我们知道，任何材料在进行压缩试验时，在轴向力作用下，试件的长度要缩短，宽度方向要变大，这是普遍的规律。

砌体构件在受压时，在轴向力的作用下，同样要产生轴向压缩变形，与此同时，还要产生横向膨胀，横向产生拉应力，构件呈双向或三向应力状态。根据四川省建筑科学研究院的试验研究资料，试件在轴向压力作用下，当压应力较小，处于破坏强度的 0.3 倍以内时，轴向及横向应变值都较小。当压应力逐渐增大，处于破坏强度的 0.3～0.6 倍时，横向变形的发展较轴向变形的发展要急剧。当压应力继续加大，达到破坏强度的 0.6～0.8 倍时，试件先后出现纵向裂缝(横向拉裂),横向变形发展迅速加大,随着纵向裂缝的增多和加宽加长,试件中实际形成了若干小柱。当压应力达到0.8倍破坏强度以上时,砖砌体的变形已不能稳定,随时有崩塌的可能。

上述试验结果表明,砌体横向变形增大,横向拉应力超过砌体的抗拉强度时,砌体就要产生纵向裂缝。随裂缝的出现,横向变形急剧加大,随轴压力的继续增加,最后导致砌体的破坏。

那么,能否采取措施来限制砌体在轴向压力下的横向变形,延缓开裂呢?

在砖砌体水平灰缝中配置网状钢筋就是一项可行的措施。当砌体水平灰缝中配有网状钢筋时,钢筋与砌体共同工作,在砌体承受纵向压力作用,产生横向变形时,由于钢筋的弹性模量大于砌体的弹性模量(钢筋的弹性模量大约是砖砌体的弹性模量的50倍左右),也就是说,在相同的拉应力作用下,钢筋的变形要比砌体的变形小得多。所以,钢筋网的存在就使砌体的横向变形受到约束,受到限制。砌体在轴向力作用下产生的横向拉应力由钢筋承担的就比较多,砌体的拉应力相对就要小些,这就达到了限制和延续砌体裂缝发生和开展的目的。

另外一种情况,砌体的受力并非完全都是轴向力,常常是承受的偏心荷载。在偏心荷载的作用下,砌体的实际受压面积大大减少,且受压区边缘的应变也较轴心受压时增大。有资料介绍,矩形截面砖砌体偏心受压时,受压区边缘的极限应变较轴心受压时的极限应变增大50%。因此,在偏心荷载偏心距不大,偏心荷载仍作用于截面核心区范围以内时,在水平灰缝中配置钢筋网,同样由于钢筋网限制变形的作用,可以提高偏心受压构件的承载能力。

还有一种情况,就是砌体常常局部受到集中荷载,局部受压也是砌体结构常见的受力型式。砌体在局部受压的情况下,局压部位砌体处于双向受压状态,局部部位下边一点以下的部位,砌体处于竖向受压横向受拉的应力状态,当最大拉力部位达到抗拉强度时,开始小范围出现竖向裂缝。随着局部压力的增大,裂缝发展并增多，当被竖向裂缝分割的条带内的竖向压应力达到砌体抗压强度时，砌体即破坏。当在水平灰缝中配置网状钢筋时，砌体的开裂荷载和局压破坏荷载都可以大大提高。

综上所述，砌体中配置网状钢筋是提高砌体轴心或偏心受压承载能力的需要，也是提高砌体局部承压强度的需要。

7.40 网状配筋砌体常用于哪些部位?

根据配置在水平灰缝中网状钢筋在砌体中的作用，网状配筋砌体常用于以下部位：

(1) 小偏心受压条件下，砌体受压承载能力不足的墙体；

(2) 轴心或偏心受压条件下，承载能力不足的砖砌体柱；

(3) 钢筋混凝土梁在砖墙或附墙柱上的支承部位；

(4) 钢筋混凝土柱支承在砖墙或砖基础部位；

(5) 砌体的截面尺寸受限制，需要提高其抗压承载能力的部位。

7.41 如何检查网状配筋砌体中钢筋网的位置?

网状配筋砌体中钢筋网的位置包含二方面的含义，一是指钢筋网所在的水平灰缝的位置；二是指采用连弯配筋形式时，钢筋连弯方向的位置。

根据砌体结构设计规范的规定和网状配筋在配筋砌体中的作用原理，要求采用连弯钢筋网配筋时，网的钢筋方向应互相垂直，沿砌体高度交叉设置。由于网状配筋施工后的隐蔽性，钢筋连弯方向的位置一般难以确定，主要依靠在施工过程中进行观察检查。如果要在施工以后检查，那么就要在配筋砌体一个或二个角部，在钢筋所在灰缝层进行剔缝检查。

对于网状配筋所在水平灰缝层的位置的确定可采用以下方法进行检查：

(1) 观察水平灰缝的变化规律，一般配有钢筋网的水平灰缝层的厚度略厚于正常灰缝。

(2) 局部剔缝检查。采用器具在钢筋可能设置的水平灰缝表面剔除局部砂浆,深入缝内观察。

(3) 采用探针检查。将钢制探针刺入灰缝内一定深度,有无触碰到金属的感觉。

(4) 采用钢筋位置测定仪来进行测定。

7.42 网状配筋砌体中,钢筋网放置间距的合格标准是什么?为何这样规定?

网状配筋砌体中,钢筋网的放置间距是通过计算或按构造要求由设计规定的。

在施工验收中,对钢筋网放置间距的合格标准是:钢筋网沿砌体高度位置超过设计规定一皮砖厚不得多于一处。

网状钢筋在配筋砌体水平灰缝中的作用主要是约束和限制砌体的横向变形,减小砌体的拉应力,阻止或延缓纵向裂缝的出现。但是,其约束和限制砌体的横向变形的区域是有一定的范围的,一般在钢筋层上下各一定尺寸范围内,而且离配筋层越远,约束作用越小。所以,设计上要限定钢筋网的设置间距。

但是,钢筋在配筋砌体水平灰缝中,并不是直接承受拉力的,是由约束作用而间接在钢筋中产生拉应力的,其约束作用的发挥还受到其他因素的影响。因此,个别部位钢筋网位置的较小变化,不会对整个网状配筋砌体的受力性能发生很大的影响。

在实际施工操作中,由于网状配筋均埋设在砌体内,砌体表面无钢筋显露,因此,瓦工在操作中很容易到规定设置位置而遗忘设置钢筋网,这在施工中是很难避免的。但是这种钢筋网设置位置的偏差不能过大,偏差点也不能多,过多过大会影响砌体的承载能力。所以规范中规定位置误差不得超过一皮砖厚,也不得多于一处。超过规定就应进行返工处理。

总之,规范对网状配筋砌体钢筋网设置间距的合格标准的规定,既考虑到了砌体受力的要求,又结合了工程施工中的实际情况,是较合适的。

7.43 组合砖砌体墙拉结筋两端为什么要设弯钩？

组合砖砌体墙是在砖砌体两侧设置钢筋混凝土面层或钢筋砂浆面层的组合构件，组合构件要能很好地协同工作，相互间就必须要有牢固的，可靠的联系。在组合砖砌体构件中，联系两侧钢筋混凝土面层或钢筋砂浆面层及砖砌体的是穿墙的拉结钢筋。拉结筋两端设置弯钩应该是施工常识。

组合砖砌体墙中的拉结筋，对于面层中的竖筋来说，相当于它的箍筋，端部应设弯钩，和柱中主筋的箍筋作用类同，在竖向钢筋受压变形时，可以限制面层的横向变形，给竖筋以约束，避免竖向钢筋过早压屈，保持足够的承载能力。如端部不设弯钩，就起不到拉结的作用，对竖筋也构不成约束了。

拉结钢筋两端设置弯钩后，将砖砌体两侧的钢筋混凝土面层或砂浆面层有效地拉结起来，对中间的砖砌体来说，相当于在二面增加了很大的约束，这样，中间的砖墙砌体受压后，横向变形受到了有力的约束，就可以提高砖砌体的受压承载能力。

拉结钢筋两端设置弯钩，将两侧混凝土或砂浆面层和砖砌体有效的紧紧结合起来，这是组合砖砌体墙共同工作的基础。如果拉结钢筋不设弯钩，仅靠拉筋的部分锚固力联系两侧面层，显然是不够的。组合砖砌体墙受压后，将接近于三个墙片单独受力状况，过薄的面层受荷后将可能很快被压屈破坏，失去组合砖砌体的意义。这种状况在偏心受压的组合砖砌体墙上将更加明显。

因此，组合砖砌体墙中拉结钢筋是施工中不容忽视的一个重要问题。

7.44 组合砌体构件中，竖向受力钢筋为什么要距砖砌体表面5mm以上？

组合砌体中，面层内竖向钢筋的作用主要是用在构件承受偏心荷载时承担拉力作用，发挥钢筋抗拉性能好的特点，克服砖砌体、面层混凝土或砂浆抗拉能力差的弱点。钢筋抗拉性能的发挥必须有一定的锚固条件，如果锚固不佳，钢筋和面层材料之间的粘结力不能充分形成，那么，钢筋抗拉性能的发挥就要受到影响。

组合砌体面层中的竖向钢筋是受力钢筋，不同于一般构造钢筋。其外表面的保护层厚度一般容易满足，施工中也较重视，但其内侧保护层厚度不易控制。如果保护层过薄或钢筋直接与砖墙面接触，不仅其锚固性能要差得多，而且对钢筋的防腐也不利。

当组合砌体的面层采用砂浆的时候，砂浆层的厚度一般为30～45mm。室内正常环境下，竖向钢筋外侧保护层的最小厚度为10～20mm，因此，其内侧钢筋保护层厚度也很难与外侧同样要求。所以，组合砌体构件中，竖向受力钢筋距砖砌体表面5mm以上，不仅砌体工程施工质量验收规范有所规定，在砌体结构设计规范中也有要求。

7.45 组合砌体柱中对箍筋的间距有什么规定？

根据《砌体结构设计规范》(GB 50003—2001)对组合砖砌体的构造研究，组合砌体柱中的箍筋间距不应大于20倍受压钢筋的直径及500mm，并不应小于120mm。

组合砖砌体柱中箍筋的间距一般设计中有明确规定。施工过程中，由于组合砖砌体中的箍筋可调性差，难免存在不能及时按规定摆放的现象，所以，在施工质量验收规范中，对该项检验的合格标准定为：箍筋间距超过规定者，每件不能多于2处，且每处不得超过一皮砖。

7.46 组合砌体柱砌体施工中，箍筋设置最容易出现什么问题？

组合砖砌体柱砌体施工时，箍筋要随着砌筑进展按规定间距同时设置于水平灰缝中。

由组合砖砌体柱的断面一般较大，砌筑时有一定的难度，特别是附墙柱，操作难度就更大些。箍筋的摆放也就存在一定难度。加上箍筋的摆放是由瓦工执行的，有的瓦工师傅对箍筋的位置的重要性及摆放的要求不甚了解，有时候思想上重视也不够，箍筋的摆放存在有随意性，因此，组合砖砌体柱施工时，箍筋的设置最容易出现的是竖向和平面位置不准的问题。箍筋的摆放实质上存在一个空间定位的问题。在竖向要放在规定的砂浆层内，在平面上要保持上下各层箍筋的边角处于同一垂面中。在实际工程中，箍筋平面位置前后进出，左右摆动的情况是很多的。

对于箍筋的竖向位置，一般错位情况较少，通过管理层面的管理活动，比较容易得到控制和纠正。但是，对钢筋的平面摆放位置，管理层面的管理活动是难以控制的，全凭瓦工师傅的精心操作和砌筑技术。

7.47 组合砌体柱施工中，箍筋水平位置偏移有什么危害？

组合砌体柱施工中，箍筋平面位置如果发生偏移，将会造成较大的危害。

如果各层箍筋不在同一垂面中，在竖向受力钢筋插入以后，会造成箍筋和竖向受力钢筋之间不相贴的情况。这样，箍筋就起不到应有的作用，竖向钢筋受压后，也难以充分发挥其作用，可能会造成钢筋提前压屈，混凝土或砂浆面崩裂的现象。

如果箍筋错位比较严重的话，甚至会给模板就位造成阻挡，造成支模困难，影响到组合砖砌体柱的截面尺寸，有时候还会造成箍筋的露筋现象。

箍筋的水平位置发生偏移后，由于其已埋置固定于砌体的水平灰缝中，其可修复性就较差，难以修复就位。而且，各层箍筋中，只要有一根错位较多，将影响到整根柱子的竖向钢筋的就位。

由此可见，箍筋的水平位置的准确性问题是施工中应该重视和采取措施克服的重要问题。

7.48 如何保证组合砌体柱中箍筋位置正确？

解决组合砖砌体柱中箍筋水平位置偏移问题，除了敦促瓦工砌筑摆放箍筋时精心操作以外，采取一些必要的辅助措施也是不可缺少的。

根据箍筋设置要求，施工中可采取设置箍筋位置垂直面标杆的办法来控制箍筋的平面位置。标杆设置办法如图 7-9 所示。

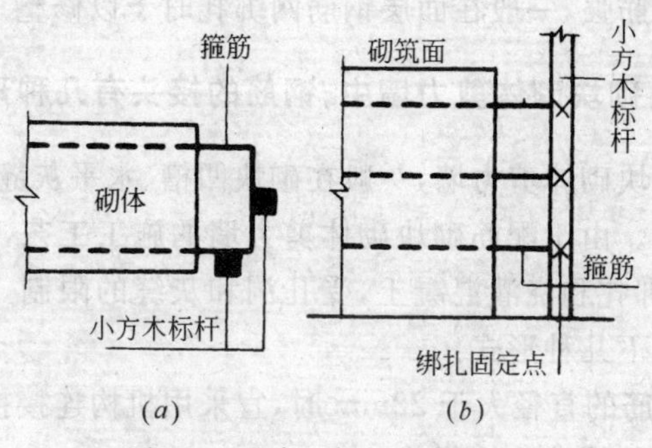

图 7-9　垂直面标杆设置示意

(a)标杆平面位置；(b)标杆立面示意

标杆一般可采用木质材料制成，施工时，在第二或第三层箍筋埋设后架立，也可以在砌筑之初就采用其他方法固定架立。标杆设置时，要吊线保持其垂直后，再采用铁丝捆绑固定于箍筋上。施工中，还要检查其垂直度情况，发现问题及时进行纠正。

7.49　如何保证组合砌体墙中拉结筋位置正确？

在组合砌体墙中，除了配有竖向受力钢筋之外，按构造要求，还须配置水平分布筋和穿通墙体的拉结钢筋。

按照设计规范的规定，水平分布钢筋的竖向间距和拉结钢筋的水平间距，均不应大于 500mm，具体要求在设计文件中有明确规定。

在施工过程中，对拉结钢筋的设置应遵守设计规范要求(间距)。一般情况下，每一层水平分布筋处均应有一层拉结筋，拉结筋水平间距的控制大体可以通过块材的位置来掌握。上下层拉结筋应错开位置约半个水平间距，呈梅花状分布。拉结筋应拉结在面层中竖向受力钢筋和水平分布筋的交叉点上。拉结筋的长度通过施工计算确定，确保面层竖向受力钢筋的保护层厚度、距墙面距离和拉结筋弯勾的锚固长度。拉结筋伸出墙面的长度在墙体砌筑正面处进行控制。

组合砌体墙中拉结筋如果发生位置偏移，其可修复性较组合砌体柱的箍筋强，一般在面层钢筋网绑扎时予以修整。

7.50 配筋砌块砌体剪力墙中，钢筋的接头有几种形式？

配筋砌块砌体剪力墙，一般在砌块凹槽、水平灰缝和竖向孔洞中配有钢筋。由于配筋砌块砌体剪力墙的施工工艺，要先砌墙后插筋、就位绑扎和浇灌混凝土，受孔洞和灰缝的限制，钢筋的接头一般采用以下几种形式：

(1) 钢筋的直径大于 22mm 时，宜采用机构连接接头，通常采用直螺纹或锥螺纹连接形式。

(2) 22mm 以下的钢筋，一般采用绑扎搭接接头的形式。

(3) 设置在孔洞中的竖向钢筋也有采用非接触搭接接头的形式，也就是说相接钢筋不一定互相绑扎在一起，各自埋入孔洞中的交替长度满足最小搭接长度要求即可。

(4) 设置在水平灰缝中的钢筋也有采用焊接网搭接的形式。

7.51 配筋砌块砌体剪力墙中，对钢筋搭接长度有什么规定？

钢筋的搭接长度和锚固长度密切相关。

在配筋砌块砌体剪力墙中，采用搭接接头的钢筋有几种情况，分别有不同的要求：

(1) 设置于孔洞内的竖向钢筋搭接。根据沈阳建筑工程学院和北京建筑工程学院所作的位于灌孔混凝土中的钢筋锚固试验表明，不论钢筋位置是否对中，均能在远小于锚固长度内达到屈服。这是因为灌孔混凝土中的钢筋处在周边有砌块壁形成约束条件下的混凝土所致，这些钢筋在一般混凝土中的锚固条件要好。国际标准《配筋砌体设计规范》(ISO 9652—3)中，有砌块约束的混凝土内的钢筋锚固粘结强度比无砌块约束（不在块体孔内）的数值（混凝土强度等级 C10～C25 情况下），对光面钢筋高出 85%～20%；对变形钢筋高出 14%～64%。所以砌体设计规范规定搭接长度不宜小于 1.1 倍锚固长度，但不应小于 300mm。对于常用的(HRB335)级钢筋来说，锚固长度不宜小于 30d。所以在施工质量验收规范中统一规定：配筋砌块砌体剪力墙中，采用搭接接头的受力钢筋搭接长度不小于 35d，且不应少于 300mm。

(2) 在凹槽砌块混凝土带中，钢筋的搭接长度不宜小于 35d。与灌孔混凝土中钢筋搭接长度要求是一致的。

(3) 设置在砌体水平灰缝中的钢筋，其搭接长度不宜小于 55d。这和其他配筋砌体中设置在水平灰缝内的钢筋的搭接长度的要求是一致的。

8 填充墙砌体工程

8.1 什么叫做填充墙砌体?

一般来说,填充墙砌体是指框架结构或框剪结构中起围护、分隔作用的砌体,它不承担和传递上部结构的荷载。

8.2 如何界定填充墙砌体?

填充墙砌体是非结构构件。根据填充墙砌体的含义,界定填充墙砌体首先要看砌体所处的部位是否处于已完结构构件之间;其次应根据其是否承受其他构件传来的荷载来确定。一般情况下,在相应单元的主体结构施工完成后砌筑的墙体属于填充墙的范围。

8.3 填充墙砌体目前有哪些常用材料?

填充墙砌体常用材料有:加气混凝土砌块;普通混凝土空心砌块;石膏砌块;轻骨料混凝土空心砌块(含水泥炉渣砌块、陶粒混凝土砌块);粉煤灰硅酸盐砌块;空心砖;非黏土砖(含蒸压灰砂砖、粉煤灰砖);烧结多孔砖;黏土砖。

其中黏土砖因自重大,且浪费土地资源,在高层建筑中一般不用,但在一些多层框架结构中局部还有使用。

8.4 填充墙砌体所用块材进施工现场后应如何管理?

(1) 块材运输、装卸过程中不能抛掷和倾倒,以防碰碎。

(2) 进场后应按品种、规格分别堆放整齐,堆置高度不宜超过2m。

(3) 加气混凝土砌块吸湿性相对较大,应防止雨淋。

8.5 填充墙砌体所用块材砌筑前的浇水有什么要求？为什么？

（1）普通混凝土小砌块在天气干燥炎热的情况下，可提前洒水湿润。普通混凝土小砌块具有饱和吸水率低和吸水速度迟缓的特点，一般情况下砌墙时可不浇水。

（2）烧结普通砖、烧结多孔砖、蒸压灰砂砖、粉煤灰砖，应提前1～2d浇水湿润。烧结普通砖、多孔砖含水率宜为10%～15%，灰砂砖、粉煤灰砖含水率宜为8%～12%。适宜的含水率可提高砖与砂浆的粘结力，提高砌体的抗剪强度，也可使砂浆强度正常增长，提高砌体的抗压强度。

（3）空心砖、蒸压加气混凝土砌块、轻骨料混凝土小砌块，应提前2d浇水湿润。空心砖的合适含水率宜为10%～15%，轻骨料混凝土小砌块宜为5%～8%，加气混凝土砌块宜控制在小于15%。蒸压加气混凝土砌块砌筑时，为保证砌筑砂浆的强度及砌体的整体性还应向砌筑面适量浇水。

8.6 填充墙砌体的施工工艺流程图是什么？

填充墙砌体的施工工艺流程见图8-1。

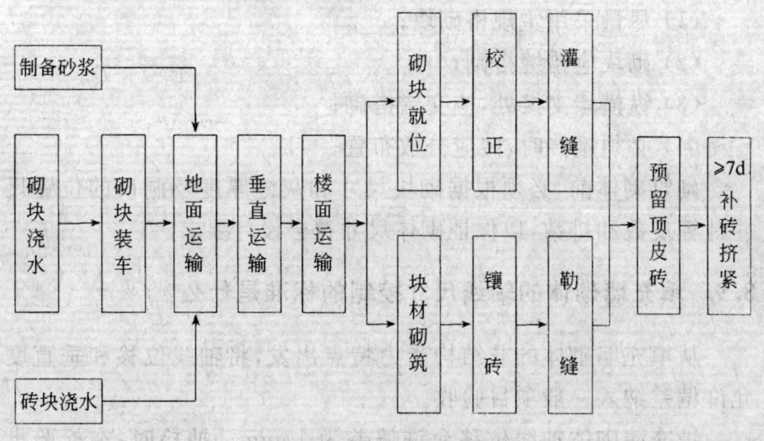

图8-1 填充墙施工流程

8.7 填充墙砌体的施工工艺与主体砌体的施工工艺有什么区别？为什么？

由于填充墙砌体和主体砌体这两类墙体主要作用的不同，就决定了其施工工艺的区别。主要区别在于主体砌体在其结构单元中是最早施工的部分，而填充墙砌体是在其结构单元中最后施工的部分。主体砌体与所在单元中的柱梁紧密连接成一个整体；而填充墙砌体与所在单元中的柱、梁采用柔性连接。另外在使用材料方面也有明显区别。一般情况下，主体砌体所用材料一般强度高而密度大；而填充墙砌体所用材料一般密度小而强度低。

8.8 填充墙砌体为什么应按设计排列图施工？

填充墙砌体通常使用轻质但体型较大的块材，由于受几何尺寸和门窗洞口及预留洞口的限制，现场组砌不够灵活，为便于施工，保证质量和尽可能减少砌块材料的浪费并力求块材砌体规整，在一般情况下，由施工部门根据工程的具体要求和施工条件绘制砌块排列图，然后按图施工。

砌块砌筑时，应遵守以下原则：

(1) 尽量采用主规格砌块；

(2) 砌块应错缝搭砌；

(3) 纵横墙交接处，应交错搭砌；

(4) 必须镶砖时，砖应分散布置。

砌筑砌体前，必须根据砌块尺寸和灰缝厚度及洞口的位置尺寸计算皮数和排数，以保证砌体尺寸符合设计要求。

8.9 填充墙砌体的轴线尺寸控制的标准是什么？

从填充墙砌体的非结构受力特点出发，将轴线位移和垂直度允许偏差纳入一般项目验收。

填充墙砌体轴线位移允许偏差为10mm。抽检时，在检验批的标准间中随机抽查10%，但不应少于3间；大面积房间和楼道按两个轴线或每 10 延长米按一标准间计数，每间检验不应少于 3 处。

8.10 填充墙砌体施工时每日的砌筑高度有什么要求？

填充墙砌体的砌筑高度根据所用材料的不同可以适当调整，一般情况下，填充墙砌体每日施工高度不宜超过一步架。单元填充墙砌体的总高度不宜超过 4m。

8.11 填充墙砌体在构造上有什么要求？

参考建筑抗震设计规范中，对填充墙砌体宜与柱脱开或采用柔性连接，并应符合下列要求：

（1）填充墙在平面和竖向的布置，宜均匀对称，且避免形成薄弱层或短柱。

（2）砌体的砂浆强度等级不宜低于 M5，墙顶应与框架梁密切结合。

（3）填充墙应沿框架柱全高每隔 500mm 设 2ϕ6 拉结筋，拉结筋伸入墙内的长度：6、7 度时，不应小于墙长的 1/5 且不小于 700mm；8、9 度时宜沿全长贯通。

（4）墙长大于 5m 时，墙顶与梁宜有拉结；当墙长超过层高 2 倍时，宜设置钢筋混凝土构造柱。墙高超过 4m 时，墙体半高宜设置与柱连接且沿墙全长贯通的钢筋混凝土水平系梁。

8.12 填充墙砌体的门、窗洞口处有什么要求？

（1）填充墙房屋局部尺寸限值如表 8-1：

填充墙局部尺寸限制　　表 8-1

抗震烈度	6度	7度	8度
非承重外墙近端至门窗洞口边的最小距离(m)	1.0	1.0	1.0
内墙阳角至门窗洞边的最小距离(m)	1.0	1.0	1.5

（2）宽度大于 600mm 的窗洞口，为防止窗下角出现裂缝，可

在窗台板下一皮砌体灰缝设置加强钢筋，或在窗台上加钢筋混凝土压顶。

(3) 门窗框的固定必须牢靠，每边固定点不得少于三处，大于2m高的洞口，每边固定点应为4处。

(4) 门窗边的固定点可用C20混凝土实心块，或内嵌防腐木砖的混凝土块，或其他强度较高的块材(如普通砖等)。

8.13 填充墙砌体施工时对留置脚手眼有什么规定？

填充墙砌体内应尽量不设脚手眼，以减少墙体的收缩裂缝产生。如必须设置时，应采取相应措施。如混凝土空心小型砌块墙体可用190mm×190mm×190mm砌块侧砌，利用其孔洞作为脚手眼，砌体完工后，应用C15混凝土将脚手眼填实。对加气混凝土砌块外墙，不允许留置脚手眼。

8.14 填充墙砌体施工对脚手架的搭设有什么要求？为什么？

一般情况下，填充墙砌体施工是在相应结构单元承重结构完成后进行。此时，由于砌体材料在楼面上运输和摆放比较方便，因而使用里脚手架施工比较适宜，也有利于安全防护。填充墙砌筑时，脚手架既不宜直接搭设在墙体上，也不宜留置脚手眼；当需要留设时，要符合设计规范的相应规定。由于填充墙墙体材料一般密度小、强度低，与结构体系连接又相对较弱，墙体的强度和稳定性都较差，因此搭设外脚手架时，其支撑、拉结杆件都不宜直接固定在填充墙上。但对于先砌后浇的粘土砖填充墙，可不作上述要求。

8.15 填充墙砌体的砌筑砂浆种类和强度等级谁确定？其等级系列是什么？

填充墙砌体的砂浆种类和强度等级应由结构设计人员来确定。因为结构设计人员要根据所设计结构体系的实际情况，结合相应专业设计规范的规定以及构造要求综合考虑才能确定。其等级系列为:M10、M7.5、M5、M2.5,但对有抗震要求的小砌块的强度等级不应低于MU5,砌筑砂浆强度等级不应低于M5。

8.16 填充墙砌体施工时是否需要设置皮数杆？为什么？

需要设置皮数杆。填充墙砌体施工设置皮数杆是因为要考虑灰缝厚度的规定,拉结钢筋(网片)的位置、门窗洞口尺寸、填充墙总高度等几个方面的因素。填充墙水平灰缝的厚度,针对不同种类的砌块在《砌体工程施工质量验收规范》(GB 50203—2002)中分别做了规定,在施工中应严格控制,满足质量验收的要求。填充墙在工程结构中主要起外围护和分隔空间的作用,施工是在框架主体完成之后,与主体结构的连接是通过其两端与柱或承重墙的拉结钢筋(网片)来实现。要保证连接牢固,就必须做到填充墙水平灰缝与拉结钢筋(网片)位置一致,避免拉结钢筋(网片)伸入填充墙灰缝时产生弯曲,影响拉结的牢固程度。门窗洞口的预留,其尺寸标高应与砌块的模数相协调。若稍有不合适,可通过填充墙施工时控制水平灰缝的厚度来调整。填充墙施工接近梁底(板底)时,按照施工质量验收规范的要求,最后一皮砌块应补砌挤紧。为保证补砌顶紧的质量,应根据砌块的几何尺寸,给最后一皮砌块留出合适的空间高度。过大或过小,都不易补砌挤紧,使填充墙顶部形成自由端,而影响到填充墙与框架主体的连接质量。因此填充墙施工前要事先编制好填充墙的组砌施工方案,确定填充墙砌体的水平灰缝厚度,拉结筋或拉接网片应与填充墙水平灰缝相一致,将每皮砌块的高度、门窗洞口的尺寸以及最后一皮砌块的预留高度准确地刻划在皮数杆,严格按皮数杆上所示尺寸和砌体规范进行填充墙砌体施工,才能保证填充墙的整体质量和门窗洞口的预留准确。所以填充墙砌体施工时,必须设置皮数杆。

8.17 填充墙砌体拉结钢筋的位置、直径及在砌体中的埋置长度如何确定？为什么？

(1) 填充墙砌体拉结钢筋的位置、直径及在砌体中埋置长度应由工程的设计单位来确定。当设计文件中未注明时，应根据有关标准、施工、验收等规范的规定进行施工，并应取得设计单位的同意。

（2）填充墙砌体是建筑结构中的非结构构件，砌块材料的选择及与主体结构的连接是由建筑结构的抗震设防烈度、高度、体型、层间变形及要求填充墙的自身抗侧性能等多方面因素来确定，而这些因素又与建筑物的功能要求、重要程度及当地的抗震设防烈度要求等有关。所有这些只有设计人员能够全面了解，根据具体工程的具体要求对填充墙砌体的拉结钢筋作出正确的设计。而施工方等对建筑的结构原理和受力情况不可能全面详细的了解，随意的增减可能会对建筑结构产生不利影响。因此填充墙砌体拉结筋的位置、直径及埋置长度，应由设计单位来确定。

8.18 填充墙砌体拉结筋与主体连接有几种方法？

填充墙砌体拉结筋与主体连接常见的有三种方法：预留或预埋法；预设铁件后期连接法；植筋法。

（1）预留或预埋法施工工艺：在主体框架施工时，按照设计图纸所示填充墙平面布置尺寸，根据规范设计要求，规划好填充墙的施工方案，确定出拉结筋的数量、长度、位置。施工时将拉结钢筋的一端伸入主体，与主体内的钢筋绑扎固定，另一端通过主体模板预留孔伸出或预埋在主体构件的表面。待砌填充墙时直接将拉结筋压入砌体中，起到填充墙与主体的连接作用。

（2）预设铁件后期连接法施工工艺：在主体框架施工时，根据设计要求在填充墙设置拉结筋的位置，预埋铁件于主体框架的混凝土中，铁件的尺寸面积应满足以后焊接拉结筋的要求。在填充墙施工前按设计要求，将符合要求长度、直径的拉结钢筋焊结在铁件上，再进行填充墙砌体的施工。

（3）植筋法施工工艺：在主体框架施工时，不做拉结筋的预留，待主体框架完成后，根据填充墙的平面布置及规范规定确定拉结筋的位置，钻孔打眼到一定深度。再用环氧树脂类胶与砂、水泥按比例拌合成的砂浆将符合要求长度、直径的拉结筋植入孔内，待砂浆达到一定强度后，再进行填充墙施工。植筋法施工拉结筋有以下优点：主体框架施工难度降低，拉结筋位置准确，施工速度快，对主体结构破坏小等，是值得推广的一种施工工艺，但该工艺施工成本相对偏高。

8.19 填充墙砌体块材搭砌有什么要求？为什么？

块材应错缝搭砌，蒸压加气混凝土砌块搭砌长度不应小于砌块长度的 1/3，轻骨料混凝土小型空心砌块搭砌长度不应小于 90mm，竖向通缝不应大于 2 皮。

砌块错缝搭砌，即上下皮块体错开摆放是为了增强砌体的整体性。

8.20 填充墙砌体对砌筑灰缝的厚度、宽度有什么要求，标准是什么？

填充墙砌体灰缝的厚度、宽度主要应满足填充墙砌筑施工工艺的要求。填充墙砌体灰缝的厚度、宽度过小，对砌筑砂浆的和易性要求更高，增加了砌筑难度，施工工效难以提高，且不能保证砌体砂浆饱满度达到规定要求。灰缝的厚度、宽度过大，不仅浪费砌筑砂浆，而且砌体灰缝的收缩也加大，不利砌体裂缝的控制，影响填充墙砌体的质量。

填充墙砌体砌筑灰缝厚度、宽度的标准是：空心砖、轻骨料混凝土小型空心砖块的砌体灰缝应为 8～12mm，蒸压加气混凝土砌块砌体的水平灰缝厚度和竖向灰缝宽度分别宜为 15mm 和 20mm。

8.21 填充墙砌体施工时校正方法有什么要求？为什么？

填充墙砌体施工时校正方法要求有：

(1) 检验校正器材要标准。有标准的检测工具，方能保证砌体的施工质量。所有的检测工具，使用一定的时间后，要进行标准检测校正，消除检测工具本身的误差。

(2) 填充墙砌体施工时要随砌随校正，划整为零，局部校正。砌体是多种工序施工的综合产品，要边选材，边砌筑，上跟线，下跟棱，安放要平整，即砌筑砌块要做到高平整，立垂直，整齐美观，要一步砌筑到位，砌一块检验一块，对超出允许偏差的要随时加以校正，针对出现的质量问题找准原因，按技术方案予以校正。

(3) 校正时不得损坏墙体及砌块材料。砌体施工完成后要进行检查验收，若有超差现象须进行校正。校正时，若砌块产生松动或造成砌块损坏，需返工重砌。因此校正方法要正确得当，不得硬碰硬推，破坏砌块及造成个别砌块松动影响砌体实体质量。

8.22 填充墙砌体设计与施工容易出现哪些脱节现象？

填充墙砌体设计与施工容易出现脱节的现象有：

(1) 设计空间尺寸与施工砌筑填充墙所用砌体材料尺寸模数不符，以致在施砌时，不能按砌块模数施砌，而混合其他材料影响整体一致性，若不混合其他砌材，又在很大程度上增加了施工难度。

(2) 设计对填充墙材料所要求的表观密度与实际施工时施砌的材料不相符。标准划分虽然相同等级，但因所处地区、环境、生产等多种因素影响，所用材料表观密度受到一定的限制或影响而产生脱节。

(3) 墙与梁的拉结筋措施在设计中未明确注明，对于墙长大于 5m，墙高大于 4m 的填充墙，不管是否考虑了抗侧力的作用，按规范要求应在墙与梁间作有效的拉结。设计应注意拉结的方法、位置及方案，否则很容易造成填充墙与主体框架结构连接不好影响主体框架结构及填充墙的抗震性。

8.23 填充墙砌体施工主要存在哪些质量问题？

填充墙砌体施工主要存在以下质量问题：

(1) 填充墙砌体的收缩裂缝问题。

填充墙砌体的收缩裂缝问题是填充墙验收交付使用以后发生最频繁的质量通病，影响了工程的结构耐久性和使用功能，这主要是由于填充墙材料本身的特性及砂浆和易性不均造成的。按规定，砌块产出 28d 后方可使用。砂浆的和易性良好并不宜太稀。砌筑时最后一皮砌块要待 7d 以后再补砌挤紧。若是任何一个环节未按规定处理，都会使填充墙砌体产生收缩裂缝。

(2) 填充墙最后一皮砌块未补砌挤紧，使梁(板)底产生水平裂缝。填充墙最后一皮砌块补砌挤紧的施工方法较多，有斜砌顶紧，木楔挤紧等，任何一种方法都要求砌砌块时砂浆饱满，使填充墙与梁(板)底充分接触。若施工时，不能按标准要求去做，就会使填充墙与梁(板)底间产生缝隙，形成自由端，不利于填充墙与梁(板)底的连接。

(3) 填充墙的拉结筋位置不准确，与砌体水平灰缝不在同一高度，在填充墙施工时，使拉结筋产生弯曲后伸入墙内，起不到应有的拉结作用，易使填充墙两端产生竖向裂缝。另外，由于拉结筋弯曲及预留位置不准确，使拉结筋位移，锚固作用大大降低，不利于填充墙的抗震。

(4) 填充墙砌体的混砌问题是一个比较普通的质量问题，由于不同的砌块收缩系数不一致，易使整个填充墙收缩不均匀而产生裂缝。

对填充墙砌体施工中的混砌问题，应在执行规范中注意以下几点：

① 填充墙砌体中的“混砌”是指在同一面墙体(两相邻承重柱或承重墙间的填充墙)中采用不同材料、不同干密度、不同强度等级的块材混合砌筑的现象。

② 用轻骨料混凝土小型空心砌块或蒸压加气混凝土砌块砌筑墙体时，在墙底部所砌的高度不小于 200mm 的其他块材(如烧结普通砖或多孔砖，或普通混凝土小型空心砌块，或现浇混凝土坎台等)不属于混砌。

③ 填充墙与梁、板间预留的空隙，后补砌挤紧所用的其他块

材不属于混砌。

④ 门、窗洞口处，用于固定门、窗框而局部镶砌的其他块材不属于混砌。

8.24 《砌体工程施工质量验收规范》中填充墙砌体的主控项目有哪些？一般项目有哪些？

根据《砌体工程施工质量验收规范》(GB 50203—2002)中的规定，主控项目和一般项目分别为：

(1) 主控项目

①砖、砌块和砌筑砂浆的强度等级应符合设计要求。

检验方法：检查砖或砌块的产品合格证书、产品性能检测报告和砂浆试块试验报告。

(2) 一般项目

① 填充墙砌体一般尺寸的允许偏差应符合表8-2的规定。

填充墙砌体一般尺寸允许偏差　　表8-2

<table>
<tr><th>项次</th><th colspan="2">项　目</th><th>允许偏差(mm)</th><th>检　验　方　法</th></tr>
<tr><td rowspan="3">1</td><td colspan="2">轴线位移</td><td>10</td><td>用尺检查</td></tr>
<tr><td rowspan="2">垂直度</td><td>小于或等于3m</td><td>5</td><td rowspan="2">用2m托线板或吊线、尺检查</td></tr>
<tr><td>大于3m</td><td>10</td></tr>
<tr><td>2</td><td colspan="2">表面平整度</td><td>8</td><td>用2m靠尺和楔形塞尺检查</td></tr>
<tr><td>3</td><td colspan="2">门窗洞口高、宽(后塞口)</td><td>±5</td><td>用尺检查</td></tr>
<tr><td>4</td><td colspan="2">外墙上、下窗口偏移</td><td>20</td><td>用经纬仪或吊线检查</td></tr>
</table>

抽检数量：(*a*)对表中1、2项，在检验批的标准间中随机抽查10%，但不应少于3间；大面积房间和楼道按两个轴线或每10延长米按一标准间计数。每间检验不应少于3处。

(*b*) 对表中3、4项，在检验批中抽检10%，且不应少于5处。

② 蒸压加气混凝土砌块砌体和轻骨料混凝土小型空心砌块

砌体不应与其他块材混砌。

抽检数量：在检验批中抽检 20%，且不应小于 5 处。

检验方法：外观检查。

③ 填充墙砌体的砂浆饱满度及检验方法应符合表 8-3 的规定。

填充墙砌体的砂浆饱满度及检验方法　　表 8-3

<table>
<tr><th>砌 体 分 类</th><th>灰缝</th><th>饱满度及要求</th><th>检 验 方 法</th></tr>
<tr><td rowspan="2">空心砖砌体</td><td>水平</td><td>≥80%</td><td rowspan="4">采用百格网检查块材底面砂浆的粘结痕迹面积</td></tr>
<tr><td>垂直</td><td>填满砂浆，不得有透明缝、瞎缝、假缝</td></tr>
<tr><td rowspan="2">加气混凝土砌块和轻骨料混凝土小砌块砌体</td><td>水平</td><td>≥80%</td></tr>
<tr><td>垂直</td><td>≥80%</td></tr>
</table>

抽检数量：每步架子不少于 3 处，且每处不应少于 3 块。

④ 填充墙砌体留置的拉结钢筋或网片的位置应与块体皮数相符合。拉结钢筋或网片应置于灰缝中，埋置长度应符合设计要求，竖向位置偏差不应超过一皮高度。

抽检数量：在检验批中抽检 20%，且不应少于 5 处。

检验方法：观察和用尺量检查。

⑤ 填充墙砌筑时应错缝搭砌，蒸压加气混凝土砌块搭砌长度不应小于砌块长度的 1/3；轻骨料混凝土小型空心砌块搭砌长度不应小于 90mm；竖向通缝不应大于 2 皮。

抽检数量：在检验批的标准间中抽查 10%，且不应少于 3 间。

检查方法：观察和用尺检查。

⑥ 填充墙砌体的灰缝厚度和宽度应正确。空心砖、轻骨料混凝土小型空心砌块的砌体灰缝应为 8～12mm。蒸压加气混凝土砌块砌体的水平灰缝厚度及竖向灰缝宽度分别宜为 15mm 和 20mm。

抽检数量：在检验批的标准间中抽查 10%，且不应少于 3 间。

检查方法：用尺量 5 皮空心砖或小砌块的高度和 2m 砌体长

度折算。

⑦ 填充墙砌至接近梁、板底时，应留一定空隙，待填充墙砌筑完并应至少间隔 7d 后，再将其补砌挤紧。

抽检数量：每验收批抽 10% 填充墙片（每两柱间的填充墙为一墙片），且不应少于 3 片墙。

检查方法：观察检查。

8.25 填充墙砌体与装饰抹灰施工工艺的交接有哪些内容？

填充墙砌体与装饰抹灰工程施工交接，主要包括填充墙砌体的质量验收和装饰抹灰前的施工准备，大致有以下内容：

(1) 检查填充墙体所用原材料试验资料及合格证是否齐全。

(2) 检查砂浆试块试验报告是否合格。

(3) 检查拉结筋隐蔽验收记录，施工记录，评定结果是否符合有关要求。

(4) 线、管等是否按要求进行了预留或预埋。

(5) 对水暖等安装支架部位是否已进行了加固处理。

(6) 对两种不同材料交接处是否按规范规定加设了钢丝网。

(7) 检查外墙整体的垂直平整度，是否有抹灰厚度超 35mm 的部位，若有，应有处理加强措施。

(8) 检查外墙脚手架眼是否按规定进行了封堵。

(9) 填充墙含水率是否符合装饰抹灰的要求，是否需要提前浇水湿润。

(10) 检查抹灰前基层表面的尘土、污垢、油渍等是否清除干净。

对于上述未涉及的内容时，根据具体情况也应进行交接检查验收。

8.26 填充墙砌体的工程质量（设计与施工）对建筑工程的质量影响涉及哪些方面？

填充墙砌体的工程质量（设计与施工）对建筑工程的质量有下列影响：

(1) 填充墙工程质量，由于施工时砌块龄期不足、灰缝厚度过大、材料混砌及砌块搭接长度不足、砂浆强度等级离散性过大等一系列因素的影响，使填充墙产生或多或少的裂缝。若裂缝产生在外墙上，则造成墙体渗漏，墙面发霉，并引起外墙拉结筋锈蚀，影响框架主体与填充墙的拉结，不利抗震。若裂缝产生在内墙上则影响工程的观感质量，让人有不安全感。

(2) 填充墙砌块的设计容重与实际不符，超出过大，从而增加框架主体、梁、柱、基础的荷载，影响了结构的安全度。

(3) 设计时某些部位填充墙选材不当（如卫生间部位），选用砌块强度低，进行安装工程时，支架固定困难，器具易脱落，且防水效果差，容易造成装饰层空鼓、开裂，使墙面渗水，影响工程的使用功能。

9 砌体工程冬期施工

9.1 什么是冬期施工?

冬期施工是指在特定的温度和时间范围之内,由于施工的环境温度较低,施工条件极其不利,影响施工和工程质量的因素很多,常温条件下的施工方法已不能适应施工的需要,难以满足施工质量的要求,达不到预期的目的。因此,无论在材料应用、设备选择、施工方法确定和施工组织管理等方面,都需要采取一些特殊的措施来进行施工,方能满足要求,确保施工质量,在这段时期内所进行的施工即称之谓冬期施工。

9.2 冬季与冬期施工中的冬期区别在哪里?

冬季是对气候进行季节性划分的一个称谓。一般一年划分为四季,即春季、夏季、秋季和冬季。一年四季的划分是按自然规律来确定的,它依据的是地球绕太阳公转一周时,太阳光直射地球的位置和时间。在我国的农历历法中,将一年划分为 24 个节气,如“立春”、“雨水”、“惊蛰”、“春分”等等,每个节气约 15d 左右时间,一般将从“立冬”开始到“立春”到来的这段时间称之谓“冬季”。

冬期则是泛指冬天的一个特定的时间期间,它是针对建筑工程的施工特点和气候条件,人为确定的。冬期界定的依据是参考当地历史气象统计数据资料确定的。不同地域冬期的长短是不一样的。

在施工实践中,有不少同志对“冬季”和“冬期”的含义及区别不甚了解,或者出于习惯,不注意它们的区别,常常将“冬期”误用为“冬季”,显然是不确切,也是不合适的。

9.3 砌体工程施工对冬期是如何界定的？为什么这样界定？

在建筑工程冬期施工中，冬期的界定是一个十分重要的问题。如果冬期施工期限规定得太短，或者应该采取冬期施工措施时而没有采取，都会造成技术上的失误，造成工程质量事故；如果冬期施工期限规定得太长，到了没有必要时还采取冬期施工措施，将会影响到冬期施工费用问题，增加施工成本和工程造价，并给施工带来不必要的麻烦。因此，合理确定冬期施工期限是十分必要的。

砌体工程施工对冬期是这样界定的：当室外日平均气温连续5d稳定低于5℃时，即认为砌体工程施工已进入冬期，应该采取冬期施工措施。但是当气温突下降，日最低气温低于0℃时，也应及时采取防冻措施，按冬期施工的有关规定执行。这里，“日平均气温连续5d稳定低于5℃”的时间是根据当地历年气象统计资料确定的，也就是说，对一个地区来说，冬期是一个相对确定的、稳定的时间区间。而“日最低气温低于0℃”是指冬期施工期限以外，施工当时气温突然下降到0℃及以下时，也要执行冬期施工的规定，这是针对我国气候特点对冬期施工作出的补充和完善，这样，即使冬期界定明确，又使冬期施工措施的执行更全面、更完整。

砌体工程冬期施工的界定原则和其他规范的规定也是一致的，混凝土结构工程施工和建筑工程冬期施工规程对冬期的界定也是依据“日平均气温连续5d低于5℃”来确定的。在国际上，美国、加拿大、德国、原苏联等国家以及国际混凝土冬期施工建议中，也是基本以5℃作为冬期施工的规定温度。

砌体工程施工冬期的界定还基于以下几方面的因素：

(1) 在自然条件下，水在0℃结冰，使土建工程施工遇到许多困难，甚至无法作业。试验表明，在新拌的混凝土和砂浆中，水结冰温度在0℃～－2℃，当水结冰后，可能对硬化中的混凝土和砂浆产生冻害，损害其一系列的物理力学性能。另外，试验也表明，当混凝土、砂浆浇砌后，如果气温很低，强度增长也变缓慢。例如，当混凝土在5℃条件下养护28d，其强度仅能达到或标养28d强度的60%左右。所以,欲使混凝土或砂浆强度有较快的增长,必须采取特殊措施方能满足施工进度的要求,确保施工质量。

(2) 冬期施工起止日期的确定,一般都要用当地的历史气象资料。自然气温确有一定的多变性,但也有一定的规律,在一二十年内变化是不太大的,所以利用10年或20年短期历史统计资料作为界定冬期施工的依据是可行的。根据我国《钢筋混凝土施工及验收规范》修订时,对我国三北地区23个大中城市的气温资料的统计分析(见表9-1)发现,日平均气温为5℃时,其最低气温在0℃~-2℃者居多,而这一温度范围正是新拌制的混凝土或砂浆中水结冰的温度范围,也就是将达冻害的温度。

我国北方地区大中城市气温统计资料 **表9-1**

序号	城市名称	日平均最高最低温差(℃)	平均气温为5℃时的最低气温(℃)
1	海拉尔	14	-2
2	哈尔滨	12	-1
3	牡丹江	14	-2
4	长春	12	-1
5	沈阳	12	-1
6	大连	10	0
7	丹东	12	-1
8	锡林浩特	16	-3
9	北京	12	-1
10	天津	12	-1
11	济南	12	-1
12	青岛	10	0
13	太原	14	-2
14	郑州	14	-2
15	呼和浩特	14	-2
16	西安	10	0
17	银川	12	-1

续表

序号	城市名称	日平均最高最低温差(℃)	平均气温为5℃时的最低气温(℃)
18	兰　州	10	0
19	酒　泉	14	−3
20	格尔木	18	−4
21	乌鲁木齐	10	0
22	伊　宁	10	0
23	拉　萨	16	−3

(3) 连续5d稳定低于5℃是依据气象部门的术语引进。气象部门对我国的气象研究认为，在气温逐渐降低的季节里，当气温连续5d稳定低于5℃即为真正进入了冬期，气象部门可以提供日平均气温连续5d稳定低于5℃的起讫日期，这样，建筑施工企业使用起来也比较方便。

(4) 考虑到我国的气候属于大陆性季风型气候。其特点是，在秋冬和冬春交替季节，时常有西伯利亚寒流袭击，短时间内可能出现气温骤降，降到0℃以下，但寒流过后又可恢复一段正温时间。因而规定出现这种气温突变情况，最低气温低于0℃时也要执行冬期施工的相关措施。

9.4 《建筑工程冬期施工规程》中，对砌筑工程重点提出了哪些方面的要求？

《建筑工程冬期施工规程》(JGJ 104—97)是一本专业性的行业标准。它是适应冬期施工项目日益增多，施工任务越来越重的需要，为保证冬期施工的顺利进行，针对建筑工程冬期施工的特点，在总结我国以往冬施经验的基础上，在国家有关技术、经济政策的指导下，制订的综合指导各土建专业工程冬期施工的标准。

在该规程中，对砌筑工程重点围绕以下几个方面提出了施工质量控制的要求：

(1) 对冬期施工所用原材料的特定要求。主要有：块材砌筑前应清除表面的污物、冰雪等，不得使用遭水浸和受冻后的砖或砌块；砂浆宜采用硅酸盐水泥制备，不得使用无水泥制备的砂浆；石灰膏等掺合料宜保温防冻，当遭冻结时，应经融化后方可使用；拌制砂浆采用的砂不得含有直径大于 1cm 的冻结块或冰块；水加热温度不得超过 80℃，砂不得超过 40℃等。

(2) 砖砌体施工应采用“三一砌砖法”砌筑方法。

(3) 砌体砌筑后应采取复盖性保护措施。

(4) 砌体工程冬期施工方法应优先选用外加剂法，有特殊要求的工程亦可选用其他方法，混凝土小型空心砌块不得使用冻结法施工，加气混凝土砌块承重墙体及围护外墙不宜冬期施工。

(5) 砌体工程冬期施工砂浆试块的留置，除按常温规定要求外，尚应增加不少于两组与砌体同条件养护的试块。

(6) 砌筑工程冬期施工管理方面，除常规要求外，还应记录室外空气温度、暖棚温度、砌筑时砂浆温度、外加剂掺量以及其他有关资料。

(7) 对“外加剂法”、“冻结法”和“暖棚法”等砌体工程的冬期施工方法，按各自的施工特点分别提出了不同的技术要求。

9.5 为什么冬期施工的砌体工程质量验收除应符合冬期施工要求外，还应符合验收规范相关各章的要求及国家现行标准《建筑工程冬期施工规程》JGJ 104 的规定？

根据新的建筑工程施工质量验收系列规范编制的指导思想和编制原则，建筑工程各个施工阶段、各个层次上的质量验收，其针对的是工程施工的结果，但是，建筑工程是一个庞大而复杂的工程，是一项特殊的“产品”，仅仅从各施工阶段的施工结果来验收是不能完整的、客观地反映施工成果的质量的，还必须通过查阅相关施工技术和管理资料，加强施工过程中的质量控制，才能确保所施工的工程质量，恰如其分地反映其质量水平。因此，各专业工程的施工质量验收规范中，除了对施工事项的结果，通过设置“主控项目”和“一般项目”来进行验收以外，还在“基本规定”、“一般规定”

等其他章节中，提出了工程施工中必须进行过程控制的一些技术要求，满足这些技术要求施工事项，其施工质量才有可靠的保证。

《砌体工程施工质量验收规范》GB 50203 中，冬期施工这一章列出的是对各类砌体工程冬期施工过程中，必须进行质量控制的一些关键性的特殊的技术要求。而其前面的相关章节，则是对该类砌体工程施工中常温施工条件下的一般技术要求和对施工结果的验收规定。《建筑工程冬期施工规程》JGJ 104 是一本对建筑工程土建各专业冬期施工提出专门要求的专业规范，其规定比较具体和全面，针对性也相对较强，也是冬期工程施工应该遵守的一项标准。

因此，冬期施工砌体工程，其质量控制和验收，不仅要符合验收规范冬期施工章节的要求，还要符合其他相关章节常温施工条件下的技术要求和验收规定，并遵守《冬期施工技术规程》中的相关规定。

9.6 砌体工程冬期施工必须具备哪些条件方可进行？

砌体工程冬期施工应满足以下条件方可正式进行施工：

（1）根据工程总进度计划的安排，或者应业主的要求以及工程施工实际的进展状况，拟进行冬期施工的砌体工程项目已列入企业或项目的施工计划。

（2）对拟进行冬期施工的砌体工程项目，通过技术经济分析，已经确定砌体工程的施工部位和主要施工方法。对已确定的施工方法，需要由设计单位对原图进行必要的验算、修改或补充说明的，已由设计单位完成审查工作。

（3）对已列入施工计划并通过审查确认施工方法的拟冬施的砌体工程项目，已由企业或项目部编制了完整的冬施技术方案，或者在工程项目的综合性冬期施工方案中，已全面反映了砌体工程冬期施工技术方案的要求。冬期施工方案已按企业贯标程序文件或有关规章制度的规定，完成了编制、审核和批准手续，冬期施工技术方案至少应由实施单位的上一级技术负责人审批。

（4）按照冬期施工技术方案的规定，各项冬施的资源准备工作已经基本完成，如外加剂、保温材料、热源设备、施工燃料、测温仪器仪表、劳保防寒等等。施工现场用水管道保温、搅拌棚等保温已经完成。适应施工方法需要的临时设施已按技术方案要求搭建。

（5）砂浆的施工配合比已由试验部门完成，提交项目部实施。

（6）拟进行砌体工程冬期施工的项目技术负责人，已将砌体工程冬施方法、技术措施及施工质量标准和控制要求施工安全要求等向有关施工人员进行了技术交底。

9.7 什么是冬期施工方案？砌体工程冬期施工方案应包括哪些主要内容？

冬期施工方案是根据工程建设的需要，为确保冬期施工项目顺利施工，确保施工质量和安全，在技术经济分析的基础上，制订的组织、实施和管理拟进行冬期施工的项目施工的预案。

砌体工程冬期施工方案应包括以下几方面的主要内容：

（1）砌体工程所处工程部位、施工环境与条件、施工气候环境等概况；

（2）砌体工程冬期施工生产任务安排及施工部署；

（3）不同部位砌体工程的冬期施工方法；

（4）热源设备及燃料计划；

（5）保温材料、外加剂材料计划；

（6）有关冬期施工人员技术培训和劳动力计划；

（7）工程质量控制要点；

（8）砌体工程冬期施工安全生产要点。

9.8 砌体工程冬期施工有哪些主要施工方法？其简要内容是什么？

砌体工程冬期施工由来已久，施工方法也较多，随着建筑施工技术的发展，特别是外加剂的大量应用，目前，我国砌体工程冬期施工采用的主要施工方法有外加剂法、冻结法和暖棚法三种。

外加剂法是指在砂浆中掺入一定量的防冻剂，利用这种掺有外加剂的砂浆进行砌体工程冬期砌筑施工的方法。砂浆中掺有一定量的防冻外加剂后，能降低砂浆的冰点，使砂浆能够在负温条件下硬化，促进水泥加速水化反应，使砂浆获得一定的早期强度而不受冻结，并在负温条件下保持强度继续增长，达到砂浆抗冻早强的目的。而且可以使砂浆与块材有一定的粘结力，使砌体在受冻前获得一定的强度。在过去的施工实践中和砌体工程施工及验收规范里，称为掺盐砂浆法。掺盐砂浆法具有施工方法简单、造价低、货源易于解决等优点，广为施工单位所采纳。掺盐砂浆法起初使用的是氯化钠单盐，后又有使用氯化钠和氯化钙复盐的，随着施工技术进步，又发展采用无氯盐的以亚硝酸盐、硝酸盐等无机盐为防冻组分的外加剂。现在外加剂的种类越来越多，不仅大量使用以无机盐类为防冻组分的外加剂，而且又有以某些醇类为防冻组分的水溶性有机化合物类外加剂，还有有机化合物与无机盐复合类的防冻剂等等，总之，掺外加剂的冬施方法应用越来越普遍，外加剂种类越来越多，使用范围也越来越广。

冻结法是指采用不掺有化学外加剂的普通水泥砂浆或水泥混合砂浆进行砌筑的一种冬期施工方法。在负温条件下，采用冻结法施工的砂浆工作状态要经过冻结、融化、硬化三个阶段。其中，第一阶段为冻结阶段，在冻结阶段过程中，砂浆强度最高。第二阶段为解冻阶段，在解冻过程中，砂浆由固态变为塑态，由于砂浆遭冻后强度降低，砂浆与砌体间的粘结力相应减弱，致使砌体在这个期间的稳定性较差，变形和沉降要比常温施工增加 10%～20%。第三阶段是转入正温硬化阶段，在正温硬化过程中，砂浆强度不断增长，但是最终强度有一定的损失。因此，采用冻结法施工时，砂浆的强度等级应根据实际气温情况适当提高 1～2 级。由于冻结法允许砂浆在砌筑后遭受冻结，且在解冻后期强度仍可继续增长，在施工中不掺化学外加剂，所以对有保温、绝缘、装饰等特殊要求的工程和受力配筋砌体以及不受地震区条件限制的其他工程，均可采用冻结法施工。冻结法对毛石砌体、受较大动力作用和振动作用的结构、受较大偏心荷载的结构以及一些特殊的结构型式和部位的施工不能使用冻结法施工。

暖棚法是指采用简单结构或骨架条件及成本较低的保温材料，将需要砌筑的砌体与工作面临时封闭起来形成棚室，并在其内采取采暖措施，保持在正温条件下进行砌体砌筑和养护，这种砌体施工方法即称为暖棚法。采用暖棚法施工，对棚内的温度要求一般不低于＋5℃即可。暖棚法多用于较寒冷地区的地下工程和基础工程的砌体砌筑。对量少而又必须进行砌筑的部分墙、柱、坑以及因事故而急需修复的砌筑工程项目、临时加固等小型建筑也可采用暖棚法施工。由于暖棚法施工需要搭设暖棚和进行采暖，施工成本相对较高，一般不宜多用。

9.9 冬期施工中，石灰膏、电石膏等如遭冻结，为什么要经融化后才能使用？

为了改善砂浆的和易性、保水性、流动性等技术性能，提高砂浆和块材间的粘结力，从而提高砌体的抗压和抗剪强度，在设计和施工中，常常在水泥砂浆中加入石灰膏、电石膏等无机掺加料而成为水泥混合砂浆。水泥混合砂浆是建筑工程施工中，主体结构砌体工程和填充墙砌体工程施工应用的主要砌筑砂浆类型。水泥混合砂浆的工作性能和结构性能明显优于水泥砂浆。

在《砌体结构设计规范》(GB 50003—2001)中，在对砌体结构的设计计算指标的选用时，明确规定：当砌体用水泥砂浆砌筑时，其抗压强度设计值要乘以 0.9 的调整系数进行折减；其抗剪强度设计值应乘以 0.8 的调整系数也进行折减。这就是说，采用水泥砂浆砌筑的砌体，其抗压和抗剪强度均比用水泥混合砂浆砌筑的砌体要低。

冬期施工中，水泥混合砂浆如采用石灰膏、电石膏等作为掺加料，当石灰膏或电石膏遭冻结未经融化而使用时，不仅会在砂浆中存在冻结块，影响使用操作，而且起不到应有的塑化作用，砂浆的和易性等工作性能得不到改善，还会影响砂浆的自身强度。砂浆强度的下降和达不到水泥混合砂浆性能的要求而趋于水泥砂浆性能这二点是降低砌体强度的重要影响因素。因此，为了保证砌体的设计强度，保证砌体的施工质量，在冬期施工中，严禁采用冻结的石灰膏、电石膏等掺加料，如遭冻结，应经融化以后再使用。这是砌体工程冬期施工强制性条文中关于材料应用方面的强制性的规定，施工中应严格遵守执行。

9.10 冬期施工中，为什么不得使用遭水浸冻后的砖或其他块材？

在冬期施工中，砌体工程所使用的块材一般均堆置于室外，受雨雪气候的影响，可能会遭水浸冻，遭水浸冻后的砖或其他块材，其表面会形成一层冰膜，冰膜的存在会降低砂浆和块材之间的粘结强度，并且，采用遭水浸冻的块材砌筑后，不仅迅速降低砂浆的温度，而且会改变砂浆和块材接触处砂浆的用水量，改变水灰比，从而影响砂浆强度和砂浆强度的增长，因此，冬期施工中，遭水浸冻的砖或其他块材不得使用，这也是砌体工程冬期施工强制性条文中关于材料应用方面的一点强制性规定，施工中也应严格遵守执行。

9.11 冬期施工中，基础砌体工程施工有什么要求？为什么？

冬期施工中，基础砌体工程施工质量不仅和砌体工程本身的砌筑有关，而且和砌体基础所处的地基的性质和状况也密切相关。

我们知道，凡是含水的松散岩石和土体，当其温度处于0℃或负温时，其中的水份将转变成结晶状态，且胶结松散的固体颗粒而成为冻土。其中，黏性土、粉土、粉砂等土质，在一定的含水率条件下，冻结成冻土时，将产生膨胀作用，形成冻胀力。在《建筑地基基础设计规范》(GBJ 7—89)中，根据地基土天然含水量的大小和冻结期间地下水位低于冻深的最小距离，将地基土划分为不冻胀、弱冻胀、冻胀和强冻胀四类。同时，对基础的最小埋置深度和基底下允许残留冻土层厚度作出了相应的规定。

在《砌体工程施工质量验收规范》(GB 50203—2002)中，冬期施工基础砌体工程明确要求："基土无冻胀性时，基础可在冻结的地基上砌筑；基土有冻胀性时，应在未冻的地基上砌筑。在施工期间和回填土前，均应防止地基遭受冻结。"

因此，冬期施工砌体工程时，首先要弄清楚和确认基土有无冻胀性。如基土无冻胀性，即使基土被冻结，也不会对工程结构产生威胁。如基土有冻胀性，一般情况下，只允许在未冻胀的地基上砌筑基础，并且要采取措施，防止砌筑过程中或砌筑完成后回填土回填前基土遭受冻害。因为冻结或继续冻结产生的膨胀力或是消冻时出现的变形，可能会危及基础甚至主体结构的安全。

在我国的建筑工程冬期施工实践中，20 世纪 70 年代末期以来，建设者们大胆进行探索和尝试，产生了"浅埋基础"设计施工技术。所谓浅埋基础是指在季节性冻土地区，当基础设计为设置在允许残留冻土层的基础时，在冻土层上施工的基础。黑龙江大庆油田设计研究院在大庆油田的工业与民用建筑的设计施工中，进行了长期试验研究，在近 100 万 m^2 工程实践的基础上，提出了春融期在季节性冻土地基上设计施工基础的技术规定，即《春融期在季节冻土地基上砌筑基础的设计施工技术规定》，并成为黑龙江省的技术规程。浅埋基础设计施工技术，不仅解决了基础超深埋置的矛盾，而且也解决了工期不能等待冻土全部融化的要求。

但是，浅埋基础施工时，需要注意，同一建筑物的基础应座落在同一类冻胀性土层上，不得座落在一部分有冻土层而另一部分无冻土层的地基上，或者冻胀性类别不一致的地基上，这就要求加强基础砌筑前的地基验槽工作。施工中，同一建筑物各部位的基槽开挖应同时进行，并应在基槽四角及中间部位挖坑检查记录残留冻土层厚度，确保残留冻土层厚度符合设计要求。同时还应注意，各部位基础砌筑施工应同时进行，不得在同一建筑中一部分基础进行施工，另一部分基础未施工而使地基遭暴露晾晒，或者加深冻结。基础施工完毕，应及时回填基侧土。基础施工中，基土也不得被水或融化雪水浸泡。上述各项要求，均是从保持予留冻土层厚度一致和冻土均一融化沉降的要求出发而提出的。

9.12 砌体冬施时，砖块浇水或湿润应注意什么问题？为什么？

砖砌体施工时，保持块材合适的含水率十分重要。普通砖、多孔砖和空心砖的湿润程度对砌体强度的影响较大，特别对抗剪强度的影响更为明显。为了保持砖的含水率在合适的程度，对砖提前进行浇水湿润是人们的施工常识。

在冬期施工中，当气温低于0℃时，如给砖浇水会产生冻结或在砖表面有可能立即结成冰薄膜，既会降低和砂浆的粘结强度，也会给施工操作带来诸多不便，不利于施工。因此，在气温低于、等于0℃条件下砌筑时，不宜对砖浇水。但是，在整个冬期中，有些地区有些时候，夜晚温度低于0℃，而白天气温却高于0℃，或白天的某一段时间气温高于0℃，在这种情况下砌筑砖砌体时，对砖适当浇水湿润是适宜的，也是必要的。因此，《砌体工程施工质量验收规范》GB 50203规定，在冬期施工中，普通砖、多孔砖和空心砖在气温高于0℃条件下砌筑时，应浇水湿润。此时，浇水湿润的程度宜比常温施工要求低一些，且宜在正温时随湿润随砌筑使用。

当气温低于0℃时，浇砖已不可行，但并不意味此时砌筑砖砌体时，砖不再吸收水分。因此，为了尽可能解决砖吸水给砂浆凝结和粘结带来的问题，施工质量验收规范规定，在气温低于、等于0℃条件下砌筑时，砖可不浇水，但必须增大砂浆的稠度。这一规定的目的是试图通过增加砂浆中的水份来弥补砌筑后砖对砂浆水份的吸收，尽量保持砂浆的凝结硬化条件和粘结性能。

抗震设防烈度为9度地区的建筑物，对砌体的抗剪强度和整体性能要求很高，虽然只是少数地区，但尚有冬期施工，因此规范规定，抗震设防烈度为9度的地区，冬期施工中，普通砖、多孔砖和空心砖无法浇水湿润时，如无特殊措施，不得砌筑施工。

9.13 冬期施工砌筑砂浆的配合比设计应增加什么技术条件？为什么？

冬期砌体工程施工时，砌筑砂浆的配合比设计应增加以下技术条件：

(1) 不得使用无水泥配制的砂浆，无水泥配制的砂浆其强度一般较低，且受冻后强度一般难以恢复增长，损失较大。

(2) 砂浆的强度等级应根据施工方法的不同和施工环境温度的不同予以适当提高。当采用外加剂法施工时，最低气温等于或低于－15℃时，砌筑承重砌体砂浆强度等级应按常温施工提高一级。当采用冻结法施工，日最低气温高于－25℃时，砌筑承重砌体砂浆强度等级应较常温施工提高一级；当日最低气温等于或低于－25℃时，应提高二级。且砂浆强度等级不得小于 M2.5，重要结构其强度等级不得小于 M5。

在冬施过程中，提高砂浆强度等级的要求，主要是考虑在特定温度条件下，相应的砌筑方法砌筑的砂浆，其强度一般都有一定的损失，提高配合比设计强度等级正是为了弥补这种可能造成的强度损失。

(3) 在负温条件下施工时，砌筑砂浆的稠度应较常温施工时增加 10～30mm。这是因为砌体工程在负温条件下砌筑时，砖和砌块一般都不能浇水，只能在自然含水率条件下施工，即使在正温时浇些水，也不能达到充分湿润程度，此时，砖或砌块均要吸收砂浆中的一部分水分，增加砂浆稠度实质上就是增加砂浆中一部分水分，用以弥补砖或砌块对砂浆中水分的吸收。

(4) 按设计要求，具有明确冻融循环次数的砌筑砂浆，应进行冻融试验，冻融试验后，砂浆的质量损失率不应大于 5%，强度损失率不应大于 25%。对于强度等级低的砂浆(≤M2.5)可以不做冻融试验。因为低强度等级的砂浆，凝结材料及砂料极易发生粉化、脱皮、剥落现象。对于强度等级高的砂浆(>M2.5)，由于常用于受冻融影响较多的建筑部位，因此当设计中有冻融循环要求时，必须进行冻融试验，测定其质量损失率和强度损失率，以确保砂浆的抗冻性能。

9.14 冬期施工砌筑砂浆制备技术有什么要求？

在冬期施工中，砌筑砂浆的制备应充分考虑环境温度的影响，结合所用原材料的特性，采取各种措施，确保配合比的正确执行和原材料特性的充分发挥，尽量提高拌制砂浆的出机温度，保证砂浆的使用温度。因此，冬期施工砌筑砂浆制备应认真执行以下一些要求。

(1) 根据冬期砌筑工程不同施工方法和环境温度对砌筑砂浆使用温度的要求，对砂浆进行热工计算，在进行热工计算时，既要考虑原材料的初始温度，又要考虑砂浆在拌制、运输、存放过程中的温度降低，还要考虑砌筑时的温度降低。根据热工计算的结果，确定砂和水的加热温度，并测定砂浆的出机温度和使用温度，根据测试结果再进行调整。按照调整的加热温度对水或对水和砂同时进行加热，采用加热后的水和砂来拌制砂浆。

冬期施工加热水拌制砂浆是最容易而且最经济有效的方法，因为水的热容量是砂子热容量的 5 倍，也就是说，1kg 水提高 1℃所获得的热量相当于 1kg 砂子提高 5℃所获得的热量，热容量高，其温度降低的速度也就慢。而砂子不仅热容量低，而且加热也相对比较困难。所以，冬期施工拌制砂浆一般情况下均是采用加热水的方法。

根据《砌体工程施工质量验收规范》(GB 50203—2002)和《建筑工程冬期施工规程》(JGJ 104—97)的规定，冬期施工拌制砌筑砂浆时，水的温度不得超过 80℃，砂的温度不得超过 40℃，对水和砂的加热温度的限制是为了避免砂浆拌合时因水和砂过热造成水泥假凝现象。

(2) 拌合砂浆时宜采用二步投料法。所谓“二步投料法”即在拌制砂浆时，先将加热的水和砂子投入搅拌机内拌合，将水的热量传递给砂一部分，然后第二步再投放水泥等，这样既可避免水泥和过热的水直接接触产生假凝，又可以保持砂浆温度比较均匀。

(3) 冬施中，当砂浆中同时掺有氯盐和微沫剂时，应先加氯盐溶液后加微沫剂溶液。因为微沫剂加入灰浆后，能产生无数微小均匀各自分散互不串通的小气泡，附着于水泥和砂子表面，在砂中起到润滑作用，使搅拌时省力，易搅拌均匀，使砂浆具有良好的和易性，且能起到一定的抗冻效果。但是，氯盐溶液对微沫剂有消泡作用，如果先加微沫剂溶液，后再加氯盐溶液，就会降低微沫剂的效能。

(4) 外加剂溶液应设专人配制，并应先配制成规定浓度溶液置于专用容器中，然后再按规定加入搅拌机中拌制成所需的砂浆。随着环境温度的不同，外加剂的掺量也有所不同，当采用氯盐配制砂浆时，氯盐掺量应严格按设计要求控制。砂浆中如氯盐掺量过少，则防冻效果不佳，多余的水分会结冻，达不到预期效果，掺量太多，砂浆的后期强度会显著下降，析盐现象严重，也降低砌体的保温性能，影响装饰效果。

如果外加防冻剂为粉状材料，能配制成溶液的宜配制成溶液；不宜配制成溶液的，应采用定量小包装办法，使用前，根据配合比设计，提前称量单盘包装使用。

9.15 冬期施工砌筑砂浆对水的温度有什么要求？为什么？

冬期施工中，为了保证砌筑砂浆的出机温度，除了提高搅拌机棚内的环境温度外，尚需对砂浆的部分组成材料进行预加热。在砂浆的组成材料中，水泥是不能加热的，最多只能保持存放室内的温度，惟有水和砂子可以加热。砂子加热比较麻烦，水加热相对较容易实施，而且，水的热容量是砂子热容量的5倍，加热水的效果优于加热砂的效果。因此，在冬期施工实践中，一般都是采用加热水的方法来拌制砌筑砂浆。

在《砌体工程施工质量验收规范》(GB 50203—2002)和《建筑工程冬期施工规程》(JGJ 104—97)中都明确规定，水的温度不得超过80℃。这是由于过热的水和水泥接触后，会产生假凝现象，影响水泥水化，也影响砂浆的和易性。因此，对水加热的温度在规范中作出了限制。

9.16 冬期施工砌体砌筑时砂浆的使用温度有什么规定？为什么？

冬期施工中，砌体砌筑时，砂浆的使用温度应符合以下规定：

(1) 采用掺外加剂法时，不应低于+5℃；

(2) 采用氯盐砂浆法时，不应低于+5℃；

(3) 采用暖棚法时，不应低于+5℃；

(4) 采用冻结法，当室外空气温度分别为 0℃～-10℃、-11℃～-25℃、-25℃以下时，砂浆使用最低温度分别为 10℃、15℃、20℃。

无论采用掺外加剂法、氯盐砂浆法还是暖棚法，砂浆拌制后使用时一般都不会冻结，对砂浆使用温度的规定主要是考虑在砌筑过程中，砂浆能保持良好的流动性，从而可以保证较好的砂浆饱满度和粘结强度。

采用冻结法施工时，对砂浆的最低使用温度按不同的室外空气温度段分别提出不同的要求，除了考虑砌筑过程中砂浆能保持良好的流动性，有利于保证砂浆的饱满度和粘接强度外，还考虑砌体中砂浆在冻结之前能有一定的早期强度。

9.17 冬期施工砌筑砂浆中掺有氯盐类外加剂时，有什么规定？为什么？

冬期施工中，当砌体砂浆内掺有氯盐类外加剂时，主要应该符合以下二方面的规定：

(1) 采用氯盐砂浆时，砌体中配置的钢筋及钢预埋件，应预先做好防腐处理。

由于水泥砂浆在凝结硬化过程中，不断进行水化反应，其生成的 $Ca(OH)_2$ 呈碱性，pH=12.5～14，埋在呈高碱性的砂浆中的钢筋或钢制件，表面能形成薄而稳定的 Fe_2O_3 钝化膜，从而防止腐蚀。采用氯盐砂浆后，氯离子将破坏钢筋表面钝化膜，形成不均匀的表面和介质环境，因此，在不同区域就有不同的电位，从而容易产生电化学锈蚀过程，为了阻止砌体中的钢筋和铁件的锈蚀，所以作出这样的规定。

(2) 掺氯盐砂浆的使用范围应该符合有关规定，不得在下列工程或工程部位中使用：

① 对装饰工程有特殊要求的建筑物；

② 使用湿度大于80%的建筑物；

③ 配筋、钢埋件无可靠防腐处理措施的砌体；

④ 接近高压电线的建筑物（如变电所、发电站等）；

⑤ 经常处于地下水位变化范围内以及在地下未设防水层的结构。

对掺氯盐砂浆工程使用范围的限定，主要是考虑掺盐砂浆施工的砌体，干燥过程中一般都有析盐现象发生，影响装饰工程质量和效果；砂浆中掺盐又增加了吸湿性，在潮湿环境中吸湿影响砌体的保温及耐久性能，使水位变化范围内的砌体降低抗冻性能；在较强的交变电场作用下，会加快电化学的锈蚀过程，因此，限定掺氯盐砂浆的工程范围是完全必要的，在冬期施工中应很好的贯彻执行。

9.18 冬期砌体的暖棚法施工工艺简要内容是什么？

暖棚法是利用简单结构或骨架条件及成本较低的保温材料，低消耗地将所需要砌筑的砌体与工作面临时封闭起来，使之在正温条件下进行砌筑和砌体养护的一种砌体冬期施工方法。

暖棚法适用建筑面积或砌筑砌体体积不大、工程项目集中的工程，并且工序穿插少、工艺简便的操作环境。一般地面以下工程使用较多。

暖棚法施工工艺简要内容如下：

(1) 根据现场实际情况，结合工程特点，制订经济、合理、低耗、适用的暖棚搭设方案，按照暖棚搭设方案搭设暖棚。搭设的暖棚要坚实牢固，并要整齐而不能过于简陋，出入口最好只设一个，并要设在背风面，同时做好避风屏障，设置保温门帘，当必须设置两个出入口时，应避免两出入口对开。

(2) 棚内加热，提高温度。暖棚内的温度要求一般不低于+5℃即可。加热方法可优先采用热风机装置，也可采用供热管道供热，热源置于棚外，当采用棚内火炉等方法加热时，要严格注意安全防火和防煤气中毒。

(3) 砌体砌筑。砌体在暖棚内正温条件下按常规施工工艺要求砌筑,砌筑时要求块材和砌筑砂浆的温度均不低于+5℃。对于砌筑砂浆来说,控制好砂浆的出机温度即可满足此要求;对于块材来说,宜将块材提前运入暖棚内砌筑地点,使其在暖棚内升温达到不低于+5℃的要求。

(4) 砌体在暖棚内正温养护一段时间。砌体正温条件下暖棚内养护的时间与暖棚内的温度有关,一般要求至少不应少于 3d,同时,暖棚内应保持一定的湿度,以利于砌体强度的增长。

(5) 当在暖棚内养护的砌体,砂浆强度达到允许受冻的临界值后,即可拆除暖棚转入自然养护。

9.19 冬期砌体采用暖棚法施工时,对棚内最少养护期限有什么要求?

冬期砌体采用暖棚法施工,其实质是在冬期施工中比较恶劣的气候环境条件下,人为地创造一个近乎于常温条件的施工和养护环境,砌体在暖棚内按施工工艺和养护方法进行砌筑和养护。在养护一定的时间后,拆除暖棚转入自然养护。

砌体在暖棚内强度的增长,不仅和砂浆的强度等级有关,而且和暖棚内的养护温度也密切相关。砌体在暖棚内养护时间的长短,取决于砂浆达到允许受冻临界强度值的时间。砂浆允许受冻临界强度值一般为砂浆强度等级的 30%,达到该值后再遇到负温度也不会引起强度损失。

砌体在暖棚内的养护时间,关系到砌体工程冬期施工的施工成本。养护时间越长,棚内温度越高,砌体强度增长越快,而施工成本也就越高;如果养护时间短,棚内温度低,砌体强度增长就慢,很可能暖棚拆除时,砌体砂浆还达不到允许受冻的临界强度值,引起后期强度的损失,虽说施工成本相对低一些,但总体效果还是不利的。因此,合理地确定砌体在暖棚内的最少养护时间是必要的,这个最少养护时间应该是技术上可行的,而施工成本又是经济的。

砌体在暖棚内的最少养护时间根据砂浆强度等级和养护温度与强度增长之间的关系确定。对于未掺盐的砂浆，暖棚法砌体的最少养护时间应按表 9-2 确定。

暖棚法施工砌体的最少养护时间(d) **表 9-2**

暖棚内温度(℃)	5	10	15	20
养护时间(d)	6	5	4	3

在冬期砌体工程施工中，如果施工要求砌体强度有较快的增长，可以通过延长养护时间或提高棚内养护温度来满足施工进度的要求。

9.20 冬期砌体的冻结法施工工艺简要内容是什么？

冬期砌体采用冻结法施工是指采用不掺外加剂的普通水泥砂浆或水泥混合砂浆进行砌筑的一种冬期施工方法。在负温条件下采用冻结法施工的砂浆工作状态要经过冻结、融化、硬化三个阶段，因而砌体强度和稳定性也随砂浆工作状态的变化而变化，其解冻阶段是砌体强度和稳定性最差的阶段。因此，确保冻结法砌筑的砌体结构在解冻时的稳定性和正常沉降是冻结法施工工艺的关键。

冻结法施工工艺的简要内容如下：

(1) 合理安排施工程序，采取水平分段施工方法，进行分期施工，以减少建筑物各部分的不均匀沉降和满足砌体在解冻时的稳定要求。如根据设计布局先砌筑自重及荷载较大的单元，后砌筑自重及荷载较小的单元等。

(2) 在一个工作段范围内，应砌筑至一个施工层的高度，不得任意间断。每天的砌筑高度和临时间断处的高度差均不应大于 1.2m。

(3) 分段处之间的高度差不得大于 4m。间断处砌体应砌成阶梯式，并埋设 $\phi 6$ 的拉结筋，间距 500mm，拉结筋伸入砌体两边不应小于1m。

(4) 遇大风天气要限制砌筑高度。

(5) 操作上应按照"三一砌砖法"砌筑,不允许留设未经设计部门同意的水平槽和斜槽,对超过五皮的砌体,如发现歪斜,不准敲墙、砸墙或撬墙,必须拆除重砌。

(6) 砌体的水平灰缝应控制在 10mm 以内,砌筑部位基面标高误差通过调整灰缝厚度来调整砌体高度的误差,标高误差应分配在同一步架的各层砖的水平灰缝中。

(7) 在楼板水平面上墙的拐角处、交接处和交叉处每半砖设置一根 $\phi6$ 钢筋拉结条,伸入相邻墙中 1m,末端加弯钩。

(8) 当每一层楼的砌体砌完后,应随时吊装或浇捣梁板或屋盖。

(9) 解冻期内,必要时采用临时加固件,以提高砌体结构的稳定性和承载能力。临时加固件不得妨碍砌体的自然沉降,或使砌体的其他部分受到附加荷载。

(10) 对跨度较大的梁等,在解冻前应在结构的下面加设临时支柱,并加楔子,以承受结构上砌体的全部重量。临时支柱高度应根据支承结构的沉降量用楔子调整。

(11) 用冻结法砌筑的墙与已沉降的墙在交接处应留沉降缝。

总之,砌体工程冻结法施工工艺不仅包含砌筑过程,还包含解冻的过程。

9.21 冬期砌体采用冻结法施工时,对砌体检测和检查有什么要求?

冬期砌体采用冻结法施工,对砌体的检查和检测分二个阶段进行。

第一阶段在墙体砌筑过程中,为达到灰缝平直、砂浆饱满和墙面垂直平整的要求,砌筑时必须做到皮上跟线,三皮一吊,五皮一靠,要随时目测检查,发现偏差,及时纠正,保证砌体砌筑质量。砖砌体的水平灰缝厚度不宜大于 10mm。

第二阶段为解冻期间。冬期砌体采用冻结法施工后,在解冻期间，由于砌体结构型式的不同，结构断面的不同，结构所处的自然位置和环境条件的不同，以及解冻方式的不同，常常会出现解冻时间和解冻速度不一致的情况，可能会出现砌体结构的不均匀沉降，甚至导致砌体裂缝，因此，冻结法砌筑的墙体，在解冻前需进行检查，解冻过程中应组织观测，必要时要及时进行加固和处理。

凡冻结法砌筑的工程，应在春季解冻期来临时进行经常观测，检查结构在解冻期间的承载能力和稳定性是否有足够的保证；检查结构的减荷措施和加固的方法。

在解冻期来临进行观测时，应特别注意观测多层房屋的下层的柱和窗间墙，梁端支承处、墙的交接处和梁模板支承处等地方。此外，还必须观测砌体沉降的大小、方向和均匀性，砌体灰缝内砂浆的硬化情况。观测应在整个解冻期内进行，一般不少于15d。

当发现砌体有超应力和变形（如不均匀沉降、裂缝、倾斜、鼓起等）现象时，应分析变形产生的原因，并立即采取措施，以消除或减弱其影响。首先应减少砌体上的荷载，如砌体有较大的位移，应设法使位移砌体恢复到正确位置；如墙柱有倾斜，应用斜撑、拉索等将倾斜墙体矫正。恢复矫正工作应在砂浆硬化前进行，用水泥砂浆或混合砂浆砌筑的砌体，分别不超过解冻后的5d或7d。

当发现砌体表面有裂缝时，应区别不同构件，分别采取相应的加固措施。进行砌体加固时，应特别注意安全。

9.22 冬期砌体采用冻结法施工时，对砂浆的检测和检查有什么要求？

冬期砌体采用冻结法施工时，对砂浆的检测和检查有以下四个方面的要求：

（1）检查砂浆试配报告单和配合比通知单。根据设计要求的砂浆强度等级和实际使用的环境温度，检查砂浆配合比能否满足规范规定的强度等级提高的要求。

（2）检查砂浆拌制过程中，水或者砂子的加热温度是否符合热工计算对水或砂子的加热温度要求。检查砂浆的出机温度能否达到热工计算砂浆出机温度的要求。

(3) 检查砂浆在使用位置处,其使用的最低温度能否达到规范规定的当时环境温度相对应的温度要求。

(4) 考虑到冬期低温施工对砂浆强度的影响较大,为了获得砌体中砂浆在自然养护期间的强度,确保砌体工程结构安全可靠,应增留同条件养护试块,用于测定解冻期间及解冻后砂浆的实际强度和强度发展,以及转入常温后28d的砂浆强度,其增设试块的组数根据施工需要确定。

与砌体同条件养护的试块制作后,应在室外放置一昼夜,最多不超过二昼夜,然后拆模编号后放入墙内,如图9-1所示。每组六个试块分放于竖向间距为1m的二层砖墙内,每层三块如图9-1中所示。试块取出试压前,应将试块表面刷净擦干,并将试块侧面作为受压面进行抗压强度试验。

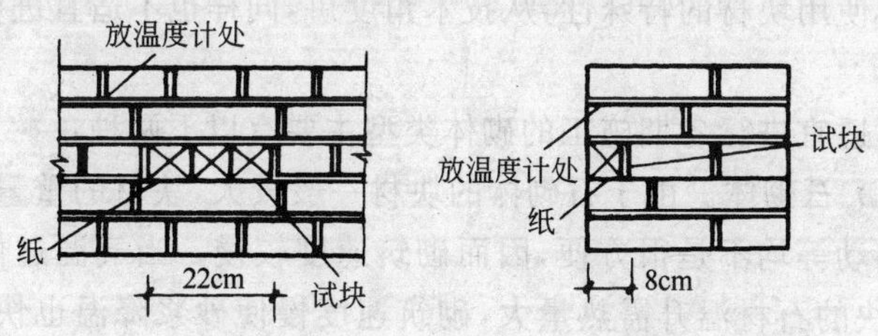

图9-1 同条件养护试块放置图

9.23 冬期配筋砌体施工对钢筋有什么技术要求?为什么?

在配筋砌体中,使用的钢筋主要是小规格的HPB235级光圆钢筋。这类钢筋在加工时,常需要采用冷拉调直方法进行冷加工。考虑到工人操作条件和安全储备,要求钢筋的冷拉温度不宜低于−20℃。由于钢筋在负温条件下较常温条件下其延性有所降低,所以在负温下采用冷拉控制应力方法冷拉钢筋时,HPB235级钢筋的冷拉控制应力应较常温条件下的冷拉控制应力增加30N/mm^2。采用控制冷拉率方法冷拉钢筋时,其冷拉率的确定与常温相同，但最大冷拉率不应大于10%。

配筋砌体冬期施工，由于砌筑砂浆中常掺用外加剂，如果掺入的外加剂中含有氯化钠、氯化钙等含有氯离子的成分时，由于其对钢筋有锈蚀作用，因此，埋入砌体中的钢筋要涂刷防锈涂料，一般作法是涂樟丹二～三道或防锈漆二道。也可将拉结筋涂刷沥青或将拉结筋提前刷水泥浆，作为防氯离子锈蚀的保护层。还可以采用其他经试验证明可以防止钢筋锈蚀的涂料进行涂刷。

9.24 冬期哪些类型块材的砌体不适宜施工？为什么？

砌体工程冬期施工，由于施工环境温度低，施工操作不方便，以及一些结构类型的特殊性等，并非所有的砌体工程均适宜于冬期施工；有些工程虽然采取一些冬施措施，也可进行施工，但其施工成本很高，从经济角度来讲，也不适宜施工；还有一些砌体工程，由于其使用块材的特殊性，从技术角度讲，同样也不适宜进行冬期施工。

不适宜进行冬期施工的砌体类型主要有以下两种：

(1) 石砌体。由于石砌体的块材一般较大，块材的重量也大，搬运移动等均不是很方便，因而砌筑速度较慢。当气温过低砌筑时，大块的石材温升需热量大，砌筑速度慢使砂浆降温也快，在石材与砂浆接触处容易出现冰膜，从而影响到石材与砂浆的粘结，因此，一般情况下，石砌体不宜冬期施工。

(2) 混凝土小型空心砌块砌体。由于混凝土小型空心砌块砌体的抗剪强度本来就相对较差，混凝土小砌块的壁和肋均较薄，块材通过砂浆相互粘结的面较小，而且砌筑后砂浆层与外界的接触面较其他块材砌体相对较大，因而在冬施过程中，砂浆降温快，对粘结性能的影响较大，影响砌体的抗剪强度，对砂浆后期强度的发展也会产生一定的影响。同时，由于小砌块摊铺砂浆的面积较小，操作时砂浆也不容易摊铺。因而，混凝土小型砌块砌体工程冬期也不宜进行施工。

10 子分部工程验收

10.1 砌体工程的分项工程划分与原检评标准有何不同?

这次修订后的《建筑工程施工质量验收统一标准》(GB 50300—2001),在工程质量验收的划分方面,有了很大的变动,由原来的三级划分变为四级划分,增加了检验批这一层次,而且成了质量验收的基本单元。

砌体工程在分项工程的划分上也存在有较大的差异。

原《建筑安装工程质量检验评定统一标准》(GBJ 300—88)(简称 88 标准)确定的分项工程的划分规定是:一般应按主要工种工程划分。同时又明确:多层及高层房屋工程中的主体分部工程必须按楼层(段)划分分项工程;单层房屋工程中的主体分部工程应按变形缝划分分项工程。据此规定,在该标准的分项、分部工程的名称表中,地基与基础工程分部和主体工程分部均划分有砌砖和砖石两项分项工程。

88 标准对砌体工程中分项工程的划分方法,不尽科学合理、也不全面,同一分项工程在不同的楼层、不同的施工区段都统按分项工程进行验收,混淆了"检验批"和"分项工程"的概念。"分项工程"的概念变得不清晰。如砌砖分项,可能出现一部分评定是优良,另外部分评定是合格,对同一分项来说就难以作出统一的评价。同时,仅仅划分"砌砖"和"砌石"二个分项,和原《砌体工程施工及验收规范》(GB 50203—98)中关于砌体的分类及施工实际也不相协调。

现《建筑工程施工质量验收统一标准》(GB 50300—2001)中,对建筑工程质量验收的划分,分项工程是按主要工种、材料、施工工艺、设备类别等进行划分的。同时，还规定了分项工程可由一个或若干个检验批组成，检验批可根据施工及质量控制和专业验收需要按楼层、施工段、变形缝等进行划分。有了“检验批”就克服原88标准中都是分项工程检验的矛盾。

不仅如此，现“统一标准”还对较大或较复杂的分部工程，按材料种类、施工特点、施工程序、专业系统及类别等划分为若干子分部工程。

在地基与基础分部中，“砌体基础”是其中的一个子分部。该子分部中，有砖砌体、混凝土砌块砌体、配筋砌体、石砌体四项分项工程。

在主体结构分部中，“砌体结构”是其中的一个子分部。该子分部中，有砖砌体、混凝土小型空心砌块砌体、石砌体、填充墙砌体、配筋砌体五项分项工程。

与原88标准相比较，“砌体基础”和“砌体结构”子分部中都增加了混凝土砌块砌体和配筋砌体分项，在“砌体结构”子分部中还增加了“填充墙砌体”分项，这是根据建筑发展的实际需要，以《砌体工程施工及验收规范》(GB 50203—98)为基础提出的。这三类砌体都有各自的特点。混凝土小型空心砌块砌体是适应建筑技术政策，逐步淘汰烧结粘土砖的需要而发展起来的一种新型墙体材料，有其自身的结构和施工特点，有专门的技术规程，因此要单独列项验收。配筋砌体由于配筋的存在，其施工也不同于一般砌体。既要满足一般砌体的要求，又要符合配筋的规定，因而也需单独列项验收。填充墙砌体对结构的安全性能的影响不像其他砌体，施工要求也不一样，其所用的材料多为轻质材料，材性差异也较大。因此，也作为一个分项来列出。

新统一标准这种对分项工程的分类方法，更接近施工实施，更能满足施工质量验收的实际需要。

10.2 为什么要把砌体结构划为一个子分部工程？

首先，从建筑工程质量验收划分中子分部工程的提出谈起。

原《建筑安装工程质量检验评定标准》(GBJ 300—88)中，建筑工程的分部工程按建筑的主要部位来划分的，土建工程划分为地基与基础工程、主体工程、地面与楼面工程、门窗工程、装饰工程、屋面工程等六大分部工程。这种划分方法当时主要是以住宅工程为背景来划分确定的。随着建设事业的发展，建筑规模、体量很大的工程越来越多；具有多功能的综合性建筑物不断涌现；建筑物的内部设施越来越多样化、复杂化，功能要求越来越多；建筑物相同部位的设计也呈多样化，如有的屋面既有混凝土结构，又有钢结构等；以及新的结构应用等，使得按建筑物的主要部位来划分和评价分部工程已经不合适。原 88 统一标准中主体结构涵盖了混凝土结构、钢结构、砌体结构、木结构的一些分项工程，用不同结构的分项汇集在一起总体评价判定主体结构的工程质量也是不合适的。

所以，新的《建筑工程施工质量验收统一标准》(GB 50300—2001)把建筑工程的土建分部由六个调整为四个，其中主体结构分部又包括混凝土结构、劲钢(管)混凝土结构、砌体结构、钢结构、网架和索膜结构、木结构等六个子分部工程。

这样划分以后，不论一个建筑物如何庞大，结构如何复杂，结构形式如何多，都可以按同类结构来验收和作出正确评价。在同类结构中再划分若干分项工程并按检验批来进行验收，可以使验收标准的执行符合性更强。有利于正确评价工程质量，也有利于贯彻不验收不得进入下一工序施工的总体要求。

砌体结构划分成子分部工程后，无论是砖混结构还是框架结构，或者其他结构，只要有砌体结构的内容，不论其工程部位，也不论其工程量的大小，都可以作为一个子分部工程来验收评价。

10.3 砌体工程检验批验收合格的标准是怎样规定的?

《建筑工程施工质量验收统一标准》中，建筑工程质量验收检验批合格质量要求符合以下规定：

(1) 主控项目和一般项目的质量经抽样检验合格。

(2) 具有完整的施工操作依据、质量检查记录。

根据“统一标准”的要求,《砌体工程施工质量验收规范》(GB 50203—2002)将砌体工程分为砖砌体工程、混凝土小型空心砌块砌体工程、石砌体工程、配筋砌体工程和填充墙砌体工程五类。每类砌体工程都有“一般要求”、“主控项目”和“一般项目”等三方面的规定。

砌体工程检验批验收时应进行两个方面的检查,并应符合相应的规定。

① 检验项目的检查。砌体工程按其砌体类型分别执行砌体工程施工质量验收规范中相关章节的要求,其中配筋砌体工程除满足配筋砌体章节要求外,尚应满足相关砌体(砖砌体或混凝土小型空心砌块砌体)验收的要求。检验项目中的主控项目是对检验批的基本质量起决定性影响的检验项目,必须全部符合该类砌体中主控项目的规定,不允许有不符合要求的检验结果。检验项目中的一般项目,应有 80%及以上的检验处符合该类砌体中一般项目的规定或偏差值在允许偏差范围内。

② 质量控制资料的检查。质量控制资料在砌体工程检验批完成时,不可能完整和全面,但是,在该检验批验收时应该具备的记录资料应该齐全,且符合相关规定要求和签字认可手续等完整。质量控制资料检查的合格要求是基本达到了资料和记录收集、记载及时,基本实现了与该检验批工程施工同步。

上述二方面的检查,检验项目的质量经抽样检验合格是检验批合格的基础,质量控制资料是检验批合格的佐证,应基本达到要求。如果质量控制资料有欠缺,允许补充收集和完善,但必须保证其真实性。

10.4 砌体工程检验批验收时,应检查哪些质量控制资料?

质量控制资料反映了检验批工程从原材料到检验批验收乃至最终工程验收的各施工工序的操作依据、检查情况、试验结果及施工管理的状况等,对其完整性的检查,实际上是对过程控制的一种确认,这是检验批合格的必要条件。

砌体工程检验批验收时，应该检查下列二类资料或记录：

(1) 施工操作的依据。

施工操作的依据主要指各级工法、企业的工艺标准或操作规程、相关的行业技术标准、相关的国家技术规范等。根据标准化法的规定，企业标准不得低于行业标准的要求；行业标准不得低于国家标准的要求。因此，如果检验批工程的施工操作依据执行的是企业标准，那么企业标准对工程质量某些要求高于国家标准时，应按企业标准的要求进行验收。

施工操作依据的检查主要查看有无依据，依据的选用是否合适。施工管理者或操作者应提供有效的操作依据资料。

(2) 质量记录。

质量记录应该包括以下方面的内容：

① 与检验批砌体工程相关的图纸会审记录或设计变更、洽商记录。

② 检验批工程所用的原材料出厂合格证(块材、水泥、掺合料、外加剂、钢材、小砌块砌筑专用干拌砂浆等)，及进场检验报告。当原材料进场批量较大，使用于若干个检验批工程时，该批原材料的出厂合格证和进场检验报告可在这若干个检验批工程验收时共用。

③ 见证取样送检记录(水泥；用于承重墙体的砖、混凝土小砌块和混凝土、砂浆试块；用于承重结构的钢筋)。

④ 隐蔽工程验收记录(配筋砌体工程中的钢筋、构造柱钢筋)。

⑤ 混凝土及砌筑砂浆施工配合比试验报告(配合比通知单)。同一工程相同强度等级要求、相同原材料的混凝土、砂浆配合比报告各检验批砌体工程可共用。

⑥ 施工记录。包括常规的和新材料、新工艺的施工记录。

⑦ 应用的新材料的有关技术资料。如砌筑砂浆中应用的新型有机塑化剂的砌体强度的型式检验报告等。

10.5 砌体工程分项工程合格的标准是怎样规定的？

《建筑工程施工质量验收统一标准》(GB 50300—2001)规定，

分项工程质量验收合格应符合以下二方面的要求：

（1）分项工程所含的检验批均应符合合格质量的规定。

（2）分项工程所含的检验批的质量验收记录应完整。

据此规定，砌体工程分项工程验收合格的标准比较简单。主要是：该分项工程所含的所有检验批已经验收合格；该分项工程所有检验批的质量验收记录完整（记录表及要求记载的内容齐全）；该分项工程质量验收记录表填写内容完整，监理工程师验收签字认可。

10.6 砌体子分部工程验收前应提供哪些文件记录？

砌体子分部工程验收在砌体子分部工程完成后进行。

砌体子分部工程验收前，应提供下列文件和记录：

（1）施工执行的技术标准（操作依据）；

（2）原材料的合格证书及进场检验报告；

（3）混凝土及砂浆配合比试验报告（通知单）；

（4）混凝土及砂浆试件抗压强度试验报告单（除验收时试验龄期未到的试件以外）；

（5）见证取样、送检记录（按建设部建建发（2000）211号文件规定的见证取样范围及相关规定执行）；

（6）施工记录；

（7）各分项工程质量验收记录；

（8）所有检验批质量验收记录；

（9）其他有关施工质量控制资料（如与砌体工程相关的图纸会审记要、设计变更、洽商记录；隐蔽工程验收记录；砖混结构建筑、混凝土小型空心砌块砌体建筑的垂直度测量记录等）；

（10）重大技术问题的处理文件（含砌体工程质量事故调查分析报告；砌体工程现场检测报告；质量事故处理技术方案；质量事故处理结果验收记录；有关质量事故的协商文件等）；

（11）砌体子分部工程质量验收记录（其中应由施工企业自填的部分填写完整）；

(12) 其他必须提供的技术资料(如砌筑砂浆中应用的有机塑化剂的砌体强度型式检验报告等)。

10.7 砌体子分部工程验收时,还要对砌体工程的观感质量作出评价吗?

砌体工程子分部工程验收时,必须对砌体工程的观感质量作出评价。

在《建筑工程施工质量验收统一标准》(GB 50300—2001)中,第 5.0.3 条中明确规定,分部(子分部)工程验收时,观感质量验收应符合要求。

在一个单位工程(子单位工程)中,砌体子分部工程可能含多项分项工程。例如:有的工程同时采用框架结构和砖混结构,则砖砌体和填充墙砌体二个分项必然并存。不同分项工程的砌体,在砌体子分部工程中,不仅存在数量上的差异,而且其外观质量的要求和实际外观质量水平也不一样。不进行砌体子分部工程的全面观感质量检查,难以全面正确评价砌体子分部工程的质量水平。

此外,在同一个分项工程中,可能有多个检验批,各检验批的外观质量水平也不一定一样,而且就是同一检验批,验收时也是进行抽样检验,只针对规定的检验项目进行检查,不进行观感质量验收,因此,对分项工程也需有一个全面的认识。

特别是在砌体子分部工程中,如果存在有清水墙砌体的话,则观感质量的检查更为重要。因为清水墙砌体的外观质量是人们对砌体工程质量评价的第一印象,如果清水墙砌体外观质量不行,即使主控项目和一般项目的各检验项质量控制得很好,资料齐全完整,也难以让人得出质量较好的结论。清水墙砌体通过砌体子分部工程的观感质量检查,还可以发现不足之处,采取必要的措施进行返修,以提高清水墙砌体的观感质量水平。

分部(子分部)工程的观感质量验收评价的要求,在分部(子分部)工程质量验收记录表中,有一栏要进行专门记载,由总监理工程师在观感质量验收后,作出“好”、“一般”、“差”的评价并予记载。

对于检查评价为差的分项或工程部位，施工单位应进行返修处理。

10.8 如何对砌体工程的观感质量进行评价？

观感质量是通过观察和必要的量测所反映的工程外在质量，是工程反映在感官方面的特性，通过人们的视觉、触觉、嗅觉、听觉等来进行判定。

观感质量的检查和判定具有以下特点：

(1) 观感质量受人为因素影响多。由于观感质量是通过人们的感觉器官来进行辨认和判定的，而人们的感觉器官的灵敏程度因人而异，因而观察结果的评价意见也会因人而异。有时候，观察的仔细程度也会影响评价结果，如有的工程的外观质量只能粗看不能细看，只能远看不能近看，粗看远看总体可以，但走近细看近看不行。

(2) 观感质量的评价标准难掌握。观感质量的评价一般没有定量的标准。人们对一些外观质量的要求的理解也不容易得到统一。观察的时间、地点、位置、观测方法等因素也会带来一定的影响。

(3) 受检查人员的阅历和地区质量水平的影响因素也较大。一个“见多识广”的检查人员和一个只在小范围内检查的人员对同一工程的观察结果，结论也会不同。地区质量水平高，外观质量评价的基准也高；地区质量水平低，评价的基准以会低。所以，经常出现同一工程国家组织检查、省内组织检查、县区内组织的检查结论意见不一致的情况。

正因为如此，《建筑工程施工质量验收统一标准》(GB 50300—2001)不再采用原88标准对观感质量评价所采用的划为五级定量打分的评价方法，而改用由参加检查的人员共同协商确定总体客观评价的方法。同时，明确提出了对分部(子分部)工程亦要进行观感质量评价的要求。

砌体子分部工程自然要遵守统一标准的规定。对砌体工程观感质量进行评价应重点观察以下几方面的内容：

(1) 砌体所用的块材的外观质量状况。裂缝、翘曲、表平面棱角的完整性等块材自身的外观质量情况。

(2) 砌体表面的平整性。除了观察正手墙面的情况外,还要特别注意"反手"墙面的平整情况。

(3) 组砌方法是否正确,是否存在超标通缝情况。

(4) 接槎部位是否平直和存在通缝,砂浆是否密实,特殊部位的砌筑是否符合规定要求等。

(5) 水平灰缝的平直和厚度的均匀性等情况。

(6) 清水墙面竖缝通顺、刮缝深度情况,以及墙面的清洁状况。

砌体子分部工程观感质量,由总监理工程师组织有关人员进行验收,参加检查的人员共同商定验收结论,验收意见可评价为"好"、"一般"、"差",对于评价为差的部位,施工单位应组织返工或者返修。

10.9 检验批验收时,主控项目不符合要求怎么办?

砌体工程主控项目是对砌体工程质量起决定性作用的项目。

根据各类砌体工程主控项目的设置情况,主控项目不符合要求的情况可能发生在施工前、施工过程中和施工完毕以后,应分别不同情况,给于不同办法处置。

施工前主控项目发生不符合要求的情况,主要是指块材强度或钢筋的品种、规格、强度不符合设计要求。这种情况,经原材料检验如果不符合设计要求,严禁用于工程施工,已用于工程的,应全部返工处理,已加工的钢筋,也不得用于砌体工程,另配合格钢筋使用。

施工过程中,主控项目容易出现不符合要求的情况的检验项目,主要有留槎的形式和马牙槎及砂浆的饱满度。这些检验项目,应在施工中加强检查和控制,随时发现,随时进行返修或返工处理。

砌体工程施工以后,检验批验收时主控项目不符合要求的情况，主要是砌体的轴线偏移和砌体的垂直度偏差。验收发现后，应对偏差项目的墙体进行返工处理，重新砌筑。

还有一种情况是砌体的砂浆或混凝土强度在龄期满后试块强度不符合要求，则应按现行国家标准《建筑工程施工质量验收统一标准》GB 50300 的有关规定执行。

10.10　检验批验收时，一般项目不符合要求怎么办？

一般项目是指除主控项目以外的其他检验项目。一般项目虽对砌体结构的安全性能不构成重大威胁，但也应符合合格的规定，在施工中应该进行认真的控制。

《砌体工程施工质量验收规范》GB 50203 第 3.0.14 条规定：一般项目应有 80%及以上检验处符合本规范的规定或偏差值在允许偏差范围以内。

当检验批验收时，一般项目如果不符合上述要求，一般情况下应通过返修处理使其符合规范规定或修整到允许偏差范围内，如果严重不符合要求时，可进行局部返工处理，使之达到合格要求。

一般项目宜在施工过程中加强控制检查，发现问题，及时进行纠正处理。

10.11　检验项与检验处有什么区别？

检验项是指各类砌体工程中，主控项目或一般项目中，需要进行检验的项目。如砖砌体工程检验批质量验收记录表中，主控项目内的“砂浆强度”、“轴线位移”分别为二个不同的检验项；一般项目内的“水平灰缝厚度”、“表面平整度”也分别为二个不同的检验项。检验项都应该达到规范相应条款规定的要求。

检验处是指在检验批验收时，根据不同检验项目的要求，在检验批工程中，随机抽样进行观察或测量的地方。一个检验项目可以规定在若干个检验处进行检查。检验处的检验结果可以是达到标准规定的要求，也可以是不符合标准规定的要求。但是，每一个检验项的检验处总数中，必须有 80%及以上的检验处符合要求时，该检验项才算符合标准规定的要求。

检验处的质量是检验项目质量的基础。若干检验处的检验结果，决定该检验项是否符合标准规定的要求。

10.12 砌体工程发现砂浆强度不符合要求怎么办？

按照《建筑工程施工质量验收统一标准》GB 50300 的规定，每一工种工序完成后，未经监理工程师（建设单位技术负责人）检查认可，不得进行下道工序的施工。

据此规定，每一检验批砌体砌筑完成后，施工单位都应先进行自检，再经监理工程师验收合格后，方可进入下道工序。在检验批验收时，绝大多数检验项目都能在检验的同时得出检验结论，唯有砂浆强度等级受试件试验龄期的影响，不可能在检验批验收时得出结论，因此规定，只要除砂浆强度以外的其他强度项目检验符合要求，就可以认为该检验批砌体初验通过，可以进入下一道工序施工。在该检验批砂浆试件的试验龄期到时，再最终根据砂浆试件试验结果确定该检验批砌体是否合格。

当发现某检验批砌体的砂浆试件试验结果强度不符合设计要求时，应该请有资质的检测单位对该检验批砌体进行现场检测。依据《砌体工程现场检测技术标准》GB/T 50315，选择其中的一项现场检测方法，对该检验批砌体的现场砂浆实际强度或砌体的实际强度等进行实际检验量测，根据现场检测的结果，确定该检验批砌体能否验收，不能验收时，将现场检测结果提交原设计单位进行研究处理。

10.13 什么单位有资质对砌体工程进行现场检测鉴定？

对砌体工程进行现场检测鉴定，是一项严肃而认真的工作，检测结果的准确程度，不仅关系到对工程的正确评价，关系到结构的安全性能，而且还关系到经济效益和施工单位的质量信誉，甚至还会产生更深远的影响。因此，必须请有资质的单位来进行检测鉴定。

检测单位的资质应该包涵二方面的含义：

（1）检测单位应该是经省级以上的建设行政主管部门批准认可的检测单位。该单位检测范围内应该含有“砌体工程现场检测”的内容。只有经过批准认可的检测单位，检测范围复盖砌体工程现场检测，才具备相应的人员素质和检测手段，掌握检测方法。

（2）检测单位还必须是经过技术质量监督机构进行计量认证合格的单位。计量认证需要对一个单位的计量管理制度、计量人员、计量器具配备、计量器具的周期检定及量值传递等情况进行全面的考核，合格后方予以认证认可。只有经过计量认证合格的单位，其出具的检测数据才是准确的、可靠的，才具有权威性，具有法律效力。经过计量认证合格的单位，其检测报告上才允许印制CMC的标记。

各级建筑工程质量检测检验中心是一个地区的技术检测的权威机构，一般都具有以上两方面的资质，关键是要看该检测中心的检测范围内是否包含砌体工程施工现场检测的内容。

所以，有资质对砌体工程进行现场检测鉴定的单位，应该是检测范围涵盖有砌体工程现场检测内容的各级工程质量检测检验中心。

10.14　对有资质的检测单位的检测鉴定结论如何对待？

砌体工程发现砂浆强度不符合设计要求时，请有资质的检测单位对该检验批砌体进行现场检测后，检测单位提出的检测报告鉴定结论意见可以作为对该检验批砌体验收或研究处理的依据。

如果检测报告鉴定结论意见推定可以达到设计砂浆强度等级或砌体强度的要求，根据《建筑工程施工质量验收统一标准》GB 50300 第5.0.6条第二款的规定：“经有资质的检测单位检测鉴定能够达到设计要求的检验批，应予以验收。”则该检验批砌体应该予以验收。

如果检测报告鉴定结论意见推定砂浆强度等级达不到原设计强度等级或砌体强度要求，则应将检测报告鉴定结论意见提交给原设计单位进行核算和研究。根据核算结果，确定对检验批砌体的验收结论或处理办法。

10.15 检测结论不符合设计要求，为什么还要提请设计单位核算？

砌体工程当发现检验批砂浆强度不符合设计要求，经有资质检测单位的检测，检测结论仍然不符合设计要求时，可以将现场检测结论推定的砂浆强度或砌体强度等提供给原设计单位，请原设计单位进行核算，能否满足结构安全和使用功能的要求。

既然试件试验结果和现场检测推定砂浆强度都不符合设计要求，为什么还要进行核算呢？这是考虑到以下两方面的因素，在保证结构安全和基本使用功能要求的前提下，从尽可能减少社会财富损失的角度出发，采取的一种补救性的措施。

(1) 一般情况下，在工程设计中，标准、规范给出的设计要求是满足结构安全和使用功能的最低要求，在具体设计时，有时候，设计往往留有一定的余地。如果现场检测结果推定的强度与原设计要求的偏差不是很大，在设计留有的余地范围以内，那么，即使检测结论不符合设计要求，也可能仍然能够满足结构安全和使用功能的要求，只是结构的实际安全储备比原设计有所降低。

(2) 砌体结构设计具有自身的一些特点，受块材规格尺寸的影响，或者是保温、隔热、隔声的要求，或者搁置楼板满足支承长度的需要等等因素的影响，砌体的厚度一般都是确定的，特别是砖混结构住宅，承重墙体的厚度一般为 240mm 或 370mm，并不随结构受力的变化而连续变化。而设计对块材强度的选择，一般也只提一种要求，对砌筑砂浆的要求一般也只是二种，至多三种等级。同一种强度等级的块材、同一种砂浆强度、同一种墙体厚度可能在几层承重墙体中都应用。按照砌体结构设计规范的规定，砌体的抗压强度设计值只和块材与砂浆的强度等级相关。轴心抗拉、弯曲抗拉、抗剪强度的设计值也只和块材种类及砂浆强度等级相关。这就是说，当相同强度等级的同种块材和同种强度等级砂浆砌筑成砌体后，只要其厚度一样，不论其用在哪一层，墙体的实际承载能力是一样的。但是在实际工程中，各层砌体的受力状况是完全不一样的，显然，低层墙体受力要大于高层墙体的受力。这样，相同设计和承载能力的墙体在不同的楼层，其实际的安全度是不一样的。如果施工中砂浆不满足设计要求的情况发生在低层，经核算可能满足不了设计承载能力的要求；如果砂浆不满足设计要求的情况发生在高一些楼层，经核算就有可能能够满足设计承载能力的要求，满足安全和使用功能的要求。这种可能性是完全存在的。

所以，从以上情况可以看出，当砂浆试件强度和现场检测鉴定推定的砂浆强度均不符合设计要求时，提请原设计单位进行核算是完全必要的。

10.16 砌体砂浆强度经检测鉴定达不到设计要求，为什么有时候还可予以验收？

砌体工程检验批砂浆试件试验结果强度达不到设计要求，请有资质的检测单位进行现场检测，推定的砂浆强度也达不到设计要求时，应将试验和现场检测结果提交给原设计单位，由原设计单位据此进行核算。

核算的结果，存在着二种可能性。

一种可能是不能满足结构安全和使用功能的最低要求。此时，该检验批应采取返工或加固措施，使其能满足安全和功能的最低要求。

另一种可能是根据砂浆强度情况、设计的富余程度以及不合格砂浆的工程应用部位等情况，经原设计单位核算后，仍然能够满足结构安全和使用功能的最低要求。按照《建筑工程施工质量验收统一标准》GB 50300 第 5.0.6 条第 3 款的规定："经有资质的检测单位检测鉴定达不到设计要求，但经原设计单位核算认可能够满足结构安全和使用功能的检验批，可予以验收。"

当然，这种验收是一种比较勉强的验收。也可以说是相当于

ISO 9000 标准中的“让步接受”。

需要说明的一点是:不满足设计要求和符合相应规范标准的要求,有时候二者并不矛盾。所以,砌体砂浆强度经检测鉴定达不到设计要求,有时候还是可予以验收的。

10.17 经加固处理的工程如何进行验收?

当砌体工程检验批的砂浆强度发现不合格的时候,此时,该检验批砌体的后续工程一般已经施工,多数情况下,返工拆除已不太可能。在对砂浆强度进行现场检测鉴定,推定的砂浆强度仍然不符合设计要求,经原设计单位核算又不能满足结构安全和使用功能的最低要求时,应该采取加固措施进行处理。

砌体工程加固处理必须按一定的技术方案进行,使之能保证其满足安全使用的基本要求。加固技术方案一般由设计单位决定,以加固施工图纸的形式出现,或者由设计、监理、建设、施工等单位共同磋商后,以图文形式表达,各方相关负责人员签字认可后,由施工单位组织实施。

经过加固处理后的砌体工程,可能会造成一些永久性的缺陷,如改变了结构的外形尺寸,影响到一些次要的使用功能等,这些缺陷的存在,还可能会影响到建设单位的一些经济利益,在市场经济的条件下,建设单位、施工单位可能会就加固问题形成协商文件。

因此,在《建筑工程施工质量验收统一标准》GB 50300 中,第 5.0.6 条第 4 款规定:“经返修或加固处理的分项、分部工程,虽然改变外形尺寸但仍然满足安全使用要求,可按技术处理方案和协商文件进行验收。”

由此可见,经加固处理的砌体工程,验收的依据主要是技术处理方案和协商文件。如果加固处理能严格按技术方案进行,符合技术方案要求,就能使加固工程满足最低限度的安全储备和使用功能要求,为了避免社会财富的更大损失,可以进行验收。如果未达到技术方案的要求,可不验收。

值得注意的是,虽然规范规定了加固处理的工程可以按处理技术方案和协商文件进行验收，但决不能以此作为轻视质量而回避责任的一种出路，应该加强施工过程的质量控制，尽可能地避免和杜绝这种现象的出现。

10.18 为什么要提出对有裂缝砌体的验收问题？

砌体结构主要用作受压构件，砌体的抗压强度一般相对其抗拉强度或抗剪强度要高得多，通长抗压强度可以达到抗拉或抗剪强度的15倍左右。

砌体除了抗拉强度和抗剪强度较低外，其弹性模量较小，变形性能较差。在各种外力的作用下，常常由于其抗拉或抗剪能力的不足，在砌体中出现各种形式的裂缝。例如，我们经常遇到的多层或单层厂房底层窗口下角的八字形裂缝；多层砌体结构房屋顶层建筑物两端纵墙上的水平裂缝，纵横墙上的八字裂缝，还有地基变形建筑物产生不均匀沉降在砌体的某些部位产生的裂缝等等。总之，砌体裂缝问题是我们在工程施工实际中经常遇到的问题，是一个不容回避带有普遍性的一个问题。

在国家标准《砌体工程施工及验收规范》(GB 50203—98)的执行过程中，以及在《砌体工程施工质量验收标准》(GB 50203—2002)编制过程征求意见时，许多同志都提出了一个问题，即在《规范》执行时，如何对有裂缝的砌体进行验收？对于这个问题，在我国过去的砌体结构设计规范和施工及验收规范中，都未对此问题做出过明确的规定，因此，适时回答人们关心的问题，恰当地对有裂缝砌体的验收作出实事求是的规定是适宜的，必要的。

我国《建筑法》中也规定："建筑工程竣工时，屋顶、墙面不得留有渗漏、开裂等质量缺陷；对已发现的质量缺陷，建筑施工企业应当修复。"同时还规定，建筑施工企业违反建筑法规定，对在保修期内因开裂等质量缺陷造成的损失，承担赔偿责任。随着人们法制意识的增强和质量意识的提高，在城镇住房制度改革中，老百姓十分关心自己辛辛苦苦积攒的钱，购买到的住房的质量。其中，墙体裂不裂缝，裂多大、多长的裂缝，经常成为住房质量问题投诉的热点。当然，他们对墙面裂缝属装饰层裂缝还是结构裂缝以及裂缝的性质等更不清楚。因此，从有利贯彻好“建筑法”，解除人们一些不必要的疑虑出发，也应对砌体裂缝问题作必要的规定。

同时，随着我国工程质量监督机制的转变，政府质量监督管理机构不再直接参与工程质量的检验和评定，由监理方代表建设单位组织施工单位等直接验收工程，缺少可以直接仲裁、调解的一方，砌体工程作出裂缝问题的明确规定，有利于减少在施工质量验收过程中出现的争议。

基于以上原因，所以，在这次《砌体工程施工质量验收规范》中，首次提出了对有裂缝砌体的验收规定。

10.19 验收时发现砌体有裂缝怎么办？

砌体工程施工，在检验批验收时，一般不会出现砌体裂缝，因为此时砌体刚砌完，尚未承受外荷载，砂浆也处于凝结硬化过程中。在分项工程验收时，只是将原检验批的验收资料及情况给予汇总验收，一般不对工程进行检查。只有在砌体子分部工程验收时，要对砌体工程的观感质量进行检查，此时，砌体已承受相当部分荷载，有时候会发现一些裂缝存在。而在单位工程进行全面竣工验收时，静荷载已全部加上，施工时间一般也已较长，也经历了一定的温差变化和地基变形的考验，砌体内外粉刷层完成后也有利于对砌体裂缝的观测，所以，单位工程竣工验收在观感质量检查时，比较容易发现砌体工程存在的裂缝。

在砌体工程验收或单位工程验收时，发现砌体有裂缝，首先要判断该裂缝是否可能影响结构的安全性，对结构安全性影响的判断应由参加验收的各方面人员来共同研究商议。当共同确认砌体有可能影响结构的安全性，或者参加验收的各方面人员在对裂缝的分析认识上不一致的时候，应请有资质的检测单位来进行现场检测鉴定，鉴定结论影响结构安全性的裂缝，应进行返修或加固处理；鉴定结论不影响结构安全性时，按不影响的规定处置。验收时，如果验收人员已对裂缝的不影响结构安全性形成共识，则同样按不影响的规定处理。

10.20 可能影响结构安全性的砌体裂缝，加固方案一般由谁提出？

在砌体工程或单位工程验收时，发现砌体存在裂缝，经参加验收的各方面的人员形成共识或经有资质的检测单位现场检测鉴定结论，裂缝有可能影响结构的安全性时，应该对砌体结构进行加固处理。

在施工期间，砌体结构存在的可能影响结构安全性的裂缝的加固方案，一般由原设计单位提出，也可以是有关各方共同商量形成意见后，由原设计单位同意认可，办理认可手续，由施工单位进行实施。

在竣工验收以后的合理使用年限内，砌体结构再出现裂缝的情况比较复杂。当确定为可能影响砌体结构安全性时，应请有资质的检测单位进行详细检测，并分析造成裂缝的主要原因，明确责任意见，如果主要属于设计单位的原因，根据《建设工程质量管理条例》第二十四条规定：因设计造成的质量事故，设计单位应提出相应的技术处理方案。故加固方案自然应由原设计单位提出；如果主要属于施工单位的原因，加固方案由施工单位请原设计单位设计，或委托其他具有设计或加固设计资质的单位提出。《建设工程质量管理条例》中关于保修责任条款第四十条明确，在正常使用条件下，房屋建筑的地基基础和主体结构工程，保修期为设计文件规定的该工程的合理使用年限。建筑物的合理使用年限，过去一直是以 50 年作为设计基准期的，现在根据建筑物的性质和重要程度的不同，合理使用年限有 50 年、80 年、100 年等不等，各建筑设计中均有明确规定。如果主要属于建设单位或使用方的责任，或者在合理使用年限以后再出现裂缝，则应由业主委托具有设计或加固设计资质的单位提出处理方案。

对砌体结构的加固应该包含两方面的内容。一是应针对造成砌体结构裂缝的原因采取消除或遏制诱导因素的措施；二是对砌体结构裂缝部位的处理措施。

10.21 加固处理的砌体工程还要进行验收吗?

砌体工程在施工过程中,无论在哪一个验收阶段,当验收时发现有可能影响结构安全性的裂缝时,需要进行返修或加固处理,那么,第一次的验收不能通过,待返修或加固工作完成以后,再进行第二次验收。

根据《建筑工程施工质量验收统一标准》(GB 50300—2002)第5.0.6条第4款的规定:"经返修加固处理的分项分部工程,虽然改变外形尺寸但仍能满足安全使用的要求,可按技术处理方案和协商文件进行验收"。这里,不仅明确了加固处理的工程要验收,而且指出了验收的状态和验收的依据。

加固处理的砌体工程,多数要改变外形尺寸,如果能严格按加固技术方案实施,其最低安全使用要求是可以满足的。因此第二次验收的时候,主要依据加固技术方案来验收。外形尺寸改变后,必然影响到一些次要的使用功能,甚至导致改变使用用途,对此,甲、乙双方还可能会有一协商文件,因此,协商文件也应是验收的依据之一。

10.22 存在不影响结构安全性的裂缝砌体怎样验收?

受地基不均匀下沉和温度变化的影响,在砌体结构中常产生一些不同性质的裂缝。这些裂缝如:由地基不均匀下沉引起的在纵墙二端由下向上发展,通过窗口二对角的斜裂缝;窗间墙靠相邻窗口上下处的水平裂缝;底层窗台下的竖直裂缝等。由温度变化引起的顶层纵墙二端的八字形裂缝;顶层圈梁下纵横外墙上的水平裂缝等。

由温度变化而引起的裂缝,一般不危及结构安全和使用。由地基不均匀沉降引起的裂缝,除严重开裂以外,一般也不影响正常情况下的安全使用,只是在地震及其他荷载的作用下,容易引起提前破坏。

填充墙砌体，由于砌体自身的收缩和压缩变形，也常常在砌体和梁板底部之间产生脱离而形成间隙裂缝。这种间隙裂缝反映在装饰面层上，虽不影响使用，但有碍整体美观，影响人们对居住环境的感受。

对于不影响结构安全性的砌体裂缝，在砌体工程或单位工程验收时，应予以验收。但对明显影响使用功能的裂缝应进行处理，如墙面裂缝已裂透墙身，裂缝较宽，造成透亮、空气对流；外墙裂缝在多风雨地区引起渗漏等等。对于明显影响观感质量的裂缝也应该进行处理，如裂缝较宽较明显，又处于工程的明显部位的裂缝；室内填充墙砌体的间隙裂缝等。对于墙体上一些细微不显见的裂缝可以不作处理。

对于因地基不均匀沉降而产生的不影响结构安全性的裂缝，在验收的同时，建筑物使用单位还应该做好观察工作，注意裂缝开展的规律和发展变化情况，一旦裂缝发展迅速，应及时研究，寻找原因，对症进行处理。这类裂缝对结构安全性的影响是一个动态问题，应予注意。

10.23 哪类不影响结构安全性能的裂缝应进行处理？

在砌体工程中，出现不影响结构安全性能的裂缝，是否需要进行处理，主要依据裂缝所在的部位，裂缝的密集程度，裂缝的宽度和长度以及裂缝对观感和使用功能的影响程度等等来综合分析确定。一般情况下，对下列几类不影响结构安全性能的裂缝应进行处理。

(1) 外墙面上，裂缝已裂透墙体，宽度较明显，多风雨地区，容易产生雨水侵袭造成渗漏的裂缝，宜采用防水密封材料封堵。

(2) 砌体墙面上，裂缝已裂透墙体，裂缝宽度较宽，造成透风透亮的裂缝，宜采用水泥浆、水泥砂浆或其他可灌缝封堵的材料填塞缝隙。

(3) 在建筑物明显部位或者人们经常经过出入的地方，有碍于观感，容易引起人们不必要的猜疑的裂缝，宜采取适当的措施进行封闭或遮挡处理。

(4) 对填充墙砌体由于墙体压缩变形和自身收缩,在墙体顶部和梁板底部之间出现的间隙裂缝,宜采用水泥砂浆填塞处理,并采取适当措施防止粉刷层再开裂。

(5) 对建筑物附属部分砌体裂缝,如砖混结构住宅工程,底层阳台砖砌拦板因地基土回填不实造成不均匀沉降引起的裂缝,宜拆除砌体将回填土夯实后重新砌筑。

总之,对不影响结构安全性能的裂缝,凡明显影响到使用功能和观感质量的,都应该进行处理。

附录 房屋建筑施工强制性条文实施指南（砌体工程部分）

国家标准《砌体工程施工质量验收规范》(GB 50203—2002)已发布和实施。规范修订中，贯彻了“验评分离、强化验收、完善手段、过程控制”的指导思想，将有关砌体工程施工及验收规范和工程质量检验评定标准合并，吸收和补充相关内容，删除施工工艺、评优内容，构成了新的砌体工程施工质量验收规范。

与此同时，原2000年版中华人民共和国《工程建设标准强制性条文》(房屋建筑部分)也进行了修订。新版强制性条文将《砌体工程施工质量验收规范》(GB 50203—2002)、《砌筑砂浆配合比设计规程》(JGJ 98—2000)中的17条强制性条文，作为施工质量篇中砌体工程的强制性条文内容，这些强制性条文内容可分为以下三类：材料及产品的质量要求；砌筑砂浆及混凝土强度验收；砌筑质量规定。

第一节 砌筑砂浆

《砌体工程施工质量验收规范》(GB 50203—2002)

4.0.1 水泥进场使用前，应分批对其强度、安定性进行复验。检验批应以同一生产厂家、同一编号为一批。

当在使用中对水泥质量有怀疑或水泥出厂超过三个月(快硬硅酸盐水泥超过一个月)时，应复查试验，并按其结果使用。

不同品种的水泥，不得混合使用。

【释义】

根据《建设工程质量管理条例》规定，对建筑材料必须进行检验;未经检验或者检验不合格的,不得使用。由于水泥是砌筑砂浆的重要胶结材料,其强度、安定性是水泥的重要性能指标,因此,水泥进场使用前,应分批对其强度、安定性进行复验。

施工中,由于水泥在现场的堆放管理不善,有可能出现混乱或存放时间过久,受潮、受湿后导致水泥强度降低和其他性能改变,故作出了"当在使用中对水泥质量有怀疑或水泥出厂超过三个月(快硬硅酸盐水泥超过一个月)时,应复查试验,并按其结果使用"的规定。

由于各种水泥成分不一,性能存在差异,当不同品种水泥混合使用后,往往会发生材性变化或强度降低现象,引起工程质量问题,因此规定不同品种的水泥,不得混合使用。

【措施】

(1) 在施工现场,水泥应按品种、等级、出厂日期分别堆放,并采取防雨、防潮措施,保持干燥。

(2) 施工单位应对每批进场水泥的强度、安定性进行复验,并按建设部建建(2000)211号《关于印发〈房屋建筑工程和市政基础设施工程实行见证取样和送检的规定〉的通知》要求进行见证取样和送检。

(3) 使用中如发现水泥有结聚等不正常现象时,应进行复验,并重新进行砌筑砂浆配合比设计。

(4) 施工单位现场质量管理人员和班组长应注意避免水泥混用现象。

【检查】

(1) 水泥强度、安定性复验报告单。

(2) 水泥强度降低时,砌筑砂浆的配合比设计资料。

(3) 经常了解施工现场水泥使用状况。

【判定】

(1) 对安定性不合格的水泥,不得在砌筑砂浆中使用。

(2) 施工中所用水泥,强度等级应按复验结果使用。

(3) 不同品种的水泥,不得混合使用。

4.0.8 凡在砂浆中掺入有机塑化剂、早强剂、缓凝剂、防冻剂等，应经检验和试配符合要求后，方可使用。有机塑化剂应有砌体强度的型式检验报告。

【释义】

在砌体工程施工过程中，根据需要，有时在砌筑砂浆中掺入早强剂、缓凝剂、防冻剂等，由于这些外加剂产品比较多，在性能上存在差异，为确保砌筑砂浆的质量，应对这些外加剂进行检验和砌筑砂浆试配，在符合要求后予以使用。

中华人民共和国行业标准《砌筑砂浆配合比设计规程》(JGJ 98—2000)对砂浆的稠度和分层度两项技术指标做了明确的规定。为满足砌筑砂浆稠度和分层度的技术条件，除了使用水泥混合砂浆以外，可在水泥砂浆中掺用有机塑化剂。目前，市场上出售的有机塑化剂种类较多，由于其作用机理各异，在使用中除了应进行材料本身性能(如对砌筑砂浆强度的影响)检测之外，尚应针对砌体强度进行检验，应有完整的型式检验报告。例如，在水泥砂浆中掺入微沫剂后，经搅拌，在砂粒四周形成微小而稳定的空气泡，从而起到润滑和改善砂浆性能的作用。但是，经国内、外的试验表明，掺用微沫剂的水泥砂浆对砌体抗压强度将产生不利影响，其强度降低10%；而对砌体的抗剪强度不产生不利影响。

【措施】

(1) 施工单位应对在砌筑砂浆中使用的有机塑化剂、早强剂、缓凝剂、防冻剂等应进行检验和砂浆试配。

(2) 施工单位购入有机塑化剂时，应索取包括砌体强度检验在内的完整的型式检验报告。

【检查】

(1) 掺用的有机塑化剂、早强剂、缓凝剂、防冻剂等的性能检验和砂浆试配报告单。

(2) 有机塑化剂生产厂家提供的，包括砌体强度检验在内的完整的型式检验报告(技术性能应经鉴定，产品的投产鉴定应获当地建设行政主管部门批准)。

【判定】

(1) 掺用有机塑化剂、早强剂、缓凝剂、防冻剂等的砌筑砂浆的性能,应经检验合格。

(2) 有机塑化剂应有生产厂家提供的包括砌体强度检验在内的完整的型式检验报告。

《砌筑砂浆配合比设计规程》(JGJ 98—2000)

3.0.3 掺加料应符合下列规定:

1 严禁使用脱水硬化的石灰膏。

【释义】

为改善砂浆的和易性可掺加塑化材料。石灰膏是施工中常用的一种塑化材料,它是生石灰经过熟化,用网滤渣后,储存在石灰池内,沉淀 7d 以上的潮湿的膏状材料。脱水硬化的石灰膏不但起不到塑化作用,还会降低砂浆强度,故规定严禁使用。

【措施】

(1) 现场的石灰膏应存放在灰池中妥善保管,防止曝晒、风干结硬,并应经常浇水保持湿润。

(2) 施工单位现场质量管理人员和班组长应注意避免使用脱水硬化的石灰膏。

【检查】

(1) 了解施工现场石灰膏在灰池中的存放状态。

(2) 经常检查施工现场砂浆搅拌时石灰膏的质量。

【判定】

砂浆拌制时,脱水硬化的石灰膏不符合规范要求,严禁使用。

4.0.3 砌筑砂浆稠度、分层度、试配抗压强度必须同时符合要求。

【释义】

砌筑砂浆配合比设计中,试配抗压强度十分重要,它直接关系施工现场砂浆试块强度的验收和砌体的质量,故应符合设计要求。此外,在砌体工程施工中,为确保砌体的砌筑质量,应控制砂浆的用水量,使其具有合适的流动性,砂浆应满足相应的稠度规定;为使砂浆的稠度有较好的稳定性，砌筑砂浆的分层度应满足规范规定。因此，砌筑砂浆稠度、分层度、试配抗压强度必须同时符合要求。

【措施】

（1）砌筑砂浆应进行配合比设计及试配。

（2）砌筑砂浆在配合比设计和试配中，应满足规范规定的稠度、分层度的要求，同时满足抗压强度的设计要求。

（3）施工现场拌制砌筑砂浆时，应严格按照配合比进行各类材料的计量。

【检查】

（1）砌筑砂浆试配报告单。

（2）施工现场拌制砌筑砂浆时各类材料的重量计量情况。

【判定】

（1）无砌筑砂浆试配报告单，不得进行施工现场砌筑砂浆拌制。

（2）施工现场拌制砂浆时，不按试配报告单配料，判为不符合要求。

4.0.5　砌筑砂浆的分层度不得大于 30mm。

【释义】

砌筑砂浆的分层度是衡量砂浆经运输、停放保水能力降低的性能指标，即分层度越大，砂浆失水越快，其施工性能越差。因此，为保证砌体灰缝饱满度、块材与砂浆间的粘结和砌体强度，砌筑砂浆的分层度不得大于 30mm。

【措施】

（1）砌筑砂浆应进行配合比设计及试配。

（2）砌筑砂浆在配合比设计和试配中，分层度应满足不大于 30mm 的规定。

（3）施工现场拌制砌筑砂浆时，应严格按照配合比进行各类材料的计量。

【检查】

（1）砌筑砂浆试配报告单。

（2）施工现场拌制砌筑砂浆时各类材料的重量计量情况。

【判定】

（1）无砌筑砂浆试配报告单，不得进行施工现场砌筑砂浆拌制。

（2）施工现场拌制砂浆时，不按配合比计量，判为不符合要求。

第二节 砖砌体工程

《砌体工程施工质量验收规范》(GB 50203—2002)

5.2.1 砖和砂浆的强度等级必须符合设计要求。

【释义】

在砖砌体工程中，砖和砂浆是组成砌体的两种重要材料。根据我国现行国家标准《砌体结构设计规范》(GB 50003—2001)规定，砌体强度设计值主要取决于块材和砂浆的强度等级和施工质量控制等级，因此，为保证砖砌体的受力性能和施工质量，砖和砂浆的强度等级必须符合设计要求。

【措施】

（1）各验收批砖（烧结普通砖 15 万块、多孔砖 5 万块、灰砂砖及粉煤灰砖 10 万块各为一验收批）抽一组进行强度检验。

（2）砂浆应经试配。

（3）同一类型、强度等级的砌筑砂浆，每一砌体检验批且不超过 250m^3 砌体施工中，对每台搅拌机应至少进行一次砂浆强度抽检。

【检查】

（1）砖强度试验报告单。

（2）砂浆试配报告单。

（3）砂浆强度试验报告单。

【判定】

（1）砖和砂浆的强度等级必须符合设计要求。

（2）砂浆试块强度偏低时，应对相应的砌体部位采用现场检验方法对砂浆和砌体强度进行原位检测或取样检测，再视其检测结果，依照现行国家标准《建筑工程施工质量验收统一标准》（GB 50300—2001）进行验收。即当砌体中砂浆强度或砌体强度能够达到设计要求的检验批，应予以验收；当砌体中砂浆或砌体强度达不到设计要求，但经原设计单位核算认可能够满足结构安全的检验批，可予以验收；当砌体中砂浆或砌体强度不满足结构安全的检验批，应返工重做或加固处理，再进行验收。

5.2.3 砖砌体的转角处和交接处应同时砌筑，严禁无可靠措施的内外墙分砌施工。对不能同时砌筑而又必须留置的临时间断处应砌成斜槎，斜槎水平投影长度不应小于高度的2/3。

【释义】

砖砌体房屋在地震作用下的震害特点是破坏率高。统计表明，当遭遇6度、7度地震时，多层砖房就有破坏的可能；遭遇8度、9度地震时，将发生明显的破坏，甚至倒塌；遭遇到11度地震时，几乎全部倒塌。震害调查还表明，多层砖房的转角部位和内外墙交接部位的破坏是一种典型的震害。

试验研究表明，纵横墙同时砌筑的整体性最好；留置斜槎时，墙体的整体性有所降低，承受水平荷载能力较同时砌筑墙体的低7%左右；留直槎并设拉结钢筋的墙体和只留直槎不设拉结钢筋的墙体，其承受水平荷载能力分别较同时砌筑墙体的低15%和28%。

综上所述，为不降低砖砌体转角处和交接处墙体的整体性和承受水平荷载能力，减轻房屋的震害，对其砌筑做了相应的规定。

【措施】

（1）施工单位应对质量管理人员和操作工人加强规范的学习，并认真执行。

（2）施工中加强自检，杜绝违背规范要求的做法。

【检查】

（1）检验批质量验收记录。

(2) 在对砌体工程的观感质量进行检查时，对砌体的转角处和纵横墙交接处全面观察检查。

【判定】

(1) 对抗震设防烈度为 8 度及以上地区的房屋，砌体的转角处和交接处应同时砌筑，或斜槎连接。

(2) 对非抗震设防及抗震设防烈度为 6 度、7 度地区，除转角处外，可留直槎，但直槎必须做成凸槎，并按现行国家标准《砌体工程施工质量验收规范》(GB 50203—2002) 第 5.2.4 条的规定加设拉结钢筋。

第三节 混凝土小型空心砌块砌体工程

《砌体工程施工质量验收规范》(GB 50203—2002)

6.1.2 施工时所用的小砌块的产品龄期不应小于 28d。

【释义】

工程实践表明，混凝土小砌块有许多优点，但也存在墙面裂缝较普遍的突出问题。究其裂缝原因，除小砌块生产过程中可能产生的微细裂纹和因地基不均匀沉降、温度应力等因素外，小砌块的收缩应力作用也是一个重要原因。

根据现行国家标准《砌体结构设计规范》(GB 50003—2001) 的规定，普通混凝土小砌块砌体和轻骨料混凝土小砌块砌体的收缩率分别为 −0.2mm/m 和 −0.3mm/m；烧结粘土砖砌体的收缩率为 −0.1mm/m。可以看出，普通混凝土小砌块砌体和轻骨料混凝土小砌块砌体的收缩率为烧结粘土砖砌体的 2 倍和 3 倍。砌体的收缩变形加大，将导致收缩应力增加，随之使砌体更易出现裂缝。

混凝土的收缩与使用材料、混凝土配合比、构件的形状和尺寸、养护条件、混凝土的龄期、外加剂等有关。其中，混凝土龄期越短，收缩变化越明显；龄期越长，收缩变化越缓慢。在龄期一个月时，其收缩变形可完成最终收缩变形的 50%～60%。因此，对施工时所用的小砌块的产品龄期作一个限制(不小于28d)是必要的,这对减少或消除混凝土小砌块房屋的墙面裂缝是有效的。

【措施】

(1) 小砌块进入施工现场时,施工单位应仔细了解小砌块的生产日期。

(2) 坚持先检验小砌块的强度等级(产品龄期28d的强度检验)后砌筑施工的程序。

【检查】

小砌块强度试验报告中的产品龄期。

【判定】

施工时,所用小砌块的产品龄期等于或大于28d时方可砌筑墙体。

6.1.7 承重墙体严禁使用断裂小砌块。

【释义】

这里所称"断裂小砌块"是指折断和裂纹比较严重(裂纹延伸的投影尺寸累计大于30mm)的小砌块。承重墙体严禁使用断裂小砌块的规定,对保证墙体的受力性能和控制墙体裂缝是一项重要措施。

【措施】

(1) 施工单位应对质量管理人员和操作工人加强规范的学习,并认真执行。

(2) 施工中加强自检,砌筑承重墙时应剔除折断和裂纹超标的小砌块。

【检查】

(1) 施工中随时在现场观察检查。

(2) 在对砌体的观感质量进行检查时,注意对上墙小砌块裂纹状态的观察检查。

【判定】

对已上墙的断裂小砌块应予拆换或修补。

6.1.9　小砌块应底面朝上反砌于墙上。

【释义】

本条规定中的“反砌”即表示小砌块壁(肋)较厚(宽)的一面朝上砌筑。由于小砌块采用竖向抽芯工艺生产,因此,就决定了小砌块底面壁(肋)较厚(宽)。为使小砌块砌体水平灰缝砂浆饱满和保证砌体的受力性能,同时也为了保持小砌块砌体施工工艺和小砌块砌体强度试验方法的一致性,故规定了“反砌”的原则。

【措施】

(1) 施工单位应对质量管理人员和操作工人加强规范的学习,并认真执行。

(2) 施工中加强自检。

【检查】

施工中随时在现场观察检查。

【判定】

小砌块“反砌”于墙上,方符合规范要求。

6.2.1　小砌块和砂浆的强度等级必须符合设计要求。

【释义】

混凝土小砌块砌体工程中,小砌块和砂浆的强度等级是否符合设计要求,是其砌体结构性能能否满足设计及使用要求的关键。因此,为保证混凝土小砌块砌体的施工质量,小砌块和砂浆的强度等级必须符合设计要求。

【措施】

(1) 各验收批小砌块(每一生产厂家,按每1万块小砌块为一批)至少抽一组;用于多层以上建筑的基础和底层的小砌块至少抽2组进行强度检验。

(2) 砂浆应进行试配。

(3) 同一类型、强度等级的砌筑砂浆,每一砌体检验批且不超过250m^3砌体施工中,对每台搅拌机应进行砂浆强度抽检。

【检查】

(1) 小砌块强度试验报告单。

(2) 砂浆试配报告单。

(3) 砂浆强度试验报告单。

【判定】

(1) 小砌块和砂浆的强度等级必须符合设计要求。

(2) 对砂浆试块强度偏低时，应对其相应的砌体部位依照现行国家标准《建筑工程施工质量验收统一标准》(GB 50300—2001)进行处理和验收。

6.2.3 墙体转角处和纵横墙交接处应同时砌筑。临时间断处应砌成斜槎，斜槎水平投影长度不应小于高度的2/3。

【释义】

砌体结构中的墙体转角处和纵横墙交接处是受力(特别是在地震作用下)的薄弱部位。因此，在混凝土小砌块砌体施工时，房屋转角处和纵横墙交接处也应和砖砌体房屋一样同时砌筑。混凝土小砌块砌体施工中的临时间断处也应砌成斜槎。

【措施】

(1) 施工单位应对质量管理人员和操作工人加强规范的学习，并认真执行。

(2) 施工中加强自检，杜绝违背规范要求的做法。

【检查】

(1) 检验批质量验收记录。

(2) 在对砌体工程观感质量进行检查时，对砌体的转角处和纵横墙交接处全面观察检查。

【判定】

无论是否抗震设防地区，混凝土小砌块砌体房屋的转角处和纵横墙交接处均不得采用留置直槎的砌筑方法。

第四节 石砌体工程

《砌体工程施工质量验收规范》(GB 50203—2002)

7.1.9 挡土墙的泄水孔当设计无规定时，施工应符合下列规定:

1　泄水孔应均匀设置，在每米高度上间隔 2m 左右设置一个泄水孔；

2　泄水孔与土体间铺设长宽各为 300mm、厚 200mm 的卵石或碎石作疏水层。

【释义】

在挡土墙中，为使其墙后的积水（渗入的地表水或地下水）易于排出，不增加挡土墙的土压力，保证结构安全，应在挡土墙墙身设置排水孔。对在施工场地周围砌筑的石砌体挡土墙，由于不属于房屋设计内容，设计单位一般也不会进行施工图设计。因此，施工单位应按照本条之规定设置挡土墙的泄水孔。

【措施】

（1）施工单位应对质量管理人员和操作工人加强规范的学习，并认真执行。

（2）施工中加强自检，杜绝违背规范要求的做法。

【检查】

施工过程中随时进行观察检查。

【判定】

不符合要求的应返工。

7.2.1　石材及砂浆强度等级必须符合设计要求。

【释义】

在石砌体结构中，石材及砌筑砂浆的强度等级直接关系着砌体结构的力学性能，故必须符合设计要求，以满足结构的设计及使用要求。

【措施】

（1）对同产地的料石应进行石材强度等级检验。

（2）砂浆应进行试配。

（3）同一类型、强度等级的砌筑砂浆，每一砌体检验批且不超过 $250m^3$ 的砌体施工中，对每台搅拌机应进行砂浆强度抽检。

【检查】

（1）石材强度试验报告单。

(2) 砂浆试配报告单。

(3) 砂浆强度试验报告单。

【判定】

(1) 石材和砂浆强度等级必须符合设计要求。

(2) 砂浆试块强度偏低时,应对其相应的砌体部位依照现行国家标准《建筑工程施工质量验收统一标准》(GB 50300—2001)进行处理和验收。

第五节　配筋砌体工程

《砌体工程施工质量验收规范》(GB 50203—2002)

8.2.1　钢筋的品种、规格和数量应符合设计要求。

【释义】

在配筋砌体中,钢筋和水泥、块材及各种外加剂同属主要材料。对钢筋而言,除应遵守现行国家标准《混凝土结构工程施工质量验收规范》(GB 50204－2002)有关条文规定外,在砌体工程施工中,钢筋的品种、规格和数量应符合设计要求。

【措施】

(1) 采购钢筋时,应避免不合格钢筋混放。

(2) 按钢筋进场的批次,以重量不大于 60t 的同品种、同规格钢筋为一批进行钢筋机械性能复验。并按建设部建建(2000)211号《关于印发〈房屋建筑工程和市政基础设施工程实行见证取样和送检的规定〉的通知》要求进行见证取样的送检。

(3) 施工中依照设计图纸要求,把好钢筋隐蔽工程验收质量关。

【检查】

(1) 钢筋的产品合格证、出厂检验报告和进场复验报告单。

(2) 对照施工图检查已安装好的钢筋的品种、规格及数量。

(3) 钢筋隐蔽工程验收记录。

【判定】

(1) 钢筋的品种、规格和数量应符合设计要求。

(2) 不合格的钢筋不得使用。

(3) 钢筋品种、规格和数量如不符合设计要求，应予拆换、补足，或补强处理。

8.2.2　构造柱、芯柱、组合砌体构件、配筋砌体剪力墙构件的混凝土或砂浆的强度等级应符合设计要求。

【释义】

配筋砌体结构是由配置钢筋的砌体作为建筑物主要受力构件的结构，是网状配筋砌体柱、水平配筋砌体墙、砖砌体和钢筋混凝土面层或钢筋砂浆面层组合砌体墙(柱)、砖砌体和钢筋混凝土构造柱(芯柱)组合墙以及配筋砌块砌体剪力墙结构的统称。

由于配筋砌体结构中混凝土及砂浆的强度不仅直接影响钢筋的粘结与锚固性能，而且还关系配筋砌体结构的力学性能，因此做了本条规定。

【措施】

(1) 应进行混凝土及砂浆试配。

(2) 对每一检验批砌体，应进行混凝土及砂浆的强度等级检验。

【检查】

(1) 混凝土及砂浆试配报告单。

(2) 混凝土及砂浆强度试验报告单。

【判定】

(1) 混凝土及砂浆强度等级应符合设计要求。

(2) 当混凝土及砂浆强度检验不符合设计要求时，应按照现行国家标准《建筑工程施工质量验收统一标准》(GB 50300—2001)进行验收处理。即当砌体中的混凝土及砂浆强度能够达到设计要求的检验批，应予以验收；当砌体中的混凝土及砂浆强度达不到设计要求，但经原设计单位核算认可能够满足结构安全的检验批，可予以验收；当砌体中混凝土和砂浆强度不满足安全的检验批，应返工重做或加固处理，再进行验收。

第六节 冬期施工

《砌体工程施工质量验收规范》(GB 50203—2002)

10.0.4 冬期施工所用材料应符合下列规定：

1 石灰膏、电石膏等应防止受冻，如遭冻结，应在融化后使用；

2 拌制砂浆用砂，不得含有冰块和大于10mm的冻结块；

3 砌体用砖或其他块材不得遭水浸冻。

【释义】

石灰膏、电石膏等处于冻结状态下很难在砂浆中拌合均匀，这不仅起不到改善砂浆和易性的作用，还会降低砂浆强度。

砂浆用砂有一定的含水率，在冬期施工中有可能冻结成一定直径的砂块，且可能混有冰块，从而影响砂浆的均匀性和强度。

常温下，砖或其他块材表面的污物的清除比较容易，但当其遭受水浸冻后，块材表面的污物较难清除干净，会直接影响块材与砂浆间的粘结，进而降低砌体的整体性和强度。

综上所述，为保证冬期施工中砌体的施工质量，对冬期施工所用材料做了有关规定。

【措施】

(1) 拌制砂浆用砂，应过筛或加热。

(2) 石灰膏、电石膏应覆盖保温材料，以免冻结，如遭冻结，应经融化使用。

(3) 块材堆放中应防止雨雪直接飘落在块材上。

【检查】

(1) 施工单位制定的冬期施工措施。

(2) 现场观察检查。

【判定】

所用材料应符合本条之规定。

参考文献

1. 国家标准《砌体结构设计规范》GB 50003. 北京:中国建筑工业出版社,2002
2. 国家标准《砌体工程施工质量验收规范》(GB 50203—2002). 北京:中国建筑工业出版社,2002
3. 国家标准《建筑工程施工质量验收统一标准》(GB 50300—2001). 北京:中国建筑工业出版社,2001
4. 行业标准《建筑工程冬期施工规程》(JGJ 104—97). 北京:中国建筑工业出版社,1998
5. 国家标准《砌体工程现场检测技术标准》(GB/T 50315—2000). 北京:中国建筑工业出版社,2000
6. 行业标准《贯入法检测砌筑砂浆抗压强度技术规程》(JGJ/T 136—2001). 北京:中国建筑工业出版社,2001
7. 行业标准《砌筑砂浆配合比设计规程》(JGJ 98—2000). 北京:中国建筑工业出版社,2001
8. 《建筑施工手册》编写组. 建筑施工手册. 第4版. 北京:中国建筑工业出版社,2003
9. 彭圣浩主编. 建筑工程质量通病防治手册. 第3版. 北京:中国建筑工业出版社,2002
10. 张昌叙,周九仪主编. 砌体工程施工及验收规范培训资料. 北京:中国建筑工业出版社,1999
11. 藤绍华等主编. 实用建筑施工手册. 北京:金盾出版社,1989
12. 纪午生等编. 建筑施工工长手册. 第2版. 北京:中国建筑工业出版社,1993
13. 侯君伟编. 瓦工手册. 北京:中国建筑工业出版社,1995
14. 王宗昌编著. 建筑工程施工质量问答. 北京:中国建筑工业出版社,2000
15. 潘全祥主编. 建筑结构工程施工百问. 北京:中国建筑工业出版社,2000
16. 李伟主编. 建筑施工. 北京:中国建筑工业出版社,1999

参考文献

1. 国家标准. 砌体结构设计规范（GB 50003—[illegible]）. 北京：中国建筑工业出版社，2002
2. 国家标准. [illegible]（GB 50203—2002）. 北京：中国建筑工业出版社，2002
3. [illegible]（GB [illegible]—2001）. 北京：中国建筑工业出版社，2001
4. [illegible]（JGJ [illegible]）. 北京：中国建筑工业出版社，1998
5. 国家标准. [illegible]（GB/T 50315—2000）. 北京：中国建筑工业出版社，2000
6. [illegible]（JGJ [illegible]—2001）. 北京：中国建筑工业出版社，2001
7. [illegible]（[illegible]—2001）. 北京：中国建筑工业出版社，2001
8. [illegible]. 北京：中国建筑工业出版社，2003
9. [illegible]. 北京：中国建筑工业出版社，[illegible]
10. [illegible]. 北京：中国建筑工业出版社，1999
11. [illegible]. 北京：[illegible]，1989
12. [illegible]. 北京：中国建筑工业出版社，[illegible]
13. [illegible]. 北京：中国建筑工业出版社，[illegible]
14. [illegible]. 北京：中国建筑工业出版社，2000
15. [illegible]. 北京：中国建筑工业出版社，[illegible]
16. [illegible]. 北京：中国建筑工业出版社，1995